21世纪高等院校电气工程与自动化规划教材

21 century institutions of higher learning materials of Electrical Engineering and Automation Planning

Robotics and Intelligent Control

机器人学及其智能控制

郭彤颖 安冬 主编

人民邮电出版社
北京

图书在版编目（C I P）数据

机器人学及其智能控制 / 郭彤颖，安冬主编．-- 北京：人民邮电出版社，2014.9（2021.1重印）
21世纪高等院校电气工程与自动化规划教材
ISBN 978-7-115-36158-5

Ⅰ．①机… Ⅱ．①郭… ②安… Ⅲ．①智能机器人－高等学校－教材 Ⅳ．①TP242.6

中国版本图书馆CIP数据核字(2014)第158303号

内 容 提 要

机器人学是一门高度交叉的前沿学科，引起了机械学、生物学、人类学、计算机科学、控制科学与工程、电子工程学、人工智能、社会学等不同专业背景学者的广泛兴趣，学者们对其进行了深入研究。本书共分 12 章，系统地介绍了机器人的基本组成、工作原理和应用实例，内容涉及机器人技术的发展简史、工业机器人的运动学和动力学、机器人控制技术、用于机器人的各种传感器、机器人轨迹规划、移动机器人的定位与导航，以及机器人在工业领域和服务领域的应用。

本书既可作为高等院校控制、检测、电工、机电一体化、计算机应用及其他相关专业高年级本科生和研究生的教材，也可以作为广大从事控制或检测，以及正在学习机器人的工程师和技术人员的工具书或者培训教材。

◆ 主　　编　郭彤颖　安　冬
　责任编辑　张孟玮
　执行编辑　税梦玲
　责任印制　彭志环　焦志炜

◆ 人民邮电出版社出版发行　　北京市丰台区成寿寺路 11 号
　邮编　100164　　电子邮件　315@ptpress.com.cn
　网址　http://www.ptpress.com.cn
　北京捷迅佳彩印刷有限公司印刷

◆ 开本：787×1092　1/16
　印张：13.25　　　　2014 年 9 月第 1 版
　字数：330 千字　　　2021 年 1 月北京第 6 次印刷

定价：39.80 元

读者服务热线：(010)81055256　印装质量热线：(010)81055316
反盗版热线：(010)81055315

前　言

机器人学是一门集机械、电子、控制及计算机等多个技术的综合学科，所应用的领域不仅包括大型的自动化装配流水线，而且正在向小型化的民用型机器人发展。自 20 世纪 60 年代以来，机器人作为工业生产中的新型工具，在减轻劳动强度、提高生产率、改变生产模式等方面，已经显示出了极大的优越性。然而，这些固定于某一位置的机器人尽管精度高、速度快，但活动范围与应用领域有限。因此，自 80 年代后期，许多国家有计划地开展了移动机器人技术的研究。其研究涉及机器人视觉、模式识别、智能传感器、多传感器信息融合、人工智能、自动控制等诸多学科的理论和技术。移动机器人技术的发展是一个国家高科技水平和工业自动化程度的重要体现。

目前各院校所采用的优秀机器人教材，内容主要以工业机器人的基础知识及其应用为主，对面向服务领域的移动机器人讲解较少。为了顺应机器人从传统的工业机器人逐步走向千家万户的发展趋势，拓展学生的视野，展示机器人的广阔应用领域，本书综合应用多个相关学科的知识，系统地讲解了机器人学的理论和智能控制的方法，内容丰富，反映了机器人学的基础知识以及与其相关的先进理论和技术。

本书共分 12 章，第 1 章主要讲解机器人的基础知识，包括机器人的基本概念与发展历程、机器人的分类、机器人系统组成及技术参数。第 2 章讲解机器人的运动机构与执行机构，包括几种常见的运动机构和执行机构、工业机器人常见运动形式及移动机器人常见的移动机构；第 3 章讲解机器人的感知系统，包括机器人常用传感器的特性以及分类；第 4 章讲解机器人的控制系统，并列举了机器人常用的几种编程语言；第 5 章介绍机器人的运动学；第 6 章介绍机器人的动力学；第 7 章介绍工业机器人的几种常用控制方法；第 8 章介绍工业机器人轨迹规划的相关知识；第 9 章介绍移动机器人的常用体系结构和运动学模型；第 10 章介绍移动机器人的定位与导航的相关知识；第 11 章列举了几种工业机器人应用实例；第 12 章列举了移动机器人相关应用实例。本书参考学时为 32～56 学时，第 5、6、7 章可视教学需求选讲部分内容。

本书第 1、2、3、4 章由郭彤颖、安冬编写，第 5 章由郭彤颖、侯静编写，第 6、7 章由王海忱、郭彤彦编写，第 8 章由王东署编写，第 9 章由李界家、张颖编写，第 10 章由徐立辉、刘冬莉编写，第 11 章由郭彤颖、徐力、王长涛编写，第 12 章由安冬、齐凤莲编写。研究生刘伟、李峰、杨佳华、陈策等参与了相关章节的资料收集和整理。全书由郭彤颖、安冬统稿。

本书的编写参考了国内外学者的大量论文和专著，由于篇幅有限，书中未能详尽列出，谨在此表示衷心感谢。

由于时间仓促、编者水平有限，书中错误在所难免，敬请读者给予批评指正。

编　者

2014 年 5 月

机器人学是一门集机械、电子、控制及计算机等多个技术的综合学科，所应用的领域不仅包括大型的自动化生产流水线，而且正在向小型化的民用型机器人发展。自 20 世纪 60 年代以来，机器人作为工业生产中的新型工具，在减轻劳动强度、提高生产率、改变生产模式等方面，已经显示出了极大的优越性[illegible]。这些因素[illegible]了[illegible]机器人[illegible][illegible]高、速度快，[illegible]应用领域有限。因此，自 80 年代后期，许多国家有计划地开展了移动机器人技术的研究。其研究涉及机器人视觉、模式识别、智能传感器、多传感器信息融合、人工智能、自动控制等诸多学科的理论和技术。移动机器人技术的发展是一个国家高科技水平和工业自动化程度的重要体现。

目前各院校所采用的传统机器人教材，内容主要以工业机器人的基础知识及其应用为主，而面向服务领域的移动机器人讲解较少。为了顺应机器人从传统的工业机器人逐步走向千家万户的发展趋势，拓展学生的视野，展示机器人的广阔应用领域，本书综合应用多个相关学科的知识，系统地讲解了机器人学的理论和智能控制的方法，内容丰富，反映了机器人学的基础知识以及与其相关的先进理论和技术。

本书共分 12 章。第 1 章主要讲解机器人的基础知识，包括机器人的基本概念与发展历程、机器人的分类、机器人系统组成及技术参数；第 2 章讲解机器人的运动机构与执行机构，包括几种常见的工业机器人结构和驱动机构、工业机器人常见运动形式及移动机器人常见的移动机构；第 3 章讲解机器人的感知系统，包括机器人常用传感器的特性以及分类；第 4 章讲解机器人的控制系统，并列举了机器人常用的几种编程语言；第 5 章介绍机器人的运动学；第 6 章介绍机器人的动力学；第 7 章介绍工业机器人的几种常用控制方法；第 8 章介绍工业机器人轨迹规划的相关知识；第 9 章介绍移动机器人的常用体系结构和运动学模型；第 10 章介绍移动机器人的定位与导航的相关知识；第 11 章列举了几种工业机器人应用实例；第 12 章列举了移动机器人相关应用实例。本书参考学时为 32～56 学时，第 5、6、7 章可视教学需求选讲部分内容。

本书第 1、2、3、4 章由[illegible]编写，第 5 章由[illegible]编写，第 6、7 章由[illegible]编写，第 8 章由[illegible]编写，第 9 章由[illegible]编写，第 10 章由[illegible]编写，第 11 章由[illegible]编写，第 12 章由[illegible]编写。[illegible]参与了相关章节的资料收集和整理，全书由[illegible]统稿。

目　录

基础知识篇

工业机器人篇

移动机器人篇

应用篇

基础知识篇

第 1 章 绪论

1.1 机器人的基本概念与发展历程

1.1.1 机器人的基本概念

“机器人”一词最早出现在科幻和文学作品中。1920 年，捷克作家卡雷尔·凯培克（Karel Capek）在他的科幻剧本《Rossum's Univeraial Robots》（《罗萨姆的万能机器人》）中首先使用了“Robot（机器人）”一词，这个词是由捷克语的“Robota（农奴）”一词延伸而成，可译为人造人、机器奴仆。剧中这位名为“罗伯特”的主角正是一个可以替人类从事繁重劳动的人形机器。

1950 年，美国科幻小说家艾萨克·阿西莫夫（Isaac Asimov）在《I, Robot》（《我是机器人》）中首先使用了“机器人学（Robotics）”这个词描述与机器人有关的科学，并提出了下面的“机器人三定律”。

（1）机器人必须不危害人类，也不允许它眼看人将受伤害而袖手旁观；

（2）机器人必须绝对服从于人类，除非这种服从有害于人类；

（3）机器人必须保护自身不受伤害，除非为了保护人类或者是人类命令它做出牺牲。

这三条守则，给机器人社会赋以新的伦理性，并使机器人概念通俗化，更易于为人类社会所接受。至今，它仍会为机器人研究人员、设计制造厂家和用户提供十分有意义的指导方针。

当你听到机器人这个词的时候，你首先想到的是什么呢?

对于许多人来说，它是一台模仿人类的机器，就像终结者、变形金刚、机械战警一样。然而，这些机器人都只是我们想象的产物，只能存在于科幻小说、影视作品中。人们还没有足够的能力赋予机器人足够的“常识”，以便让它们与周围的动态世界进行可靠的交流。

那么，我们应该如何定义机器人呢?

机器人（Robot）是自动执行工作的机器装置。它既可以接受人类指挥，又可以运行预先编排的程序，也可以根据以人工智能技术制定的原则纲领行动。它的任务是协助或取代人类从事的工作。它是高级整合控制论、机械电子、计算机、材料和仿生学的产物，在工业、医学、农业、建筑业甚至军事等领域中均有重要用途。

现在，国际上对机器人的概念已经逐渐趋近一致。国际标准化组织采纳了美国机器人协会于 1979 年给机器人下的定义："一种可编程和多功能的，用来搬运材料、零件、工具的操作机；或是为了执行不同的任务而具有可改变和可编程动作的专门系统。"概括起来，机器人是靠自身动力和控制能力来实现各种功能的一种机器。

1.1.2 机器人的发展历程

从世界上第一台机器人诞生以来，机器人技术得到了迅速的发展。机器人的应用范围也已经从工业制造领域扩展到军事、航空航天、服务业、医疗、人类日常生活等多个领域。应用机器人系统不仅可以帮助人们摆脱一些危险、恶劣、难以到达等环境下的作业（如危险物拆除、扫雷、空间探索、海底探险等），还因为机器人具有操作精度高、不知疲倦等特点，可以减轻人们的劳动强度，提高劳动生产率，改善产品质量。

尽管目前机器人还不像人们想象的那么强大，但是，机器人技术已经渗透到各行各业中。机器人正在逐渐改变着人们的生产、生活方式，机器人产业也正在逐渐成为一个新的高技术产业。在可以预见的将来，机器人将成为人类的得力助手，提高人类的生活质量，成为人类朝夕相处的可靠伙伴。

"机器人"是存在于多种语言和文字的新造词，它体现了人类长期以来的一种愿望，即创造出一种像人一样的机器或人造人，以便能够代替人去进行各种工作。对机器人最早的记载始于 3000 多年前的《列子》，其中记载了一位名叫偃师的木匠制作了一个能够唱歌跳舞的木偶人。下面介绍近代机器人的发展历程。

（一）近代机器人在欧美的发展历程

1. 美国

美国是机器人的诞生地，早在 1962 年就研制出世界上第一台工业机器人，比起号称"机器人王国"的日本起步至少要早五六年。经过 50 多年的发展，美国现已成为世界上的机器人强国之一，基础雄厚，技术先进。

进入 20 世纪 80 年代之后，美国政府和企业界才对机器人真正重视起来，政策上也有所体现，一方面鼓励工业界发展和应用机器人，另一方面制订计划、提高投资，增加机器人的研究经费，使美国的机器人迅速发展。

80 年代中后期，随着应用机器人的技术日臻成熟，第一代机器人的技术性能越来越满足不了实际需要，美国开始生产带有视觉、力觉的第二代机器人，并很快占领了美国 60%的机器人市场。

美国的机器人技术在国际上仍一直处于领先地位。其技术全面、先进，适应性也很强，具体表现在以下几方面。

（1）性能可靠，功能全面，精确度高；

（2）机器人语言研究发展较快，语言类型多、应用广，水平高居世界之首；

（3）智能技术发展快，其视觉、触觉等人工智能技术已在航天、汽车工业中广泛应用；

（4）高智能、高难度的军用机器人、太空机器人等发展迅速，主要用于扫雷、布雷、侦察、站岗及太空探测方面。

2. 法国

法国不仅在机器人拥有量上居于世界前列，而且在机器人应用水平和应用范围上处于世界先进水平。法国的天才技师杰克·戴·瓦克逊，于 1738 年发明了一只机器鸭，它会游泳、喝水、吃东西和排泄，还会嘎嘎叫。

法国机器人的发展比较顺利，主要原因是通过政府大力支持的研究计划，建立起一个完整的科学技术体系。即由政府组织一些机器人基础技术方面的研究项目，而由工业界支持开展应用和开发方面的工作，两者相辅相成，使机器人在法国企业界很快发展和普及。

3. 德国

德国的社会环境是有利于机器人工业发展的。战争时期，劳动力短缺，国民技术水平高，都促进了机器人的发展。到了20世纪70年代中后期，德国政府采用行政手段为机器人的推广开辟道路，在“改善劳动条件计划”中规定，对于一些有危险、有毒、有害的工作岗位，必须以机器人来代替普通人的劳动。这个计划为机器人的应用开拓了广泛的市场，并推动了工业机器人技术的发展。

与此同时，德国看到了机器人等先进自动化技术对工业生产的作用，提出了1985年以后要向高级的、带感觉的智能型机器人转移的目标。经过近几十年的努力，其智能机器人的研究和应用方面在世界上处于公认的领先地位。

4. 俄罗斯

在前苏联（主要是在俄罗斯），从理论和实践上探讨机器人技术是从20世纪50年代后半期开始了机器人样机的研究工作，1968年成功试制出一台深水作业机器人，1971年研制出工厂用的万能机器人。早在前苏联第九个五年计划（1970～1975年）开始时，就把开展机器人的研究列入国家科学技术发展纲领之中。到1975年，已研制出30个型号的120台机器人，经过40多年的努力，目前俄罗斯的机器人在数量、质量水平上均处于世界前列。

（二）近代机器人在日本的发展历程

1662年，日本人竹田近江发明了能进行表演的自动机器玩偶；到了18世纪，日本人若井源大卫门和源信对该玩偶进行了改进，制造出了端茶玩偶。该玩偶能双手端着茶盘，当将茶杯放到茶盘上后，它就会走向客人将茶送上，客人取茶杯时，它会自动停止走动，待客人喝完茶将茶杯放回茶盘之后，它才会转回原来的地方，煞是可爱。

日本在20世纪60年代末正处于经济高速发展时期，于1968年试制出第一台川崎的“尤尼曼特”机器人。由于日本当时劳动力显著不足，机器人在企业里受到了“救世主”般的欢迎。这样的环境，使日本机器人产业迅速发展起来，经过短短的十几年，到80年代中期，已一跃而为“机器人王国”，其机器人的产量和安装的台数在国际上也是处于领先地位。

（三）近代机器人在中国的发展历程

我国已在“七五”计划中把机器人列入国家重点科研规划内容，拨巨款在沈阳建立了全国第一个机器人研究示范工程，全面展开了机器人基础理论与基础元器件研究。20多年来，相继研制出示教再现型的搬运、点焊、弧焊、喷漆、装配等门类齐全的工业机器人及水下作业、军用和特种机器人。目前，示教再现型机器人技术已基本成熟，并在工厂中推广应用。我国自行生产的机器人喷漆流水线在长春第一汽车厂及东风汽车厂投入运行。我国第一台有缆遥控水下机器人“海人一号”诞生于1986年，它是由中国科学院沈阳自动化研究所与上海交通大学合作完成的。在国家“863计划”持续不断的支持下，从20世纪90年代初期，由国内多家科研单位合作研制了我国第一台潜深1000m的自主水下机器人——“探索者”号。此后又与俄罗斯合作，先后成功研制开发出了“CR-01”、“CR-02”6000m无缆自治水下机器人，为我国深海资源的调查开发提供了先进装备，使我国成为国际上为数不多的拥有这类设备的国家。

作为国家机器人工程技术研究中心，沈阳新松机器人自动化股份有限公司充分利用自身的技术优势和行业地位，从 1999 年起开发了具有自主知识产权的 20 多种机器人产品，包括点焊机器人、弧焊机器人、锻造机械手、激光加工机器人、AGV 移动机器人、平板显示搬运机器人和洁净（真空）机器人等系列产品。其应用范围主要涵盖 IC 装备、点焊、弧焊、搬运、装配、涂胶、喷涂、浇铸、注塑、激光加工、水切割等各种自动化作业。

就目前来看，我们应从生产和应用的角度出发，结合我国国情，加快生产结构简单、成本低廉的实用型机器人和某些特种机器人。

1.2 机器人的分类

关于机器人的分类，国际上没有制定统一的标准，有的按负载质量分类，有的按控制方式分类，有的按自由度分类，有的按结构分类，还有的按应用领域分类。

1. 按照功能分类

（1）顺序型：这类机器人拥有规定的程序动作控制系统。

（2）沿轨迹作业型：这类机器人执行某种移动作业，如焊接、喷漆等。

（3）远距作业型：比如在月球上自动工作的机器人。

（4）智能型：这类机器人具有感知、适应以及思维和人机通信机能。

2. 按照控制方式分类

（1）操作型机器人：能自动控制，可重复编程，多功能，有几个自由度，可固定或运动，用于相关自动化系统中。

（2）程控型机器人：按预先要求的顺序及条件，依次控制机器人的机械动作。

（3）示教再现型机器人：通过引导或其他方式，先教会机器人动作，输入工作程序，机器人则自动重复进行作业。

（4）数控型机器人：不必使机器人动作，通过数值、语言等对机器人进行示教，机器人根据示教后的信息进行作业。

（5）感觉控制型机器人：利用传感器获取的信息控制机器人的动作。

（6）适应控制型机器人：机器人能适应环境的变化，控制其自身的行动。

（7）学习控制型机器人：机器人能“体会”工作的经验，具有一定的学习功能，并将所“学”的经验用于工作中。

（8）智能机器人：以人工智能决定其行动的机器人。

3. 从应用环境角度分类

我国的机器人专家从应用环境出发，将机器人分为两大类，即工业机器人和特种机器人。工业机器人就是面向工业领域的多关节机械手或多自由度机器人。而特种机器人则是除工业机器人之外的、用于非制造业并服务于人类的各种先进机器人，包括服务机器人、水下机器人、娱乐机器人、军用机器人、农业机器人、机器人化机器等。在特种机器人中，有些分支发展很快，有独立成体系的趋势，如服务机器人、水下机器人、军用机器人、微操作机器人等。

目前，国际上的机器人学者，从应用环境出发也将机器人分为两类：制造环境下的工业机器人和非制造环境下的服务与仿人型机器人，这和我国的分类是一致的。

工业机器人是自动执行工作的机器装置，是靠自身动力和控制能力来实现各种功能的一种机器。它可以接受人类指挥，也可以按照预先编排的程序运行，现代的工业机器人还可以根据人工智能技术制定的原则纲领行动。具有触觉、力觉或简单的视觉的工业机器人，能在较为复杂的环境下工作；如具有识别功能或更进一步增加自适应、自学习功能，即成为智能型工业机器人。它能按照人给的“宏指令”自选或自编程序去适应环境，并自动完成更为复杂的工作。

工业机器人按臂部的运动形式分为四种。直角坐标型的臂部可沿三个直角坐标移动；圆柱坐标型的臂部可做升降、回转和伸缩动作；球坐标型的臂部能回转、俯仰和伸缩；关节型的臂部有多个转动关节。

工业机器人按执行机构运动的控制机能，又可分为点位型和连续轨迹型。点位型只控制执行机构由一点到另一点的准确定位，适用于机床上下料、点焊和一般搬运、装卸等作业；连续轨迹型可控制执行机构按给定轨迹运动，适用于连续焊接和涂装等作业。

工业机器人按程序输入方式可分为有编程输入型和示教输入型两类。编程输入型是将计算机上已编好的作业程序文件，通过RS232串口或者以太网等通信方式传送到机器人控制柜。示教输入型的示教方法有两种：一种是由操作者用手动控制器（示教操纵盒），将指令信号传给驱动系统，使执行机构按要求的动作顺序和运动轨迹操演一遍；另一种是由操作者直接领动执行机构，按要求的动作顺序和运动轨迹操演一遍。在示教过程的同时，工作程序的信息即自动存入程序存储器中，在机器人自动工作时，控制系统从程序存储器中检出相应信息，将指令信号传给驱动机构，使执行机构再现示教的各种动作。示教输入程序的工业机器人称为示教再现型工业机器人。

4. 按照机器人移动性分类

按照机器人的移动性可分为半移动式机器人（机器人整体固定在某个位置，只有部分可以运动，如机械手）和移动机器人。

随着机器人的不断发展，人们发现固定于某一位置操作的机器人并不能完全满足各方面的需要。因此，20世纪80年代后期，许多国家有计划地开展了移动机器人技术的研究。所谓的移动机器人，就是一种具有高度自主规划、自行组织、自适应能力，适合于在复杂的非结构化环境中工作的机器人，它融合了计算机技术、信息技术、通信技术、微电子技术和机器人技术等。移动机器人具有移动功能，在代替人从事危险、恶劣（如辐射、有毒等）环境下作业和人所不及的（如宇宙空间、水下等）环境作业方面，比一般机器人有更大的机动性、灵活性。

移动机器人可以从不同角度进行分类。根据移动的方式可分为轮式移动机器人、步行移动机器人（单腿式、双腿式和多腿式）、履带式移动机器人、爬行机器人、蠕动式机器人和游动式机器人等类型；按工作环境可分为室内移动机器人和室外移动机器人；按控制体系结构可分为功能式（水平式）结构机器人、行为式（垂直式）结构机器人和混合式机器人；按功能和用途可分为医疗机器人、军用机器人、助残机器人、清洁机器人等；按作业空间可分为陆地移动机器人、水下机器人、无人飞机和空间机器人。

1.3 机器人的系统组成及技术参数

1.3.1 机器人系统的基本组成

机器人系统的组成大体上可分为3部分：机械系统、传感系统、控制系统。

1. 机器人机械系统

机器人机械系统一般包括以下部分。

（1）驱动装置（动力）；

（2）减速器（将高速运动变为低速运动）；
（3）运动传动机构；
（4）关节部分机构（相当于手臂，形成空间的多自由度运动）；
（5）把持机构，末端执行器，端拾器（相当于手爪）；
（6）移动机构，行走机构（相当于腿脚）；
（7）变位机等周边设备（配合机器人工作的辅助装置）。

2. 机器人传感系统

它由内部传感器和外部传感器组成。内部传感器用来检测机器人的自身状态（内部信息），如关节的运动状态等。外部传感器用来感知外部世界，检测作业对象与作业环境的状态（外部信息），如视觉、听觉、触觉等。

3. 机器人控制系统

控制系统的任务是根据机器人的作业指令程序以及从传感器反馈回来的信号，支配机器人的执行机构去完成规定的运动和功能。根据控制运动的形式可分为点位控制和连续轨迹控制。

操作臂所能完成的任务随特定结构设计的不同而有很大的区别。尽管通常把操作臂抽象成一个实体，但是它所能完成的任务主要受到以下实际因素的限制，例如，负载能力、速度、工作空间的大小、可重复定位精度等。对于一些特定的应用场合，操作臂的整体尺寸、质量、功率消耗和设计制造成本将是非常重要的影响因素。

一般来讲，设计方法以及对一个设计的评价都是设计的局部问题。很难用一些固定的设计规则来对设计方法的选择进行限制。

由于工程设计中涉及的工程规则非常广泛，所以需把主要精力放在操作臂本身的设计上。在操作臂设计的过程中，首先需要考虑那些可能对设计影响最大的因素，然后再考虑其他细节问题。当然，操作臂设计是一个反复的过程。有时，在进行细节设计的过程中会出现一些问题，这时必须对前面上层设计中的方案进行重新考虑。

1.3.2 机器人的技术参数

技术参数是机器人制造商在产品供货时所提供的技术数据。不同的机器人其技术参数不一样，而且各厂商所提供的技术参数项目和用户的要求也不完全一样。但是，工业机器人的主要技术参数一般都应有自由度、定位精度和重复定位精度、工作范围、最大工作速度、承载能力等。

1. 自由度

自由度是指机器人所具有的独立坐标轴运动的数目，不包括手爪（末端操作器）的开合自由度。在三维空间中描述一个物体的位姿需要 6 个自由度。但是，机器人的自由度是根据其用途而设计的，可能少于 6 个自由度，也可能多于 6 个自由度。例如，A4020 型装配机器人具有 4 个自由度，可以在印制电路板上接插电子器件；PUMA562 型机器人具有 6 个自由度，可以进行复杂空间曲面的弧焊作业。从运动学的观点看，在完成某一特定作业时具有多余自由度的机器人，就叫作冗余自由度机器人，亦可简称冗余度机器人。如 PUMA562 机器人去执行印制电路板上接插电子器件的作业时，就成为冗余度机器人。利用冗余的自由度可以增加机器人的灵活性、躲避障碍物和改善动力性能。人的手臂（大臂、小臂、手腕）共有 7 个自由度，所以工作起来很灵巧，手部可回避障碍物，从不同方向到达同一个目的点。

大多数机器人从总体上看是个开链机构，但其中可能包含有局部闭环机构。闭环机构可提高刚性，但限制了关节的活动范围，因而会使工作空间减小。

2. 定位精度和重复定位精度

机器人精度包括定位精度和重复定位精度。定位精度是指机器人手部实际到达位置与目标位置的差异。重复定位精度是指机器人重复定位其手部于同一目标位置的能力，可以用标准偏差这个统计量来表示。它是衡量一系列误差值的密集度，即重复度，如图 1.1 所示。

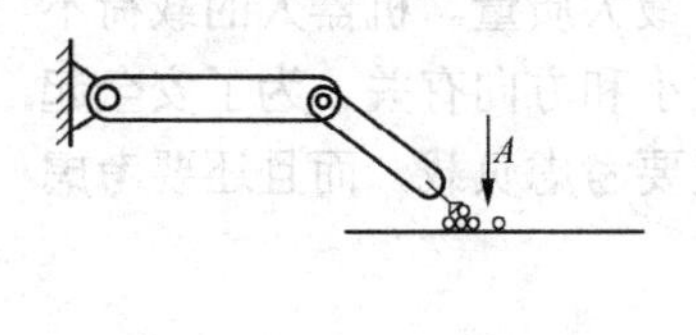

(a) 重复定位精度的测定

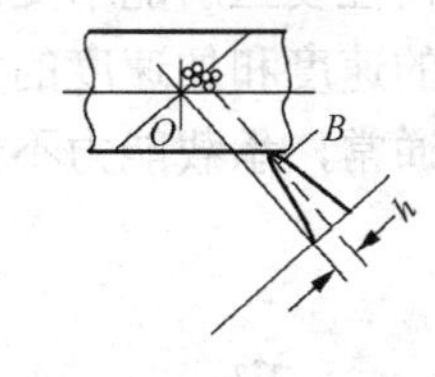

(b) 合理定位精度，良好重复定位精度

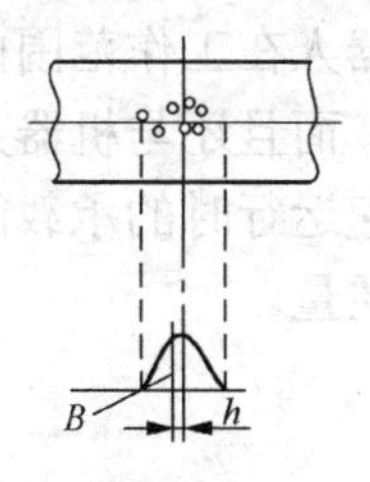

(c) 良好定位精度，很差重复定位精度

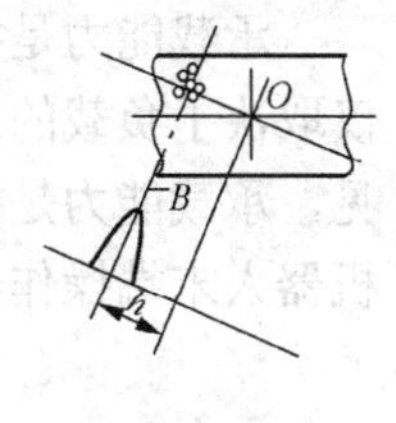

(d) 很差定位精度，良好重复定位精度

图 1.1　机器人定位精度和重复定位精度的典型情况

3. 工作范围

工作范围是指机器人操作臂末端或手腕中心所能到达的所有点的集合，也叫作工作区域。因为末端执行器的形状和尺寸是多种多样的，为了真实反映机器人的特征参数，所以工作范围是指不安装末端执行器时的工作区域。工作范围的形状和大小是十分重要的。机器人在执行某一作业时，可能会因为存在手部不能到达的作业死区（Dead Zone）而不能完成任务。图 1.2 和图 1.3 所示分别为 PUMA 机器人和 A4020 型 SCARA 机器人的工作范围。

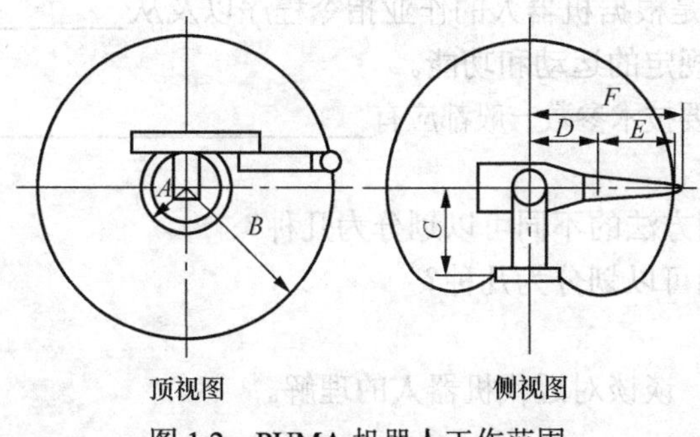

图 1.2　PUMA 机器人工作范围

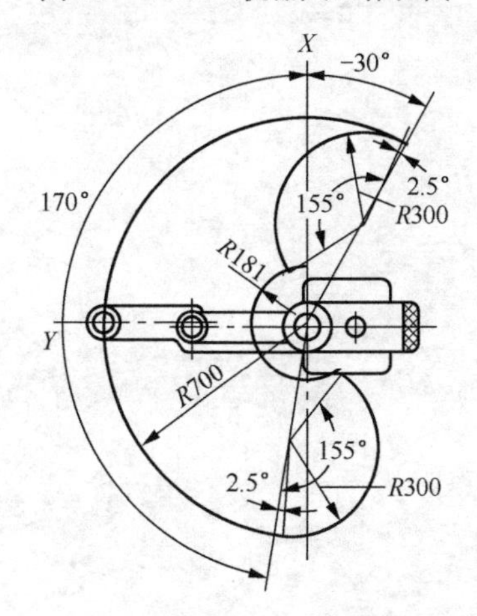

图 1.3　A4020 型 SCARA 机器人工作范围

4．最大工作速度

最大工作速度通常指机器人操作臂末端的最大速度。提高速度可提高工作效率，因此提高机器人的加速减速能力，保证机器人加速减速过程的平稳性是非常重要的。

5．承载能力

承载能力是指机器人在工作范围内的任何位姿上所能承受的最大质量。机器人的载荷不仅取决于负载的质量，而且还与机器人运行的速度和加速度的大小和方向有关。为了安全起见，承载能力是指高速运行时的承载能力。通常，承载能力不仅要考虑负载，而且还要考虑机器人末端操作器的质量。

习　　题

一、填空题

1．国际标准化组织采纳了美国机器人协会于 1979 年给机器人下的定义：“一种可编程和多功能的，用来搬运材料、零件、工具的操作机；或是为了执行不同的任务而具有可改变和________的专门系统。”

2．我国的机器人专家从应用环境出发，将机器人分为两大类，即________和________。

3．工业机器人由________、________和________3 个基本部分组成。

4．工业机器人按程序输入方式区分有________和________两类。

5．机器人系统的组成大体上可分为三部分：________、________和________。

6．控制系统的任务是根据机器人的作业指令程序以及从________________，支配机器人的________去完成规定的运动和功能。

7．工业机器人的主要技术参数一般都应有________________________________等。

二、简答题

1．机器人按照控制方法的不同可以划分为几种？

2．机器人按照功能可以划分为几种？

三、论述题

试结合自己的实际，谈谈对近代机器人的理解。

第2章 机器人的运动机构与执行机构

2.1 常见运动机构

2.1.1 直线运动机构

（一）丝杠传动

丝杠传动有滑动式、滚珠式和静压式等。机器人传动用的丝杠具备结构紧凑、间隙小和传动效率高等特点。

1. 滚珠丝杠

滚珠丝杠的丝杠和螺母之间装了很多钢球，丝杠或螺母运动时钢球不断循环，运动得以传递。因此，即使丝杠的导程角很小，也能得到90%以上的传动效率。

滚珠丝杠可以把直线运动转换成回转运动，也可以把回转运动转换成直线运动。滚珠丝杠按钢球的循环方式分为钢球管外循环方式、靠螺母内部S状槽实现钢球循环的内循环方式和靠螺母上部导引板实现钢球循环的导引板方式，如图2.1所示。

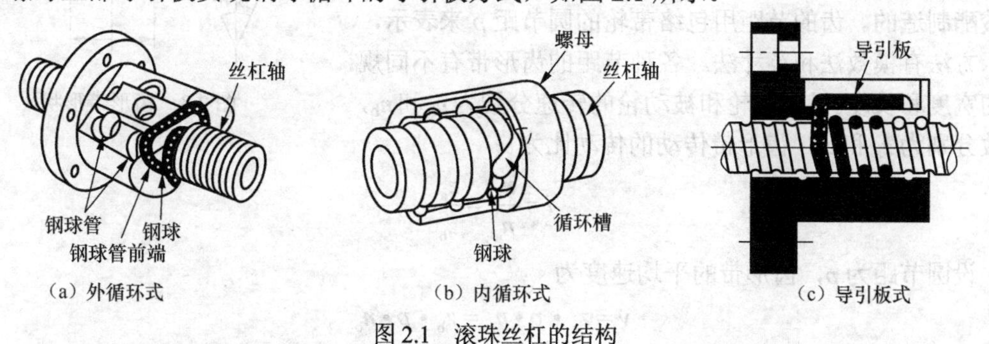

图2.1 滚珠丝杠的结构

由丝杠转速和导程得到的直线进给速度为

$$v = 60 \cdot l \cdot n \tag{2.1}$$

式中，v为直线运动速度，m/s；l为丝杠的导程，m；n为丝杠的转速，r/min。

驱动力矩由式（2.2）和式（2.3）给出：

$$T_{\mathrm{a}} = \frac{F_{\mathrm{a}} \cdot l}{2\pi \cdot \eta_1} \tag{2.2}$$

$$T_b = \frac{F_a \cdot l \cdot \eta_2}{2\pi} \tag{2.3}$$

式中，T_a为回转运动变换到直线运动（正运动）时的驱动力矩，N·m；η_1为正运动时的传动效率（0.9～0.95）；T_b为直线运动变换到回转运动（逆运动）时的驱动力矩，N·m；η_2为逆运动时的传动效率（0.9～0.95）；F_a为轴向载荷，N；l为丝杠的导程，m。

2. 行星轮式丝杠

行星轮式丝杠多用于精密机床的高速进给，从高速性和高可靠性来看，也可用在大型机器人的传动，其原理如图 2.2 所示。螺母与丝杠轴之间有与丝杠轴啮合的行星轮，装有 7～8 套行星轮的系杆可在螺母内自由回转，行星轮的中部有与丝杠轴啮合的螺纹，其两侧有与内齿轮啮合的齿。将螺母固定，驱动丝杠轴，行星轮便边自转边相对于内齿轮公转，并使丝杠轴沿轴向移动。行星轮式丝杠具有承载能力大、刚度高和回转精度高等优点，由于采用了小螺距，因而丝杠定位精度也高。

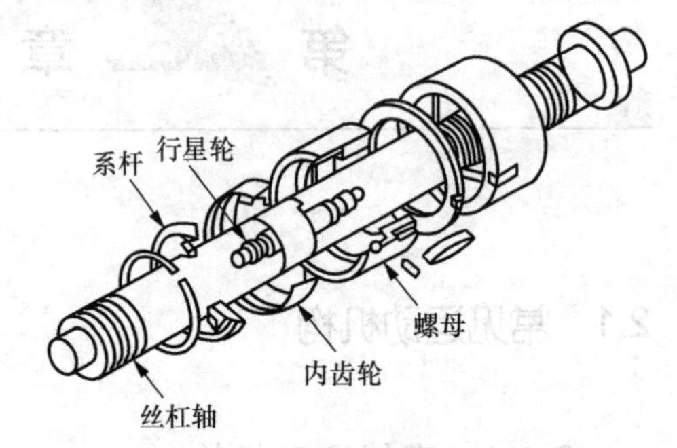

图 2.2 行星轮式丝杠

（二）皮带传动与链传动

皮带和链传动用于传递平行轴之间的回转运动，或把回转运动转换成直线运动。机器人中的皮带和链传动分别通过皮带轮或链轮传递回转运动，有时还用来驱动平行轴之间的小齿轮。

1. 齿形带传动

齿形带的传动面上有与带轮啮合的梯形齿，如图 2.3 所示。齿形带传动时无滑动，初始张力小，被动轴的轴承不易过载。因无滑动，它除了用做动力传动外还适用于定位。齿形带采用氯丁橡胶做基材，并在中间加入玻璃纤维等伸缩刚性大的材料，齿面上覆盖耐磨性好的尼龙布。用于传递轻载荷的齿形带是用聚氨基甲酸酯制造的。齿的节距用包络带轮的圆节距p来表示，表示方法有模数法和英寸法。各种节距的齿形带有不同规格的宽度和长度。设主动轮和被动轮的转速分别为n_a和n_b，齿数分别为z_a和z_b，齿形带传动的传动比为

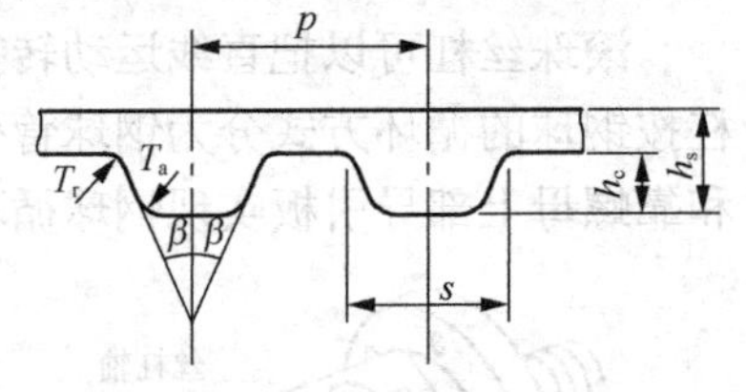

图 2.3 齿形带形状

$$i = \frac{n_b}{n_a} = \frac{z_a}{z_b}$$

设圆节距为p，齿形带的平均速度为

$$v = z_a \cdot p \cdot n_a = z_b \cdot p \cdot n_b$$

齿形带的传动功率为：

$$P = F \cdot v$$

式中，P为传动功率，W；F为紧边张力，N；v为皮带速度，m/s。

齿形带传动属于低惯性传动，适合于马达和高速比减速器之间使用。皮带上面安装上滑座可完成与齿轮齿条机构同样的功能。由于它惯性小，且有一定的刚度，所以适合于高速运动的轻型滑座。

2. 滚子链传动

滚子链传动属于比较完善的传动机构，由于噪声小，效率高，因此得到了广泛的应用。但是，高速运动时滚子与链轮之间的碰撞，产生较大的噪声和振动，只有在低速时才能得到满意的效果，即适合于低惯性载荷的关节传动。链轮齿数少，摩擦力会增加，要得到平稳运动，链轮的齿数应大于 17，并尽量采用奇数个齿。

2.1.2 旋转运动机构

（一）齿轮的种类

齿轮靠均匀分布在轮边上的齿的直接接触来传递扭矩。通常，齿轮的角速度比和轴的相对位置都是固定的。因此，轮齿以接触柱面为节面，等间隔地分布在圆周上。随轴的相对位置和运动方向的不同，齿轮有多种类型，其中主要的类型如图 2.4 所示。

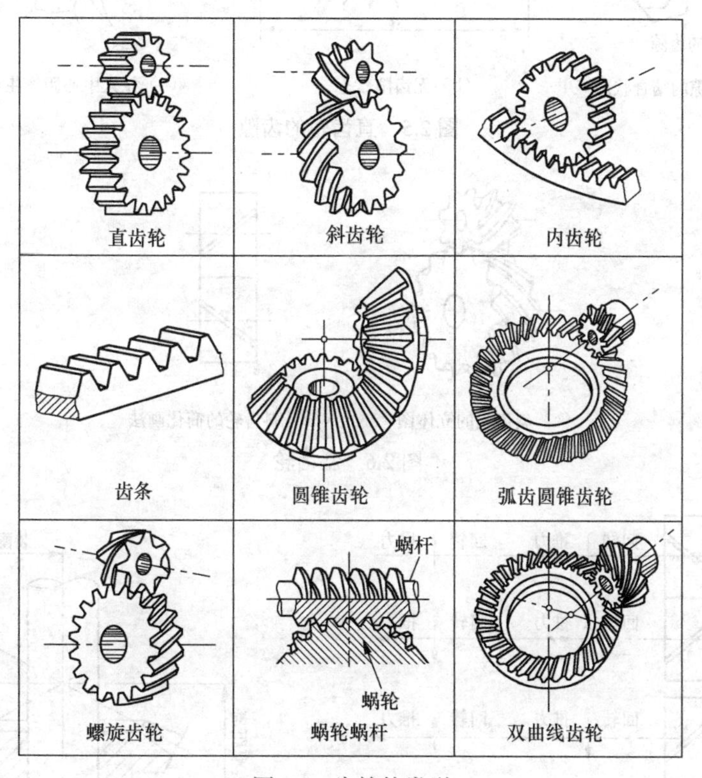

图 2.4 齿轮的类型

（二）各种齿轮的结构及特点

1. 直齿圆柱齿轮

直齿圆柱齿轮是最常用的齿轮之一。通常，齿轮两齿啮合处的齿面之间存在间隙，称为齿隙（见图 2.5）。为弥补齿轮制造误差和齿轮运动中温升引起的热膨胀的影响，要求齿轮传动有适当的齿隙，但频繁正反转的齿轮齿隙应限制在最小范围之内。齿隙可通过减小齿厚或拉大中心距来调整。无齿隙的齿轮啮合叫无齿隙啮合。

2. 斜齿轮

如图 2.6 所示，斜齿轮的齿带有扭曲。它与直齿轮相比具有强度高、重叠系数大和噪声小等优点。斜齿轮传动时会产生轴向力，所以应采用止推轴承或成对地布置斜齿轮，如图 2.7 所示。

3. 伞齿轮

伞齿轮用于传递相交轴之间的运动，以两轴相交点为顶点的两圆锥面为啮合面，如图 2.8 所示。齿向与节圆锥直母线一致的称直齿伞齿轮，齿向在节圆锥切平面内呈曲线的称弧齿伞齿轮。直齿伞齿轮用于节圆圆周速度低于 5m/s 的场合，弧齿伞齿轮用于节圆圆周速度大于 5m/s 或转速高于 1000r/min 的场合，还用在要求低速平滑回转的场合。

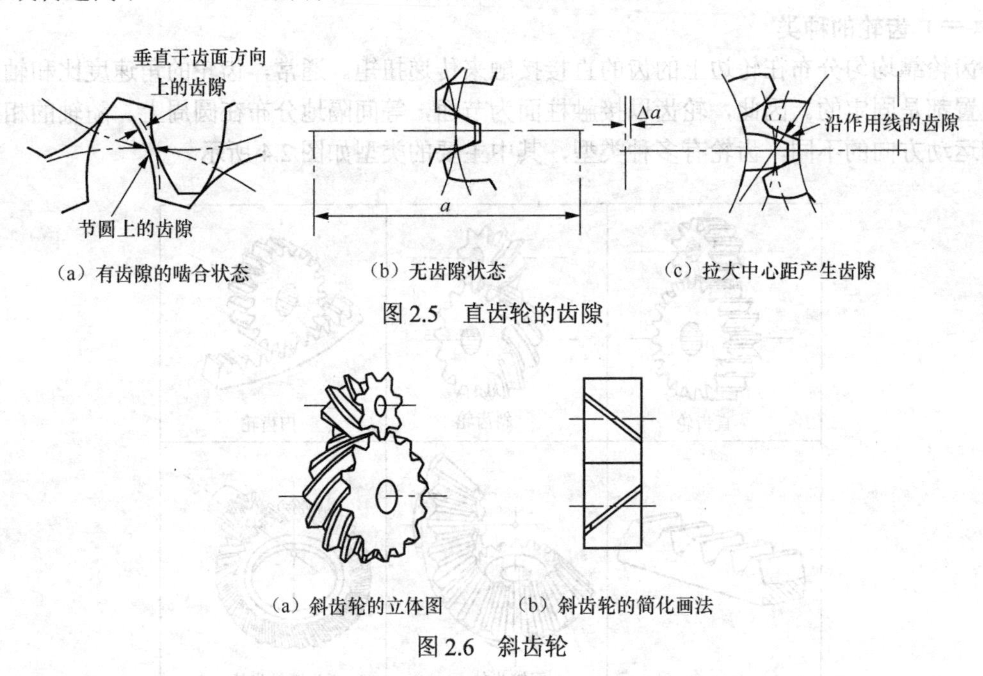

（a）有齿隙的啮合状态　（b）无齿隙状态　（c）拉大中心距产生齿隙

图 2.5　直齿轮的齿隙

（a）斜齿轮的立体图　（b）斜齿轮的简化画法

图 2.6　斜齿轮

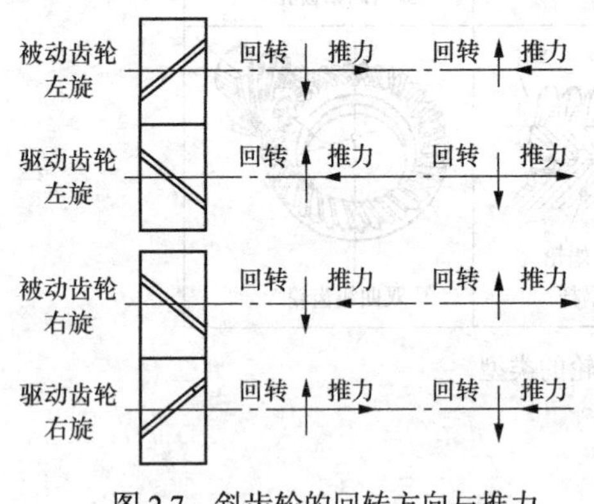

图 2.7　斜齿轮的回转方向与推力

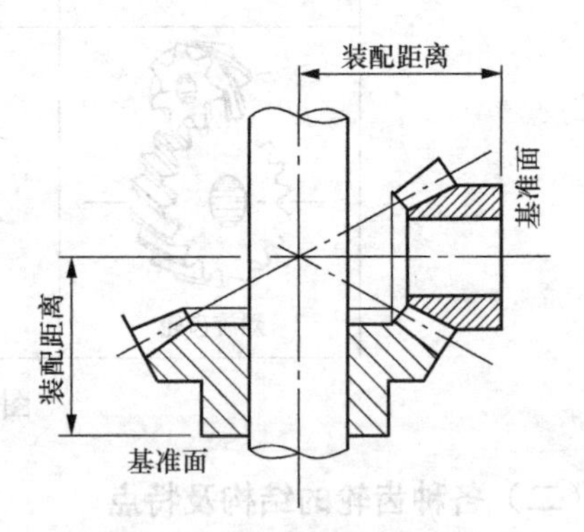

图 2.8　伞齿轮的啮合状态

4. 蜗轮蜗杆

蜗轮蜗杆传动装置由蜗杆和与蜗杆相啮合的蜗轮组成。蜗轮蜗杆能以大减速比传递垂直轴之间的运动。鼓形蜗轮用在大负荷和大重叠系数的场合。蜗轮蜗杆传动与其他齿轮传动相比，具有噪声小、回转轻便和传动比大等优点，缺点是其齿隙比直齿轮和斜齿轮大，齿面之间摩擦大，因而传动效率低。

基于上述各种齿轮的特点，齿轮传动可分为如图 2.9 所示的类型。根据主动轴和被动轴之间的相对位置和转向可选用相应的类型。

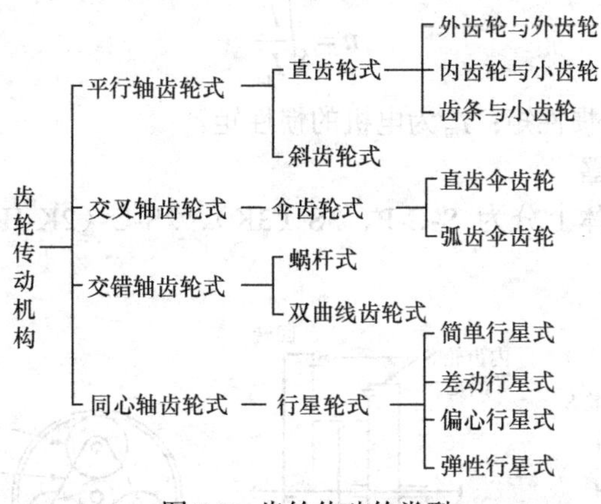

图 2.9 齿轮传动的类型

（三）齿轮传动机构的速比

1. 最优速比

输出力矩有限的原动机要在短时间内加速负载，要求其齿轮传动机构的速比为最优。原动机驱动惯性载荷，设其惯性矩分别为 J_N 和 J_L，则最优速比为

$$U_a = \sqrt{\frac{J_L}{J_N}} \qquad (2.4)$$

2. 传动级数及速比的分配

要求大速比时应采用多级传动。传动级数和速比的分配是根据齿轮的种类、结构和速比关系来确定的。通常的传动级数和速比关系如图 2.10 所示。

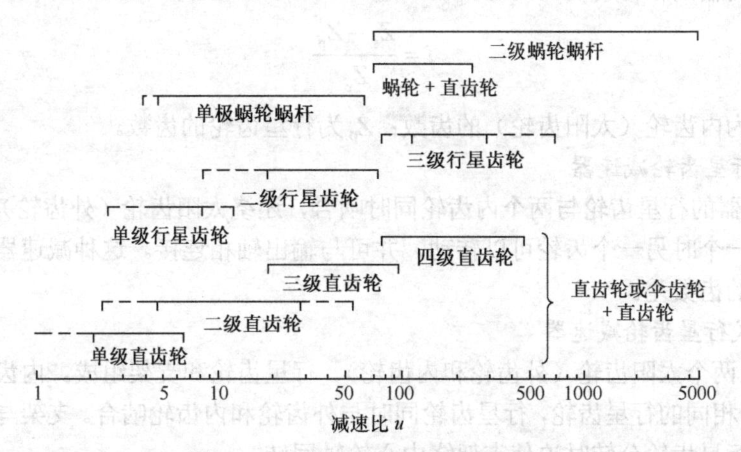

图 2.10 齿轮传动的级数与速比关系

2.1.3 减速运动机构

机器人中常用的齿轮传动机构是行星齿轮传动机构和谐波传动机构。电动机是高转速、小力矩的驱动器，而机器人通常却要求低转速、大力矩，因此，常用行星齿轮机构和谐波传动机构减速器来完成速度和力矩的变换与调节。

输出力矩有限的原动机要在短时间内加速负载，要求其齿轮传动机构的速比 n 为最优，即

$$n = \sqrt{\frac{I_a}{I_m}} \tag{2.5}$$

式中，I_a为工作臂的惯性矩；I_m为电机的惯性矩。

（一）行星齿轮减速器

行星齿轮减速器大体上分为 S-C-P、3S（3K）、2S-C（2K-H）3 类，结构如图 2.11 所示。

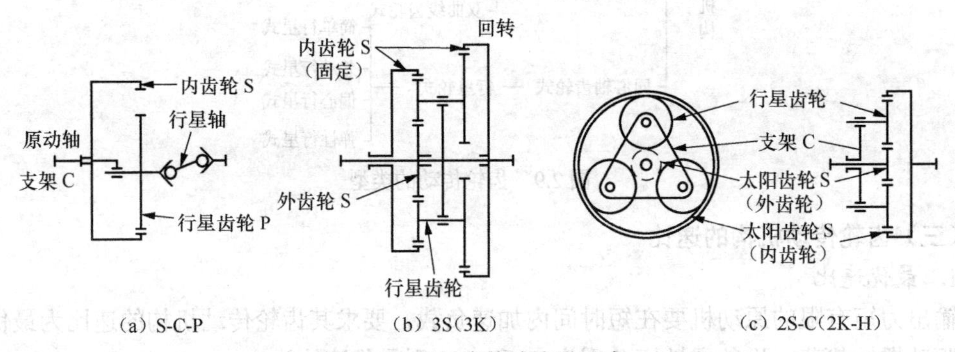

图 2.11 行星齿轮减速器形式

1. S-C-P（K-H-V）式行星齿轮减速器

S-C-P 由内齿轮、行星齿轮和行星齿轮支架组成。行星齿轮的中心和内齿轮中心之间有一定偏距，仅部分齿参加啮合。曲柄轴与输入轴相连，行星齿轮绕内齿轮边公转边自转。行星齿轮公转一周时，行星齿轮反向自转的转数取决于行星齿轮和内齿轮之间的齿数差。

行星齿轮为输出轴时传动比为

$$i = \frac{Z_s - Z_p}{Z_p}$$

式中，Z_s为内齿轮（太阳齿轮）的齿数；Z_p为行星齿轮的齿数。

2. 3S 式行星齿轮减速器

3S 式减速器的行星齿轮与两个内齿轮同时啮合，还绕太阳齿轮（外齿轮）公转。两个内齿轮中，固定一个时另一个齿轮可以转动，并可与输出轴相连接。这种减速器的传动比取决于两个内齿轮的齿数差。

3. 2S-C 式行星齿轮减速器

2S-C 式由两个太阳齿轮（外齿轮和内齿轮）、行星齿轮和支架组成。内齿轮和外齿轮之间夹着 2～4 个相同的行星齿轮，行星齿轮同时与外齿轮和内齿轮啮合。支架与各行星齿轮的中心相连接，行星齿轮公转时迫使支架绕中心轮轴回转。

上述行星齿轮机构中，若内齿轮的齿数 Z_s和行星齿轮的齿数 Z_p之差为 1，可得到最大减速比 $i = 1/Z_p$，但容易产生齿顶的相互干涉，这个问题可由下述方法解决。

（1）利用圆弧齿形或钢球；

（2）齿数差设计成 2；

（3）行星齿轮采用可以弹性变形的薄椭圆状（谐波传动）。

（二）谐波传动

谐波减速器由谐波发生器、柔轮和刚轮3个基本部分组成，如图2.12所示。

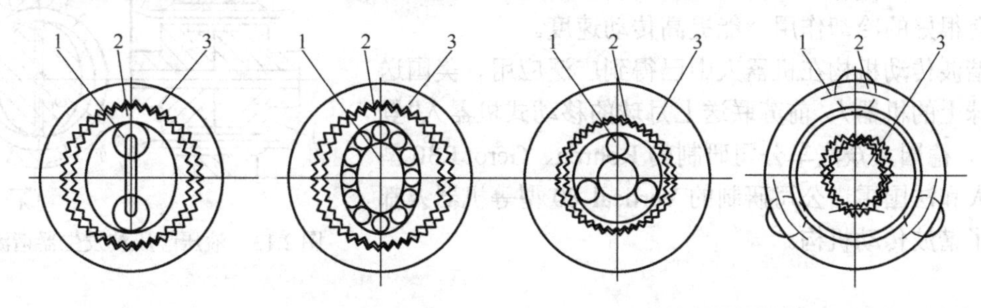

（a）双波触头式内发生器　（b）双波凸轮薄壁轴承式内发生器　（c）三波行星式内发生器　（d）三波行星式外发生器

1-谐波发生器；2-柔轮；3-刚轮

图2.12　谐波传动机构的组成和类型

1. 谐波发生器

谐波发生器是在椭圆形凸轮的外周嵌入薄壁轴承制成的部件。轴承内圈固定在凸轮上，外圈靠钢球发生弹性变形，一般与输入轴相连。

2. 柔轮

柔轮是杯状薄壁金属弹性体，杯口外圆切有齿，底部称柔轮底，用来与输出轴相连。

3. 刚轮

刚轮内圆有很多齿，齿数比柔轮多两个，一般固定在壳体。

谐波发生器通常采用凸轮或偏心安装的轴承构成。刚轮为刚性齿轮，柔轮为能产生弹性变形的齿轮。当谐波发生器连续旋转时，产生的机械力使柔轮变形的过程形成了一条基本对称的和谐曲线。发生器波数表示发生器转一周时，柔轮某一点变形的循环次数。其工作原理是：当谐波发生器在柔轮内旋转时，迫使柔轮发生变形，同时进入或退出刚轮的齿间。在发生器的短轴方向，刚轮与柔轮的齿间处于啮入或啮出的过程，伴随着发生器的连续转动，齿间的啮合状态依次发生变化，即啮入-啮合-啮出-脱开-啮入的变化过程。这种错齿运动把输入运动变为输出的减速运动。

谐波传动速比的计算与行星传动速比计算一样。如果刚轮固定，谐波发生器 w_1 为输入，柔轮 w_2 为输出，则速比 $i_{12}=\dfrac{\omega_1}{\omega_2}=-\dfrac{z_r}{z_g-z_r}$。如果柔轮静止，谐波发生器 w_1 为输入，刚轮 w_3 为输出，则速比 $i_{13}=\dfrac{\omega_1}{\omega_3}=\dfrac{z_g}{z_g-z_r}$，其中，$z_r$ 为柔轮齿数；z_g 为刚轮齿数。

柔轮与刚轮的轮齿周节相等，齿数不等，一般取双波发生器的齿数差为 2，三波发生器齿数差为 3。双波发生器在柔轮变形时所产生的应力小，容易获得较大的传动比。三波发生器在柔轮变形时所需要的径向力大，传动时偏心变小，适用于精密分度。通常推荐谐波传动最小齿数在齿数差为2时，z_{min}=150，齿数差为3时，z_{min}=225。

谐波传动的特点是结构简单、体积小、质量轻、传动精度高、承载能力大、传动比大，且具有高阻尼特性。但柔轮易疲劳、扭转刚度低，且易产生振动。

此外，也有采用液压静压波发生器和电磁波发生器的谐波传动机构，图2.13为采用液压静压波发生器的谐波传动示意图。凸轮1和柔轮2之间不直接接触，在凸轮1上的小孔3与柔轮内表面有大约 0.1 mm 的间隙。高压油从小孔 3 喷出，使柔轮产生变形波，从而实现减速驱动谐波传动。油具有很好的冷却作用，能提高传动速度。

谐波传动机构在机器人中已得到广泛应用。美国送到月球上的机器人，前苏联送上月球的移动式机器人“登月者”，德国大众汽车公司研制的 Rohren、Gerot R30 型机器人和法国雷诺公司研制的 Vertical 80 型等机器人都采用了谐波传动机构。

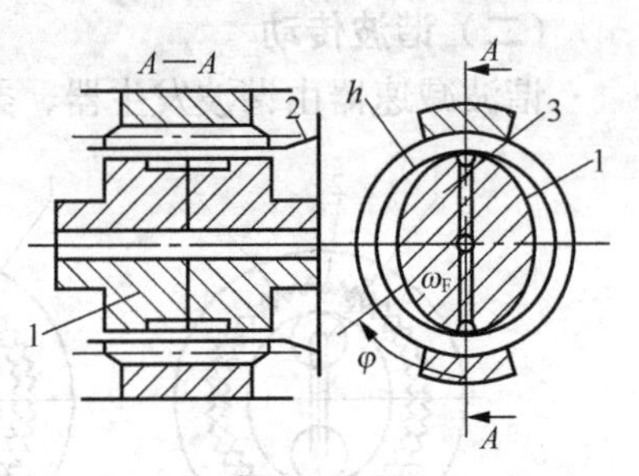

图 2.13　液压静压波发生器谐波传动

2.2　工业机器人常见运动形式

1. 直角坐标型机器人

这种机器人的外形轮廓与数控镗铣床或三坐标测量机相似，如图 2.14 所示。3 个关节都是移动关节，关节轴线相互垂直，相当于笛卡儿坐标系的 x、y 和 z 轴。它主要用于生产设备的上下料，也可用于高精度的装卸和检测作业。这种形式主要特点如下。

（1）结构简单，直观，刚度高。多做成大型龙门式或框架式机器人。

（2）3 个关节的运动相互独立，没有耦合，运动学求解简单，不产生奇异状态。采用直线滚动导轨后，速度和定位精度高。

（3）工件的装卸、夹具的安装等受到立柱、横梁等构件的限制。

（4）容易编程和控制，控制方式与数控机床类似。

（5）导轨面防护比较困难。移动部件的惯量比较大，增加了驱动装置的尺寸和能量消耗，操作灵活性较差。

2. 圆柱坐标型机器人

圆柱坐标型机器人如图 2.15 所示，是以 θ, z 和 r 为参数构成坐标系。手腕参考点的位置可表示为 $P=f(\theta,z,r)$。其中，r 是手臂的径向长度，θ 是手臂绕水平轴的角位移，z 是在垂直轴上的高度。如果 r 不变，操作臂的运动将形成一个圆柱表面，空间定位比较直观。操作臂收回后，其后端可能与工作空间内的其他物体相碰，移动关节不易防护。

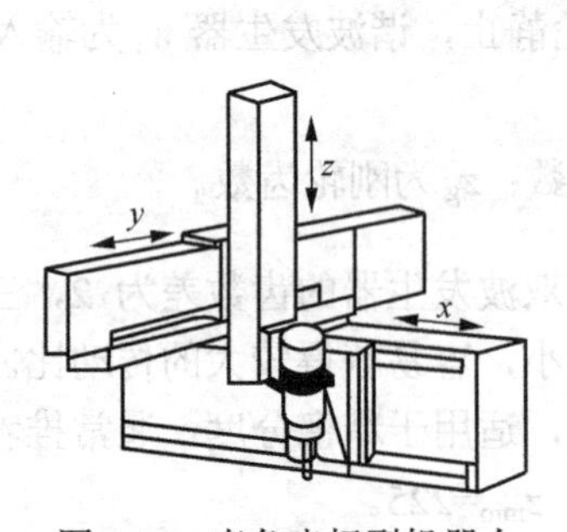

图 2.14　直角坐标型机器人

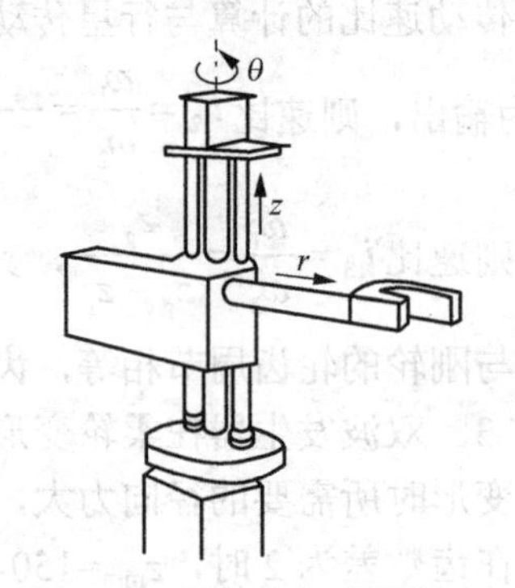

图 2.15　圆柱坐标型机器人

3. 球（极）坐标型机器人

球（极）坐标型机器人如图 2.16 所示。腕部参考点运动所形成的最大轨迹表面是半径为 r_m 的球面的一部分，以 θ, φ, r 为坐标，任意点可表示为 $P=f(\theta, \varphi, r)$。这类机器人占地面积小，工作空间较大，移动关节不易防护。

4. SCARA 机器人

SCARA 机器人有 3 个旋转关节，其轴线相互平行，在平面内进行定位和定向，另一个关节是移动关节，用于完成末端件垂直于平面的运动。手腕参考点的位置是由两旋转关节的角位移φ_1，φ_2和移动关节的位移 z 决定的，即$P=f(\varphi_1,\varphi_2,z)$，如图 2.17 所示。这类机器人结构轻便、响应快。如 Adept I 型 SCARA 机器人的运动速度可达 10m/s，比一般关节式机器人快数倍。它最适用于平面定位，而在垂直方向进行装配的作业。

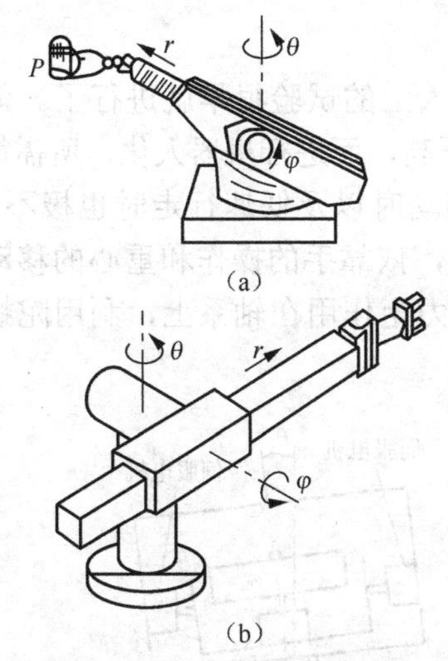

图 2.16　球（极）坐标型机器人

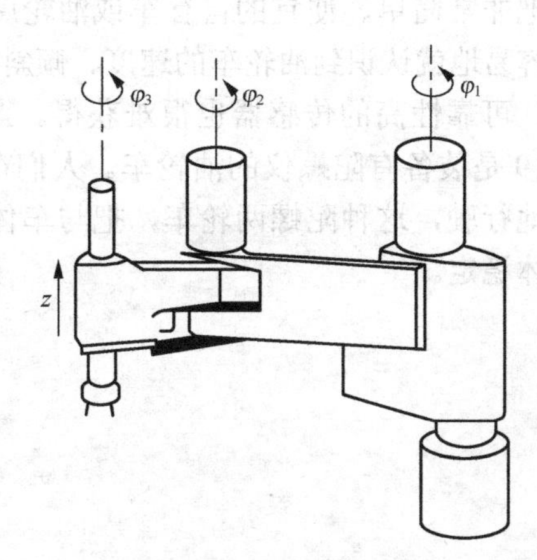

图 2.17　SCARA 机器人

5. 关节型机器人

这类机器人由两个肩关节和一个肘关节进行定位，由两个或 3 个腕关节进行定向。其中，一个肩关节绕铅直轴旋转，另一个肩关节实现俯仰，这两个肩关节轴线正交，肘关节平行于第二个肩关节轴线，如图 2.18 所示。这种构形动作灵活，工作空间大，在作业空间内手臂的干涉最小，结构紧凑，占地面积小，关节上相对运动部位容易密封防尘。这类机器人运动学较复杂，运动学反解困难，确定末端件执行器的位姿不直观，进行控制时，计算量比较大。

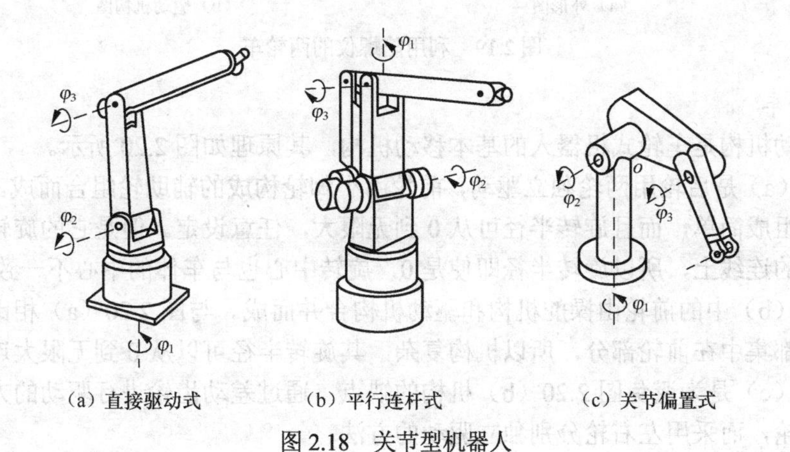

图 2.18　关节型机器人

2.3 移动机器人常见的移动机构

移动机器人的移动机构形式主要有车轮式移动机构、履带式移动机构、足式移动机构。此外，还有步进式移动机构、蠕动式移动机构、混合式移动机构和蛇行式移动机构等，适合于各种特别的场合。

（一）车轮式移动机构

车轮式移动机构可按车轮数来分类。

1. 两轮车

把非常简单、便宜的自行车或油轮摩托车用在机器人上的试验很早就进行了。但是人们很容易地就认识到油轮车的速度、倾斜等物理量精度不高，而进行机器人化，所需简单、便宜、可靠性高的传感器也很难获得。此外，两轮车制动时以及低速行走时也极不稳定。图 2.19 是装备有陀螺仪的油轮车。人们在驾驶两轮车时，依靠手的操作和重心的移动才能稳定地行驶，这种陀螺两轮车，把与车体倾斜成比例的力矩作用在轴系上，利用陀螺效应使车体稳定。

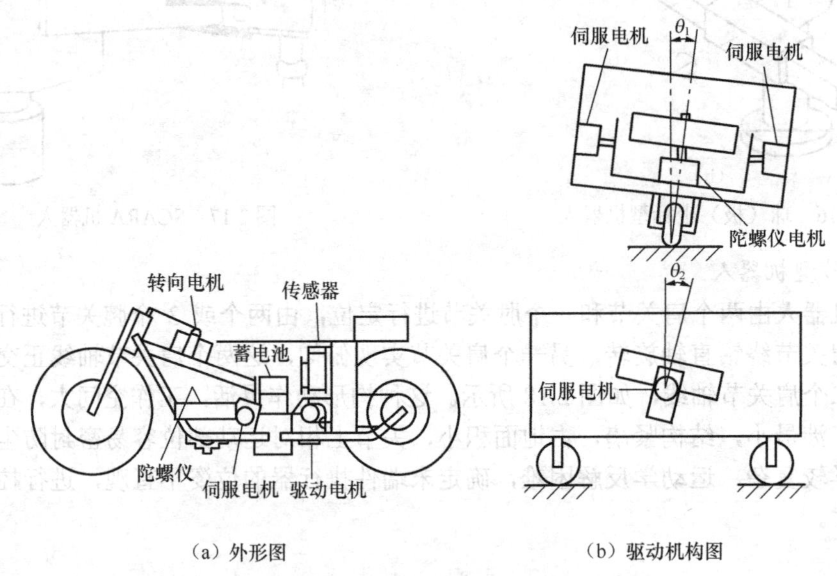

（a）外形图　　（b）驱动机构图

图 2.19 利用陀螺仪的两轮车

2. 三轮车

三轮移动机构是车轮式机器人的基本移动机构，其原理如图 2.20 所示。

图 2.20（a）是后轮用两轮独立驱动，前轮用小脚轮构成的辅助轮组合而成。这种机构的特点是机构组成简单，而且旋转半径可从 0 到无限大，任意设定。但是它的旋转中心是在连接两驱动轴的连线上，所以旋转半径即使是 0，旋转中心也与车体的中心不一致。

图 2.20（b）中的前轮由操舵机构和驱动机构合并而成。与图 2.20（a）相比，操舵和驱动的驱动器都集中在前轮部分，所以机构复杂，其旋转半径可以从 0 到无限大连续变化。

图 2.20（c）是为避免图 2.20（b）机构的缺点，通过差动齿轮进行驱动的方式。近来不再用差动齿轮，而采用左右轮分别独立驱动的方法。

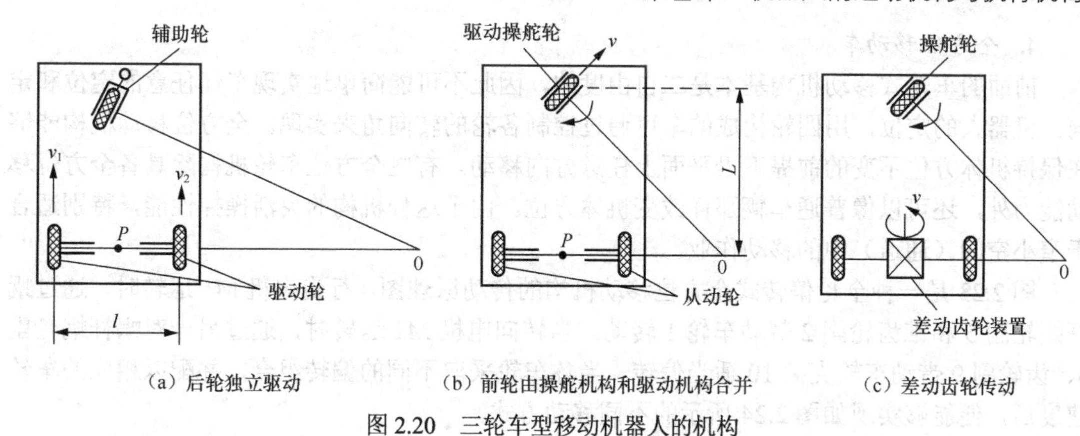

（a）后轮独立驱动　（b）前轮由操舵机构和驱动机构合并　（c）差动齿轮传动

图 2.20　三轮车型移动机器人的机构

3. 四轮车

四轮车的驱动机构和运动，基本上与三轮车相同。图 2.21（a）是两轮独立驱动，前后带有辅助轮的方式。与图 2.20（a）相比，当旋转半径为 0 时，由于能绕车体中心旋转，所以有利于在狭窄场所改变方向。图 2.21（b）是汽车方式，适合于高速行走，稳定性好。

根据使用目的，还有使用六轮驱动车和车轮直径不同的轮胎车，也有的提出利用具有柔性机构车辆的方案。图 2.22 是火星探测用的小漫游车的例子，它的轮子可以根据地形上下调整高度，提高其稳定性，适合在火星表面运行。

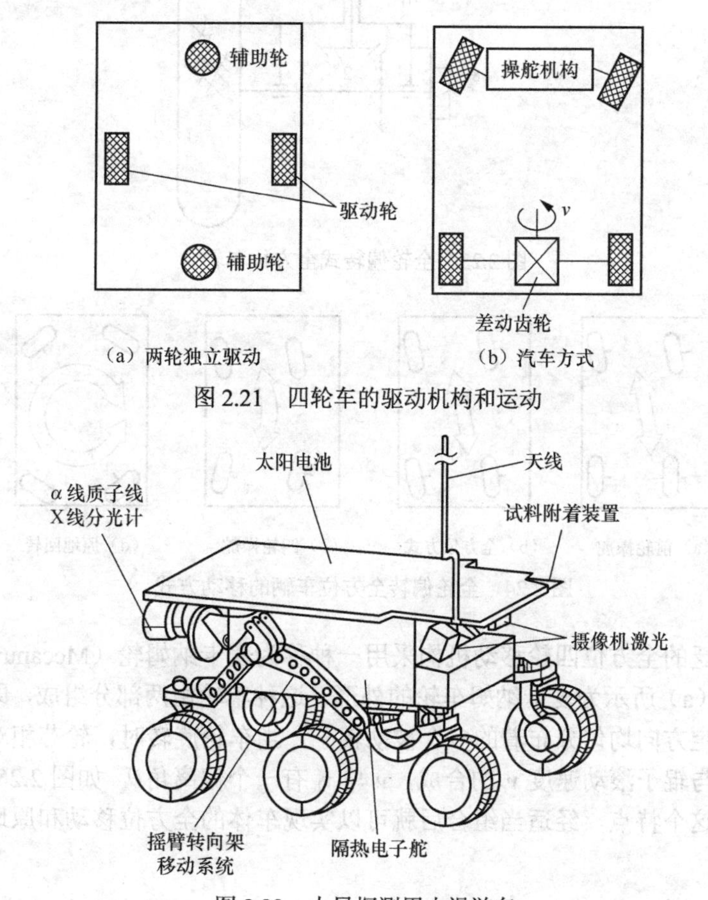

（a）两轮独立驱动　（b）汽车方式

图 2.21　四轮车的驱动机构和运动

图 2.22　火星探测用小漫游车

4. 全方位移动车

前面的车轮式移动机构基本是二自由度的，因此不可能简单地实现车体任意的定位和定向。机器人的定位，用四轮构成的车可通过控制各轮的转向角来实现。全方位移动机构能够在保持机体方位不变的前提下沿平面上任意方向移动。有些全方位车轮机构除具备全方位移动能力外，还可以像普通车辆那样改变机体方位。由于这种机构的灵活操控性能，特别适合于窄小空间（通道）中的移动作业。

图 2.23 是一种全轮偏转式全方位移动机构的传动原理图。行走电机 M1 运转时，通过蜗杆蜗轮副 5 和锥齿轮副 2 带动车轮 1 转动。当转向电机 M2 运转时，通过另一对蜗杆蜗轮副 6、齿轮副 9 带动车轮支架 10 适当偏转。当各车轮采取不同的偏转组合，并配以相应的车轮速度后，便能够实现如图 2.24 所示的不同移动方式。

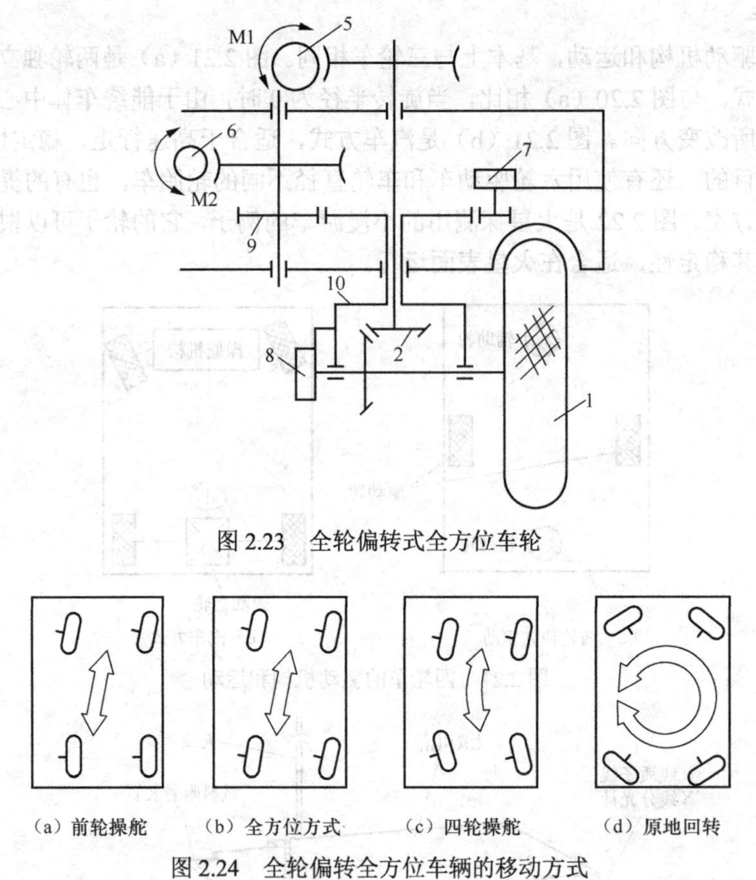

图 2.23　全轮偏转式全方位车轮

图 2.24　全轮偏转全方位车辆的移动方式

应用更为广泛的全方位四轮移动机构采用一种称为麦卡纳姆轮（Mecanum Weels）的新型车轮。图 2.25（a）所示为麦卡纳姆车轮的外形，这种车轮由两部分组成，即主动的轮毂和沿轮毂外缘按一定方向均匀分布着的多个被动辊子。当车轮旋转时，轮芯相对于地面的速度 v 是轮毂速度 v_h 与辊子滚动速度 v_r 的合成，v 与 v_h 有一个偏离角 θ，如图 2.25（b）所示。由于每个车轮均有这个特点，经适当组合后就可以实现车体的全方位移动和原地转向运动，如图 2.26 所示。

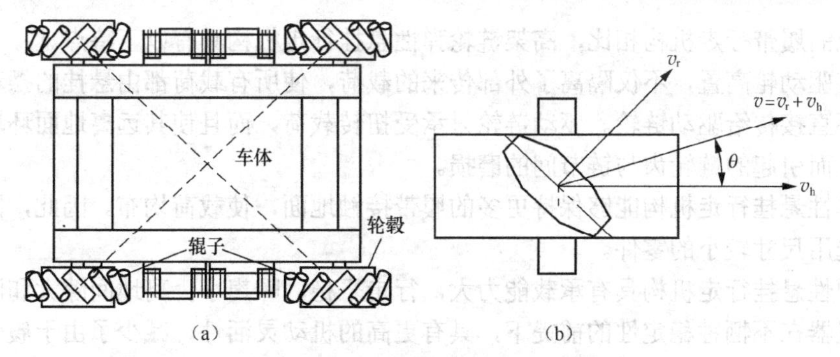

图 2.25　麦卡纳姆车轮及其速度合成

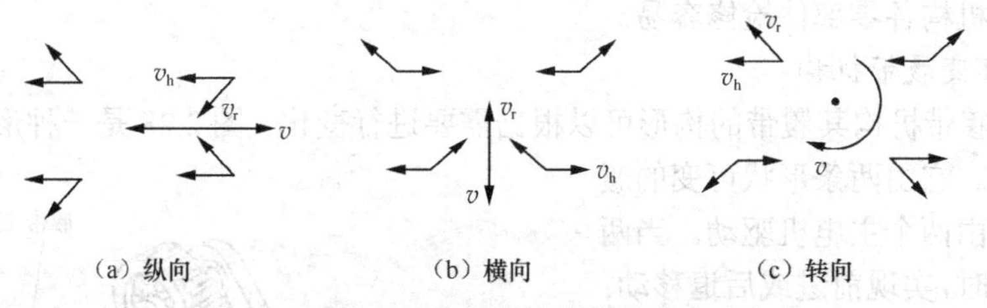

图 2.26　麦卡纳姆车辆的速度配置和移动方式

（二）履带式移动机构

履带式机构称为无限轨道方式，其最大特征是将圆环状的无限轨道履带卷绕在多个车轮上，使车轮不直接与路面接触。利用履带可以缓冲路面状态，因此可以在各种路面条件下行走。

履带式移动机构与轮式移动机构相比，有如下特点。

（1）支承面积大，接地比压小。适合于松软或泥泞场地进行作业，下陷度小，滚动阻力小，通过性能较好。

（2）越野机动性好，爬坡、越沟等性能均优于轮式移动机构。

（3）履带支承面上有履齿，不易打滑，牵引附着性能好，有利于发挥较大的牵引力。

（4）结构复杂，质量大，运动惯性大，减振性能差，零件易损坏。

常见的履带传动机构有拖拉机、坦克等，这里介绍几种特殊的履带结构。

1. 卡特彼勒（Caterpillar）高架链轮履带机构

高架链轮履带机构是美国卡特彼勒公司开发的一种非等边三角形构形的履带机构，将驱动轮高置，并采用半刚性悬挂或弹件悬挂装置，如图 2.27 所示。

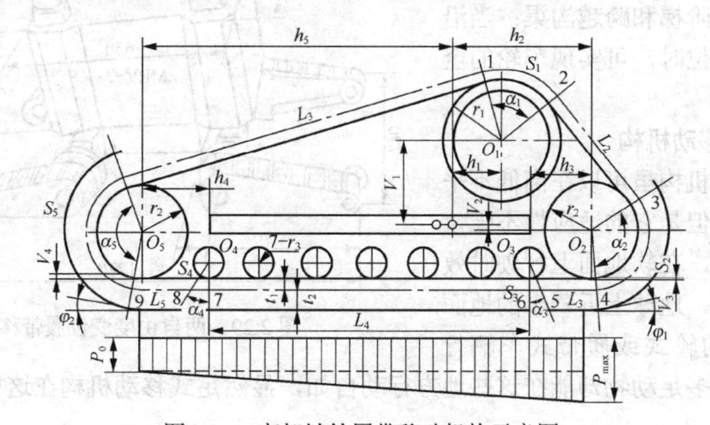

图 2.27　高架链轮履带移动机构示意图

与传统的履带行走机构相比，高架链轮弹性悬挂行走机构具有以下特点。

（1）将驱动轮高置，不仅隔离了外部传来的载荷，使所有载荷都由悬挂的摆动机构和枢轴吸收而不直接传给驱动链轮。驱动链轮只承受扭转载荷，而且使其远离地面环境，减少由于杂物带入而引起的链轮齿与链节间的磨损。

（2）弹性悬挂行走机构能够保持更多的履带接触地面，使载荷均布。因此，同样机重情况下可以选用尺寸较小的零件。

（3）弹性悬挂行走机构具有承载能力大，行走平稳，噪声小，离地间隙大和附着性好等优点，使机器在不牺牲稳定性的前提下，具有更高的机动灵活性，减少了由于履带打滑而导致的功率损失。

（4）行走机构各零部件检修容易。

2. *形状可变履带机构*

形状可变履带机构其履带的构形可以根据需要进行变化。图 2.28 是一种形状可变履带移动机构的外形。它由两条形状可变的履带组成，分别由两个主电机驱动。当两履带速度相同时，实现前进或后退移动；当两履带速度不同时，整个机器实现转向运动。当主臂杆绕履带架上的轴旋转时，带动行星轮转动，从而实现履带的不同构形，以适应不同的移动环境。

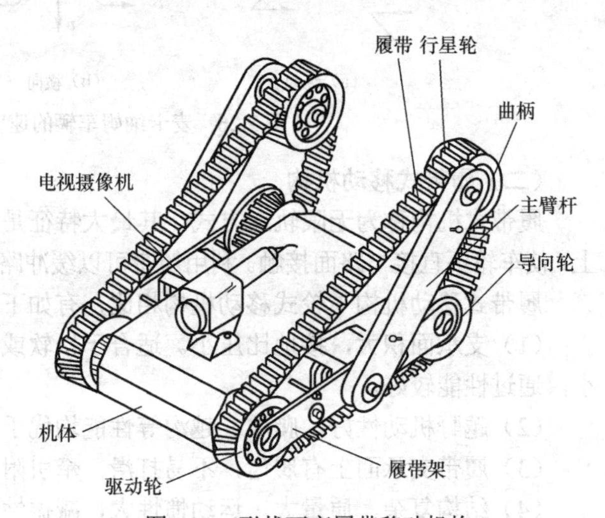

图 2.28　形状可变履带移动机构

3. *位置可变履带机构*

位置可变履带机构其履带相对于机体的位置可以发生改变。这种位置的改变可以是一个自由度的，也可以是两个自由度的。图 2.29 所示为一种两自由度的变位履带移动机构。各履带能够绕机体的水平轴线和垂直轴线偏转，从而改变移动机构的整体构形。这种变位履带移动机构集履带机构与全方位轮式机构的优点于一身，当履带沿一个自由度变位时，用于爬越阶梯和跨越沟渠；当沿另一个自由度变位时，可实现车轮的全方位行走。

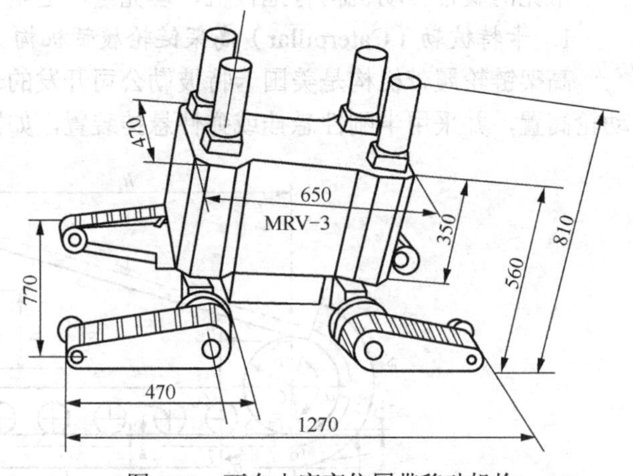

图 2.29　两自由度变位履带移动机构

（三）足式移动机构

履带式移动机构虽可以在高低不平的地面上运动，但是它的适应性不强，行走时晃动较大，在软地面上行驶时效率低。根据调查，地球上近一半的地面不适合于传统的轮式或履带式车辆行走。但是一般的多足动物却能在这些地方行动自如，显然足式移动机构在这样的环境下有独特的优势。

（1）足式移动机构对崎岖路面具有很好的适应能力，足式运动方式的立足点是离散的点，可以在可能到达的地面上选择最优的支撑点，而轮式和履带式移动机构必须面临最坏的地形上的几乎所有的点。

（2）足式运动方式还具有主动隔振能力，尽管地面高低不平，机身的运动仍然可以相当平稳。

（3）足式行走机构在不平地面和松软地面上的运动速度较高，能耗较少。

现有的足式移动机器人的足数分别为单足、双足、3足、4足、6足和8足甚至更多。足的数目多，适合于重载和慢速运动。实际应用中，由于双足和四足具有最好的适应性和灵活性，也最接近人类和动物，所以用得最多。

2.4　机器人执行机构

机器人常用的驱动方式主要有液压驱动、气压驱动和电气驱动三种基本类型。工业机器人出现的初期，由于其运动大多采用曲柄机构和连杆机构等，所以大多采用液压与气压驱动方式。但随着对作业高速度的要求，以及作用日益复杂化，目前电气驱动的机器人所占的比例越来越大。但在需要出力很大的应用场合，或运动精度不高、有防爆要求的场合，液压、气压驱动仍获得满意的应用。

2.4.1　液压驱动

液压驱动是以高压油作为工作介质。驱动可以是闭环的或是开环的，可以是直线的或是旋转的。图2.30是用伺服阀控制的液压缸的简化原理图。

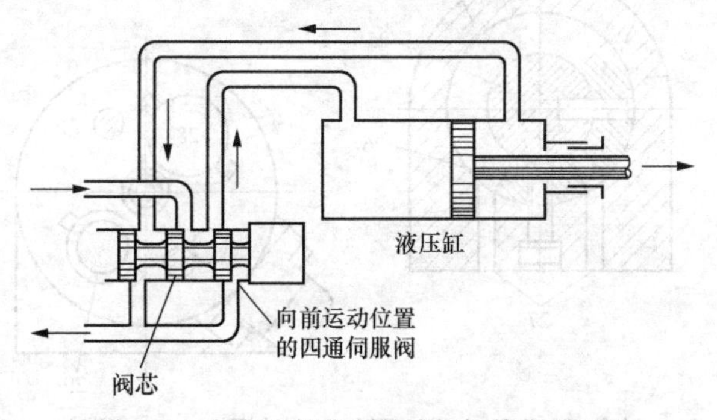

图2.30　用伺服阀控制的液压缸简化原理图

开环控制能实现点到点的精确控制，但中间不能停留，因为它从一个位置运动，碰到一个挡块后才停下来。

（一）直线液压缸

用电磁阀控制的直线液压缸是最简单和最便宜的开环液压驱动装置。在直线液压缸的操作中，通过受控节流口调节流量，可以在达到运动终点前实现减速，使停止过程得到控制。也有许多设备是用手动阀控制，在这种情况下，操作员就成了闭环系统中的一部分，因而不再是一个开环系统。汽车起重机和铲车就是这种类型。

大直径的液压缸是很贵的，但能在小空间内输出很大的力。工作压力通常达14MPa，所以每1cm^{2}面积就可输出1400N的力。

无论是直线液压缸或旋转液压马达，它们的工作原理都是基于高压对活塞或对叶片的作用。液压油是经控制阀被送到液压缸的一端，见图 2.30。在开环系统中，阀是由电磁铁来控制的；在闭环系统中，则是用电液伺服阀或手动阀来控制的。最大众化的 Unimation 机器人使用液压驱动已有多年。

（二）旋转执行元件

图 2.31 是一种旋转式执行元件。它的壳体用铝合金制成，转子是钢制的，密封圈和防尘圈分别防止油的外泄和保护轴承。在电液阀的控制下，液压油经进油孔流入，并作用于固定在转子的叶片上，使转子转动。固定叶片防止液压油短路。通过一对消隙齿轮带动的电位器和一个解算器给出位置信息。电位器给出粗略值，精确位置由解算器测定。这样，解算器的高精度小量程就由低精度大量程的电位器予以补偿。当然，整个的精度不会超过驱动电位器和解算器的齿轮系的精度。

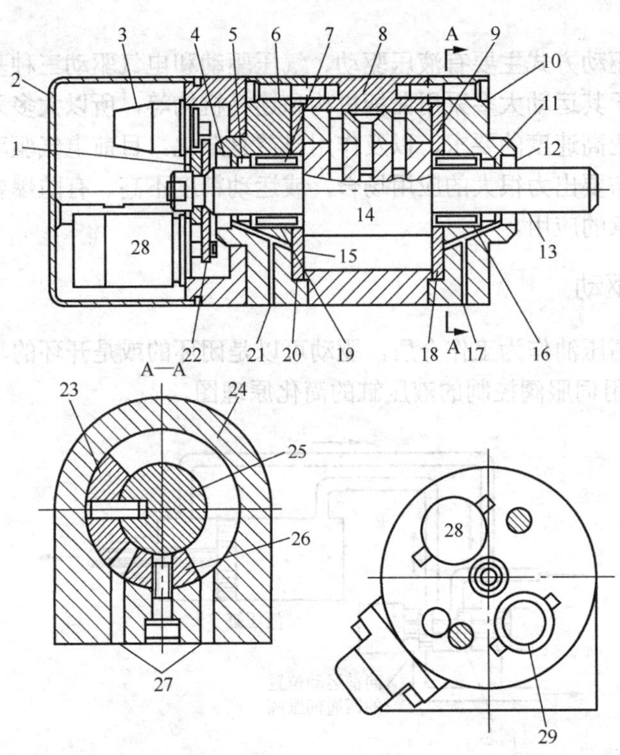

1 和 22-齿轮　2-防尘罩　3 和 29-电位器　4 和 12-防尘圈 5、11-密封圈　6 和 10-端盖　7 和 13-输出轴　8 和 24-壳体　9 和 15-钢盘　14 和 25-转子　16 和 19-滚针轴承　17 和 21- 泄油孔　18 和 20-O 形密封圈　23-转动叶片　26-固定叶片　27-进出油孔　28-解算器

图 2.31　旋转液压马达

（三）液压驱动的优缺点

用于控制液流的电液伺服阀相当昂贵，而且需要经过过滤的高洁净度油，以防止伺服阀堵塞。使用时，电液伺服阀是用一个小功率的电气伺服装置（力矩电动机）驱动的。力矩电动机比较便宜，但这点便宜并不能弥补伺服阀本身的昂贵，也不能弥补系统污染这一缺陷。由于压力高，总是存在漏油的危险，14MPa 的压力会迅速地用油膜覆盖很大面积，所以这是一个必须重视的问题。这样一来，所需的管件就很贵，并需要良好的维护，以保证

其可靠性。

由于液压缸提供了精确的直线运动，所以在机器人上尽可能使用直线驱动元件。然而液压马达的结构设计也很精良，尽管其价格要高一些，同样功率的液压马达要比电动机尺寸小，当关节式机器人的关节上必须装液压马达时，这就是一个优点。但为此却要把液压油送到回转关节上。目前新设计的电动机尺寸已变得紧凑，质量也减小，这是因为用了新的磁性材料。尽管较贵，但电动机还是更可靠些，而且维护工作量小。

液压驱动超过电动机驱动的根本优点是它的本质安全性。在像喷漆这样的环境中，对安全性提出了严格的要求。

因为存在着电弧和引爆的可能性，要求在易爆区域中所带电压不超过9V，液压系统不存在电弧问题，而且在用于易爆气体中时，无例外总是选用液压驱动。如采用电动机，就要密封，但目前电动机的成本和质量对需要这种功率的情况是不允许的。

2.4.2 气压驱动

有不少机器人制造厂家用气动系统制造了很灵活的机器人。在原理上，它们很像液压驱动，但细节差别很大。它的工作介质是高压空气。在所有的驱动方式中，气压驱动是最简单的，在工业上应用很广。气动执行元件既有直线气缸，也有旋转气动马达。

多数的气压驱动是完成挡块间的运动。由于空气的可压缩性，实现精确控制是困难的。即使将高压空气施加到活塞的两端，活塞和负载的惯性仍会使活塞继续运动，直到它碰到机械挡块，或者空气压力最终与惯性力平衡为止。

用气压伺服实现高精度是困难的，但在能满足精度的场合下，气压驱动在所有的机器人中是质量最轻、成本最低的。可以用机械挡块实现点位操作中的精确定位，0.12mm的精度很容易达到。气缸与挡块相加的缓冲器可以使气缸在运动终点减速，以防止碰坏设备。操作简单是气动系统的主要优点之一。由于它简单、明了、易于编程，所以可以完成大量点位搬运操作的任务。点位搬运是指从一个地点抓起一件东西，移动到另一指定地点放下来。

一种新型的气动马达——用微处理器直接控制的一种叶片马达，能携带215.6N的负载而又获得较高的定位精度（1mm）。这一技术的主要优点是成本低。与液压驱动和电动机驱动的机器人相比，如能达到高精度、高可靠性，气压驱动是很富有竞争性的。

气压驱动的最大优点是有积木性。由于工作介质是空气，很容易给各个驱动装置接上许多压缩空气管道，并利用标准构件组建起一个任意复杂的系统。

气动系统的动力源由高质量的空气压缩机提供。这个气源可经过一个公用的多路接头为所有的气动模块所共享。安装在多路接头上的电磁阀控制通向各个气动元件的气流量。在最简单的系统中，电磁阀由步进开关或零件传感开关所控制。可将几个执行元件进行组装，以提供3～6个单独的运动。

气动机器人也可像其他机器人一样示教，点位操作可用示教盒控制。

2.4.3 电气驱动

电气驱动系统在机器人驱动中占有越来越重要的地位，电动机是机器人驱动系统中的执行元件。

（一）机器人伺服执行机构

机器人运动控制的核心与基础是其伺服执行机构及其控制系统。随着微电子技术的迅速发展，过去主要用于恒速运转的交流驱动技术，终于在 20 世纪 90 年代，可以逐步取代高性能的直流驱动，使得机器人的伺服执行机构的最高速度、容量、使用环境及维护修理等条件得到大幅度的改善，从而实现了机器人对伺服电机的轻薄短小、安装方便、高效率、高控制性能、无维修的要求。目前，国际上的工业机器人 90%以上均采用交流伺服电机作为执行机构。机器人采用的交流伺服电机也常被称作直流无刷伺服电机，它与直流伺服电机的构造基本上是相同的，不同点仅是整流子部分。

（二）直流（DC）伺服电机的基本工作原理

如图 2.32 所示，由于永磁铁 N、S 的作用，当 N、S 之间的导体通过电刷和整流子有电流流过时，根据弗莱明左手法则，产生如图 2.32 所示的转矩。当导体转子回转到 90°时，由于整流子的作用，电流反向，转子继续回转。按图 2.32 所示的结构，在通电瞬间，转子电流与磁通正交，故转子以最大转矩旋转。在旋转过程中，转矩逐渐减小，到 90°时为 0。本来转矩为 0，转子应该停止旋转，可实际上由于转子的惯性作用，转子将继续旋转，一旦超过 90°，则由于换流的作用，转矩又开始增大。因此，图 2.32 所示的直流电机是一个转矩变化激烈的电机。为了保证电机保持一定的最大转矩，实际应用的直流伺服电机往往要设置数十个整流子，并在设计中保证磁通总是与电流正交。

如图 2.33 所示，将 DC 伺服电机的整流子换成滑环，并在 A 端电刷接电源“+”极，B 端接“−”极，则与 DC 伺服电机一样，转子转矩的产生使转子旋转。如果保持这个状态，则因无整流子，转子要停止旋转。如果能够在适当的时刻，改变外部电源的电流方向，则可以维持转子的继续旋转。如果将外部电源变成交流，三相绕组为定子，永久磁铁安置在转子上，则转子可实现与交流频率相应的回转速度不断旋转。这样，与电源频率同步，让转子不断旋转的电机即是 AC 同步伺服电机，我们也常常称这种电机为 DC 无刷伺服电机。它的特点是必须随时根据转子的位置，改变电源极性。

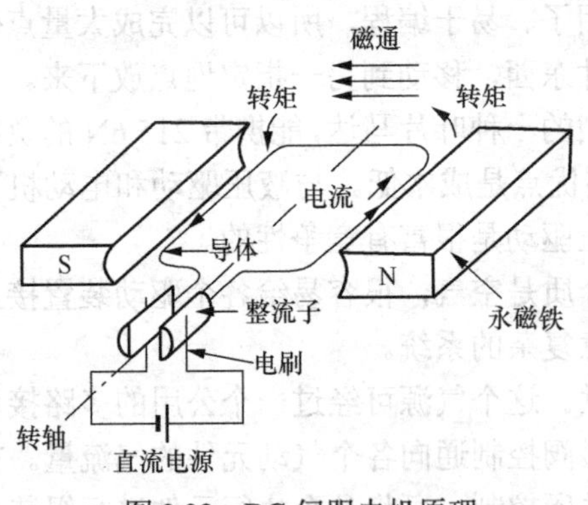

图 2.32　DC 伺服电机原理

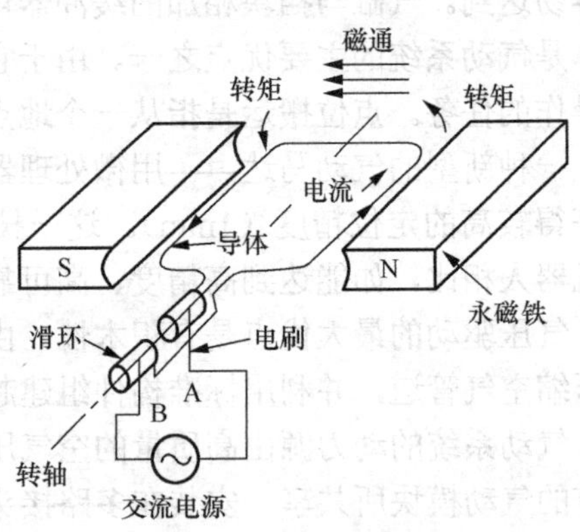

图 2.33　AC 伺服电机原理一

（三）交流（AC）伺服电机的基本工作原理

如图 2.34 所示，目前的 AC 伺服电机（又称 DC 无刷伺服电机）基本采用这种旋转磁场结构。DC 伺服电机依靠整流子数目的增加来减小其转矩的波动，而 AC 伺服电机则是将电机定子作为三相绕组。各相电流是通过正弦波变换实现的。

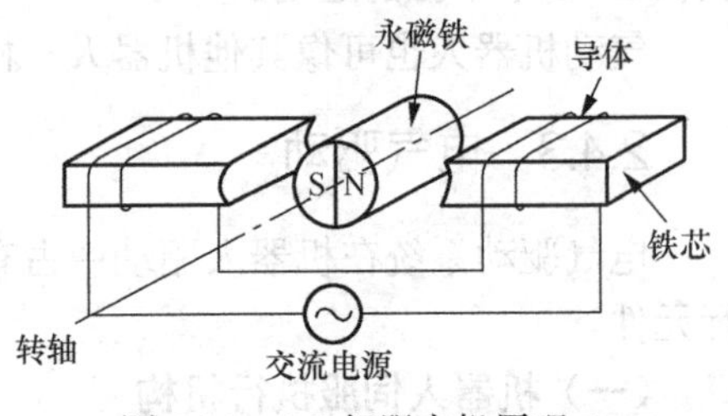

图 2.34　AC 伺服电机原理二

图 2.35（a）、（b）是三相同步电机的截面图。

U^+，U^-，V^+，V^-，W^+，W^-是各相绕组的始端与终端。将图 2.35（c）所示的三相交流电源接通时，在时刻 A，仅 U 相为正，V 相、W 相均为负。各绕组的电流方向如图 2.35（a）所示，根据电流而诱发的磁通合成向量产生在从 N 指向 S 方向上。此时，在与磁通成正交的位置上，若有转子磁场，则在顺时针方向上，转子产生回转转矩。同样，在时刻 B 所产生的磁通（见图 2.35（b））正好在顺时针方向的 60° 处。

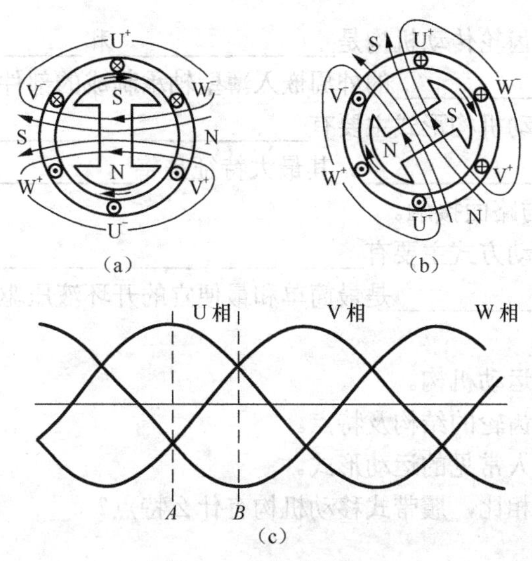

图 2.35　旋转磁场原理

如上所述，只要让三相正弦电流流过电机定子上的绕组，就可以得到连续的回转磁场。只要能够做到让转子的任意回转位置总能与其正弦波相位正交，就可以得到平滑的转矩，获得高效率的 AC 伺服电机。因此，转子位置检测及其相位正交控制，成为 AC 伺服电机控制的关键。

表 2.1 给出了三种驱动系统的驱动性能对比。

表 2.1　　三种驱动系统的驱动性能对比

	液压	电气	气动
优点	适用于大型机器人和大负载	适用于所有尺寸的机器人	元器件可靠性高
	系统刚性好，精度高，响应速度快	控制性能好，适合于高精度机器人	无泄漏，无火花
	不需要减速齿轮	与液压系统相比，有较高的柔性	价格低，系统简单
	易于在大的速度范围内工作	使用减速齿轮降低了电机轴上的惯量	和液压系统比较压强低
	可以无损停在一个位置	不会泄漏，可靠，维护简单	柔性系统
缺点	会泄漏，不适合在要求洁净的场合使用	刚度低	系统噪声大，需要气压机、过滤器
	需要泵、储液箱、电机等	需要减速齿轮，增加成本、质量等	很难控制线性位置
	价格昂贵，有噪声，需要维护	在不供电时，电机需要刹车装置	在负载作用下易变形，刚度低

习　题

一、填空题

1．丝杠传动有＿＿＿＿＿＿＿和＿＿＿等。机器人传动用的丝杠具备结构紧凑、间隙小和传动效率高等特点。

2．机器人中常用的齿轮传动机构是＿＿＿＿＿＿＿＿和＿＿＿＿＿＿。

3．谐波发生器是在＿＿＿＿＿的外周嵌入薄壁轴承制成的部件。

4．移动机器人的移动机构形式主要有＿＿＿＿＿＿＿、＿＿＿＿＿＿＿、＿＿＿＿＿＿＿。

5．履带式机构称为＿＿＿＿＿＿，其最大特征是将＿＿＿＿＿＿＿＿＿＿卷绕在多个车轮上，使车轮不直接与路面接触。

6．机器人常用的驱动方式主要有＿＿＿＿＿＿＿＿＿＿＿＿＿＿3种基本类型。

7．用电磁阀控制的＿＿＿＿＿是最简单和最便宜的开环液压驱动装置。

二、简答题

1．试简述机器人的运动机构。

2．试简述各种传动齿轮的结构及特点。

3．试简述工业机器人常见的运动形式。

4．与轮式移动机构相比，履带式移动机构有什么特点？

三、论述题

论述交流（AC）伺服电机的基本工作原理。

第3章 机器人的感知系统

3.1 传感器概述

3.1.1 机器人对传感器的要求

（一）基本性能要求

1. 精度高、重复性好

机器人传感器的精度直接影响机器人的工作质量。用于检测和控制机器人运动的传感器是控制机器人定位精度的基础。机器人是否能够准确无误地正常工作，往往取决于传感器的测量精度。

2. 稳定性好，可靠性高

机器人传感器的稳定性和可靠性是保证机器人能够长期稳定可靠地工作的必要条件。机器人经常是在无人照管的条件下代替人来操作，如果它在工作中出现故障，轻者影响生产的正常进行，重者造成严重事故。

3. 抗干扰能力强

机器人传感器的工作环境比较恶劣，它应当能够承受强电磁干扰、强振动，并能够在一定的高温、高压、高污染环境中正常工作。

4. 质量小、体积小、安装方便可靠

对于安装在机器人操作臂等运动部件上的传感器，质量要小，否则会加大运动部件的惯性，影响机器人的运动性能。对于工作空间受到某种限制的机器人，对体积和安装方向的要求也是必不可少的。

（二）工作任务要求

现代工业中，机器人被用于执行各种加工任务，其中比较常见的加工任务有物料搬运、装配、喷漆、焊接、检验等。不同的加工任务对机器人提出不同的感觉要求。

多数搬运机器人目前尚不具有感觉能力，它们只能在指定的位置上拾取确定的零件。而且，在机器人拾取零件以前，除了需要给机器人定位以外，还需要采用某种辅助设备或工艺措施，把被拾取的零件准确定位和定向，这就使得加工工序或设备更加复杂。如果搬运机器人具有视觉、触觉和力觉等感觉能力，就会改善这种状况。视觉系统用于被拾取零件的粗定位，使机器人能够根据需要，寻找应该拾取的零件，并确定该零件的大致位置。触觉传感器用于感知被拾取零件的存在、确定该零件的准确位置，以及确定该零件的方向。触觉传感器有助于机器人更加可靠地拾取零件。力觉传感器主要用于控制搬运机器人的夹持力，防止机器人手爪损坏被抓取的零件。

装配机器人对传感器的要求类似于搬运机器人，也需要视觉、触觉和力觉等感觉能力。通常，装配机器人对工作位置的要求更高。现在，越来越多的机器人正进入装配工作领域，主要任务是销、轴、螺钉和螺栓等装配工作。为了使被装配的零件获得对应的装配位置，采用视觉系统选择合适的装配零件，并对它们进行粗定位，机器人触觉系统能够自动校正装配位置。

喷漆机器人一般需要采用两种类型的传感系统：一种主要用于位置（或速度）的检测；另一种用于工作对象的识别。用于位置检测的传感器，包括光电开关、测速码盘、超声波测距传感器、气动式安全保护器等。待漆工件进入喷漆机器人的工作范围时，光电开关立即接通，通知正常的喷漆工作要求。超声波测距传感器一方面可以用于检测待漆工件的到来，另一方面用来监视机器人及其周围设备的相对位置变化，以避免发生相互碰撞。一旦机器人末端执行器与周围物体发生碰撞，气动式安全保护器会自动切断机器人的动力源，以减少不必要的损失。现代生产经常采用多品种混合加工的柔性生产方式，喷漆机器人系统必须同时对不同种类的工件进行喷漆加工，要求喷漆机器人具备零件识别功能。为此，当待漆工件进入喷漆作业区时，机器人需要识别该工件的类型，然后从存储器中取出相应的加工程序进行喷漆。用于这项任务的传感器，包括阵列触觉传感器系统和机器人视觉系统。由于制造水平的限制，阵列式触觉传感系统只能识别那些形状比较简单的工件，较复杂工件的识别则需要采用视觉系统。

焊接机器人包括点焊机器人和弧焊机器人两类。这两类机器人都需要用位置传感器和速度传感器进行控制。位置传感器主要是采用光电式增量码盘，也可以采用较精密的电位器。

根据现在的制造水平，光电式增量码盘具有较高的检测精度和较高的可靠性，但价格昂贵。速度传感器目前主要采用测速发电机，其中交流测速发电机的线性度比较高，且正向与反向输出特性比较对称，比直流测速发电机更适合于弧焊机器人使用。为了检测点焊机器人与待焊工件的接近情况，控制点焊机器人的运动速度，点焊机器人还需要装备接近度传感器。弧焊机器人对传感器有一个特殊要求，需要采用传感器使焊枪沿焊缝自动定位，并且自动跟踪焊缝，目前完成这一功能的常见传感器有触觉传感器、位置传感器和视觉传感器。

环境感知能力是移动机器人除了移动之外最基本的一种能力，感知能力的高低直接决定了一个移动机器人的智能性，而感知能力是由感知系统决定的。移动机器人的感知系统相当于人的五官和神经系统，是机器人获取外部环境信息及进行内部反馈控制的工具，它是移动机器人最重要的部分之一。移动机器人的感知系统通常由多种传感器组成，这些传感器处于连接外部环境与移动机器人的接口位置，是机器人获取信息的窗口。机器人用这些传感器采集各种信息，然后采取适当的方法，将多个传感器获取的环境信息加以综合处理，控制机器人进行智能作业。

3.1.2 常用传感器的特性

在选择合适的传感器以适应特定的需要时，必须考虑传感器多方面的不同特点。这些特点决定了传感器的性能、是否经济、应用是否简便以及应用范围等。在某些情况下，为实现同样的目标，可以选择不同类型的传感器。这时，在选择传感器前应该考虑以下一些因素。

1. 成本

传感器的成本是需要考虑的重要因素，尤其在一台机器需要使用多个传感器时更是如此。然而成本必须与其他设计要求相平衡，例如可靠性、传感器数据的重要性、精度和寿命等。

2. 尺寸

根据传感器的应用场合，尺寸大小有时可能是最重要的。例如，关节位移传感器必须与关节的设计相适应，并能与机器人中的其他部件一起移动，但关节周围可利用的空间可能会受到限制。另外，体积庞大的传感器可能会限制关节的运动范围。因此，确保给关节传感器留下足够大的空间非常重要。

3. 重量

由于机器人是运动装置，所以传感器的重量很重要，传感器过重会增加操作臂的惯量，同时还会减少总的有效载荷。

4. 输出的类型（数字式或模拟式）

根据不同的应用，传感器的输出可以是数字量也可以是模拟量，它们可以直接使用，也可能必须对其进行转换后才能使用。例如，电位器的输出是模拟量，而编码器的输出则是数字量。如果编码器连同微处理器一起使用，其输出可直接传输至处理器的输入端，而电位器的输出则必须利用模数转换器（ADC）转变成数字信号。哪种输出类型比较合适必须结合其他要求进行折中考虑。

5. 接口

传感器必须能与其他设备相连接，如微处理器和控制器。倘若传感器与其他设备的接口不匹配或两者之间需要其他的额外电路，那么需要解决传感器与设备间的接口问题。

6. 分辨率

分辨率是传感器在测量范围内所能分辨的最小值。在绕线式电位器中，它等同于一圈的电阻值。在一个 n 位的数字设备中，分辨率 = 满量程/2^n。例如，四位绝对式编码器在测量位置时，最多能有 $2^4 = 16$ 个不同等级。因此，分辨率是 360°/16=22.5°。

7. 灵敏度

灵敏度是输出响应变化与输入变化的比。高灵敏度传感器的输出会由于输入波动（包括噪声）而产生较大的波动。

8. 线性度

线性度反映了输入变量与输出变量间的关系。这意味着具有线性输出的传感器在其量程范围内，任意相同的输入变化将会产生相同的输出变化。几乎所有器件在本质上都具有一些非线性，只是非线性的程度不同。在一定的工作范围内，有些器件可以认为是线性的，而其他一些器件可通过一定的前提条件来线性化。如果输出不是线性的，但已知非线性度，则可以通过对其适当地建模、添加测量方程或额外的电子线路来克服非线性度。例如，如果位移传感器的输出按角度的正弦变化，那么在应用这类传感器时，设计者可按角度的正弦来对输出进行刻度划分，这可以通过应用程序，或能根据角度的正弦来对信号进行分度的简单电路来实现。于是，从输出来看，传感器好像是线性的。

9. 量程

量程是传感器能够产生的最大与最小输出之间的差值，或传感器正常工作时最大和最小输入之间的差值。

10. 响应时间

响应时间是传感器的输出达到总变化的某个百分比时所需要的时间，它通常用占总变化的百分比来表示，例如95%。响应时间也定义为当输入变化时，观察输出发生变化所用的时间。例如，简易水银温度计的响应时间长，而根据辐射热测温的数字温度计的响应时间短。

11. 频率响应

假如在一台性能很高的收音机上接上小而廉价的扬声器，虽然扬声器能够复原声音，但是音质会很差，而同时带有低音及高音的高品质扬声器系统在复原同样的信号时，会具有很好的音质。这是因为两喇叭扬声器系统的频率响应与小而廉价的扬声器大不相同。因为小扬声器的自然频率较高，所以它仅能复原较高频率的声音。而至少含有两个喇叭的扬声器系统可在高、低音两个喇叭中对声音信号进行还原，这两个喇叭一个自然频率高，另一个自然频率低，两个频率响应融合在一起使扬声器系统复原出非常好的声音信号（实际上，信号在接入扬声器前均进行过滤）。只要施加很小的激励，所有的系统就都能在其自然频率附近产生共振。随着激振频率的降低或升高，响应会减弱。频率响应带宽指定了一个范围，在此范围内系统响应输入的性能相对较高。频率响应的带宽越大，系统响应不同输入的能力也越强。考虑传感器的频率响应和确定传感器是否在所有运行条件下均具有足够快的响应速度是非常重要的。

12. 可靠性

可靠性是系统正常运行次数与总运行次数之比，对于要求连续工作的情况，在考虑费用以及其他要求的同时，必须选择可靠且能长期持续工作的传感器。

13. 精度

精度定义为传感器的输出值与期望值的接近程度。对于给定输入，传感器有一个期望输出，而精度则与传感器的输出和该期望值的接近程度有关。

14. 重复精度

对同样的输入，如果对传感器的输出进行多次测量，那么每次输出都可能不一样。重复精度反映了传感器多次输出之间的变化程度。通常，如果进行足够次数的测量，那么就可以确定一个范围，它能包括所有在标称值周围的测量结果，那么这个范围就定义为重复精度。通常重复精度比精度更重要，在多数情况下，不准确度是由系统误差导致的，因为它们可以预测和测量，所以可以进行修正和补偿。重复性误差通常是随机的，不容易补偿。

3.1.3 机器人传感器的分类

机器人根据所完成任务的不同，配置的传感器类型和规格也不尽相同，一般分为内部传感器和外部传感器。表3.1和表3.2列出了机器人内部传感器和外部传感器的基本形式。

所谓内部传感器，就是测量机器人自身状态的功能元件，具体检测的对象有关节的线位移、角位移等几何量，速度、角速度、加速度等运动量，还有倾斜角、方位角、振动等物理量，即主要用来采集来自机器人内部的信息。而所谓的外部传感器则主要用来采集机器人和外部环境以及工作对象之间相互作用的信息。内部传感器常在控制系统中用作反馈元件，检测机器人自身的状态参数，如关节运动的位置、速度、加速度等；外部传感器主要用来测量机器人周边环境参数，通常跟机器人的目标识别、作业安全等因素有关，如视觉传感器，它既可以用来识别工作对象，也可以用来检测障碍物。从机器人系统的观点来看，外部传感器的信号一般用于规划决策层，也有一些外部传感器的信号被底层的伺服控制层所利用。

内部传感器和外部传感器是根据传感器在系统中的作用来划分的，某些传感器既可当作内部传感器使用，又可以当作外部传感器使用。例如力传感器，用于末端执行器或操作臂的自重补偿中，是内部传感器；用于测量操作对象或障碍物的反作用力时，是外部传感器。

表 3.1 机器人内部传感器的基本种类

内部传感器	基本种类
位置传感器	电位器、旋转变压器、码盘
速度传感器	测速发电机、码盘
加速度传感器	应变片式、伺服式、压电式、电动式
倾斜角传感器	液体式、垂直振子式
力（力矩）传感器	应变式、压电式

表 3.2 机器人外部传感器的基本种类

功能	外部传感器	基本种类
视觉传感器	测量传感器	光学式（点状、线状、圆形、螺旋形、光束）
	识别传感器	光学式、声波式
触觉传感器	触觉传感器	单点式、分布式
	压觉传感器	单点式、高密度集成、分布式
	滑觉传感器	点接触式、线接触式、面接触式
接近度传感器	接近度传感器	空气式、磁场式、电场式、光学式、声波式
	距离传感器	光学式（反射光量、定时、相位信息）
		声波式（反射音量、传输时间信息）

3.2 常用内部传感器

3.2.1 位置传感器

当前机器人系统中应用的位置传感器一般为编码器。所谓编码器即是将某种物理量转换为数字格式的装置。机器人运动控制系统中编码器的作用是将位置和角度等参数转换为数字量。可采用电接触、磁效应、电容效应和光电转换等机理，形成各种类型的编码器，最常见的编码器是光电编码器。根据其结构形式分类有旋转光电编码器（光电码盘）和直线光电编码器（光栅尺），可分别用于机器人的旋转关节或直线运动关节的位置检测。光电编码器的特征参数是编码器的分辨率，如 800 线/转、1200 线/转、2500 线/转、3600 线/转，甚至更高的分辨率。当然编码器的价格会随分辨率的提高而增加。

图 3.1 所示为透射式旋转光电编码器及其光电转换电路。在与被测轴同心的码盘上刻制了按一定编码规则形成的遮光和透光部分的组合。在码盘的一边是发光管，另一边是光敏器件。码盘随着被测轴的转动使得透过码盘的光束产生间断，通过光电器件的接收和电子线路的处理，产生特定电信号的输出，再经过数字处理可计算出位置和速度信息。光电编码器根据检测角度位置的方式分为绝对型编码器和增量型编码器两种。

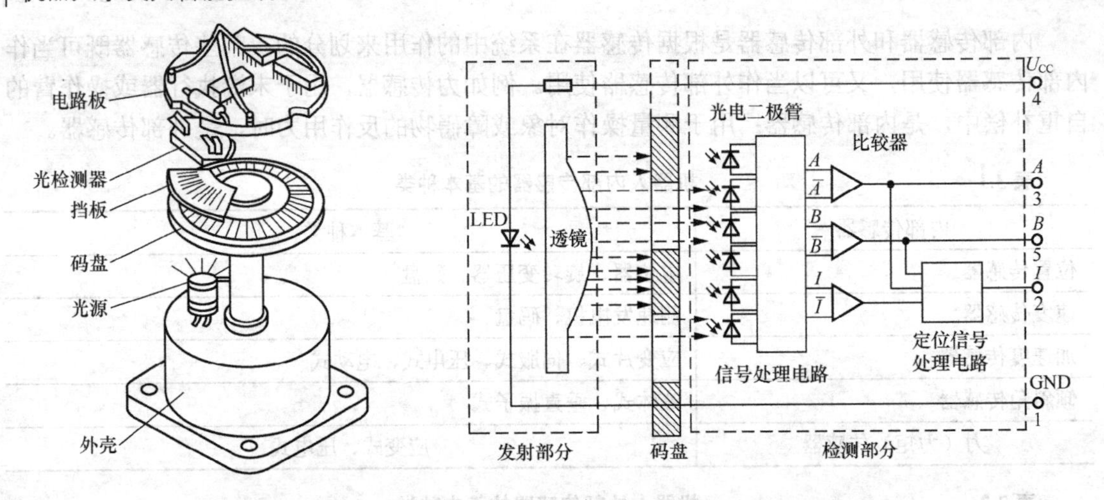

（a）透射式旋转光电编码器 （b）透射式旋转光电编码器光电转换电路

图 3.1 透射式旋转光电编码器及原理图

1. 绝对型光电编码器

绝对型编码器有绝对位置的记忆装置，能测量旋转轴或移动轴的绝对位置，因此在机器人系统中得到大量应用。对于一直线移动或旋转轴，当编码器的安装位置确定后，绝对的参考零位的位置就确定了。一般情况下，绝对编码器的绝对零位的记忆依靠不间断的供电电源，目前一般使用高效的锂离子电池进行供电。

绝对编码器的码盘由多个同心的码道（Track）组成，这些码道沿径向顺序具有各自不同的二进制权值。每个码道上按照其权值划分为遮光和投射段，分别代表二进制的 0 和 1。与码道个数相同的光电器件分别与各自对应的码道对准并沿码盘的半径直线排列。通过这些光电器件的检测可以产生绝对位置的二进制编码。绝对编码器对于转轴的每个位置均产生唯一的二进制编码，因此可用于确定绝对位置。绝对位置的分辨率取决于二进制编码的位数，亦即码道的个数。例如一个 10 码道的编码器可以产生 1 024 个位置，角度的分辨率为 21′6″，目前绝对编码器已可以做到有 17 个码道，即 17 位绝对编码器。

这里以 4 位绝对码盘来说明旋转式绝对编码器的工作原理，如图 3.2 所示。图 3.2（a）的码盘采用标准二进制编码，其优点是可以直接用于进行绝对位置的换算。但是这种码盘在实际中很少采用，因为它在两个位置的边缘交替或来回摆动时，由于码盘制作或光电器件排列的误差会产生编码数据的大幅度跳动，导致位置显示和控制失常。例如在位置 0111 与 1000 的交界处，可能会出现 1111、1110、1011、0101 等数据。因此绝对编码器一般采用图 3.2（b）的称为格雷码的循环二进制码盘。

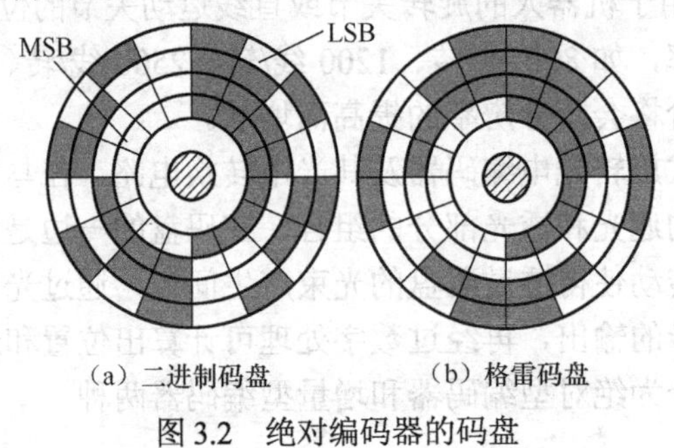

（a）二进制码盘 （b）格雷码盘

图 3.2 绝对编码器的码盘

格雷编码的特点是相邻两个数据之间只有一位数据变化，因此在测量过程中不会产生数据的大幅度跳动即通常所谓的不确定或模糊现象。格雷码在本质上是一种对二进制的加密处理，其每位不再具有固定的权值，必须经过一个解码过程转换为二进制码，然后才能得到位置信息。这个解码过程可通过硬件解码器或软件来实现。

绝对编码器的优点是即使静止或关闭后再打开，均可得到位置信息。但其缺点是结构复杂、造价较高。此外其信号引出线随着分辨率的提高而增多。例如 18 位的绝对编码器的输出至少需要 19 根信号线。但是随着集成电路技术的发展，已经有可能将检测机构与信号处理电路、解码电路乃至通信接口组合在一起，形成数字化、智能化或网络化的位置传感器。例如已有集成化的绝对编码器产品将检测机构与数字处理电路集成在一起，其输出信号线数量减少为只有数根，可以是分辨率为 12 位的模拟信号，也可以是串行数据。

2. 增量型旋转光电编码器

增量型光电编码器是普遍的编码器类型，这种编码器在一般机电系统中的应用非常广泛。对于一般的伺服电机，为了实现闭环控制，与电机同轴安装有光电编码器，可实现电机的精确运动控制。增量型编码器能记录旋转轴或移动轴的相对位置变化量，却不能给出运动轴的绝对位置，因此这种光电编码器通常用于定位精度不高的机器人，如喷涂、搬运、码跺机器人等。

增量编码器的码盘如图 3.3 所示。在现代高分辨率码盘上，透射和遮光部分都是很细的窄缝和线条，因此也被称为圆光栅。相邻的窄缝之间的夹角称为栅距角，透射窄缝和遮光部分大约各占栅距角的 1/2。码盘的分辨率以每转计数表示，亦即码盘旋转一周在光电检测部分可产生的脉冲数。在码盘上往往还另外安排一个（或一组）特殊的窄缝，用于产生定位（Index）或零位（Zero）信号。测量装置或运动控制系统可以利用这个信号产生回零或复位操作。

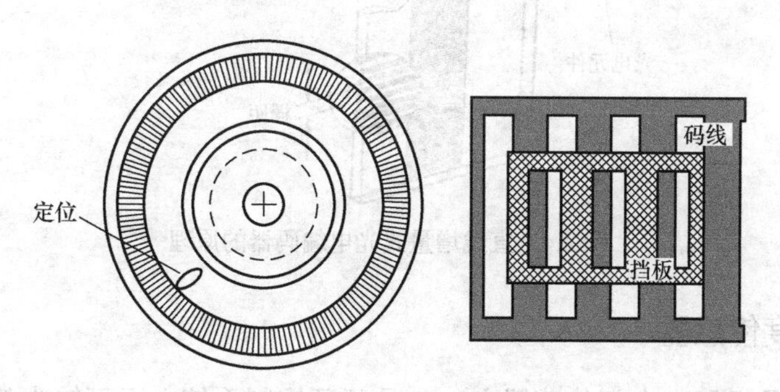

图 3.3 增量型光电编码器的码盘与挡板

如果不增加光学聚焦放大装置，让光电器件直接面对这些光栅，那么由于光电器件的几何尺寸远远大于这些栅线，即使码盘动作，光电器件的受光面积上得到的总是透光部分与遮光部分的平均亮度，导致通过光电转换得到的电信号不会有明显的变化，不能得到正确的脉冲波形。为了解决这个问题，如图 3.3 所示，在光路中增加一个固定的与光电器件的感光面几何尺寸相近的挡板（Mask），挡板上安排若干条几何尺寸与码盘主光栅相同的窄缝。当码盘运动时，主光栅与挡板光栅的覆盖就会变化，导致光电器件上的受光量产生明显的变化，从而通过光电转换检测出位置的变化。

从原理上分析，光电器件输出的电信号应该是三角波。但是由于运动部分和静止部分之间的间隙所导致的光线衍射和光电器件的特性，使得到的波形近似于正弦波，而且其幅度与码盘的分辨率无关。

3. 直线式光电编码器（光栅尺）

直线式光电编码器的工作原理与旋转式光电编码器的工作原理是非常相似的，甚至可以将直线光电编码器理解为旋转光电编码器的编码部分由环形拉直而演变成直尺形。直线光电编码器同样可以制作为增量式和绝对式。这里只简要介绍直线增量式光电编码器，它与旋转式光电编码器的区别是直线编码器的分辨率以栅距表示，而不是旋转编码器的每转脉冲数。

直线增量式编码器的工作原理如图 3.4 所示。从图中可以看到光源经透镜形成平行光束，经过指示光栅（又称扫描光栅、定位光栅）照射到标尺光栅（又称主动光栅、动光栅）上。这里的指示光栅与前面介绍的旋转编码器中挡板的作用相同，可以制作为一个整体。透过光栅组合的光线在对应的光电器件上产生 A、B、$\overline{A}$、$\overline{B}$ 和零位等 5 个信号。

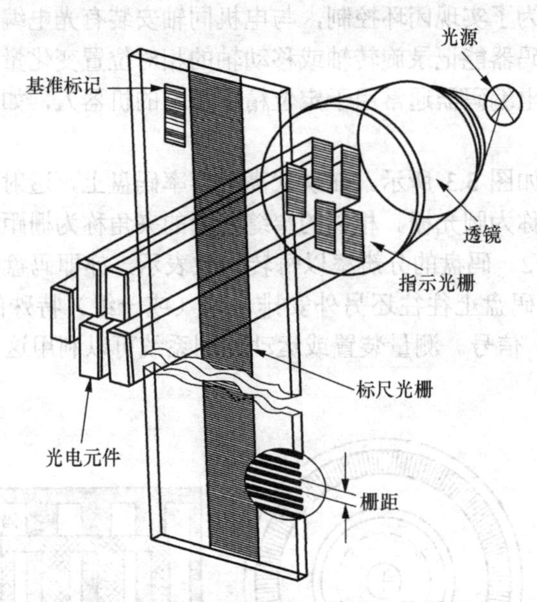

图 3.4　直线增量式光电编码器的原理

3.2.2　速度传感器

速度传感器是机器人内部传感器之一，是闭环控制系统中不可缺少的重要组成部分，它用来测量机器人关节的运动速度。可以进行速度测量的传感器很多，例如进行位置测量的传感器大多可同时获得速度的信息。但是应用最广泛，能直接得到代表转速的电压且具有良好的实时性的速度测量传感器是测速发电机。在机器人控制系统中，以速度为首要目标进行伺服控制并不常见，更常见的是机器人的位置控制。当然如果需要考虑机器人运动过程的品质时，速度传感器、甚至加速度传感器都是需要的。这里仅介绍在机器人控制中普遍采用的几种速度测量传感器，这些速度传感器根据输出信号的形式可分为数字式和模拟式两种。

1. 模拟式速度传感器

测速发电机是最常用的一种模拟式速度测量传感器，它是一种小型永磁式直流发电机。

其工作原理是基于当励磁磁通恒定时，其输出电压和转子转速成正比，即

$$U=kn$$

式中，U 为测速发电机输出电压，单位是 V；n 为测速发电机转速，单位是 r/min；k 为比例系数。

当有负载时，电枢绕组流过电流，由于电枢反应而使输出电压降低。若负载较大，或者测量过程中负载变化，则破坏了线性特性而产生误差。为减少误差，必须使负载尽可能地小而且性质不变。测速发电机总是与驱动电动机同轴连接，这样就测出了驱动电动机的瞬时速度。它在机器人控制系统中的应用如图 3.5 所示。

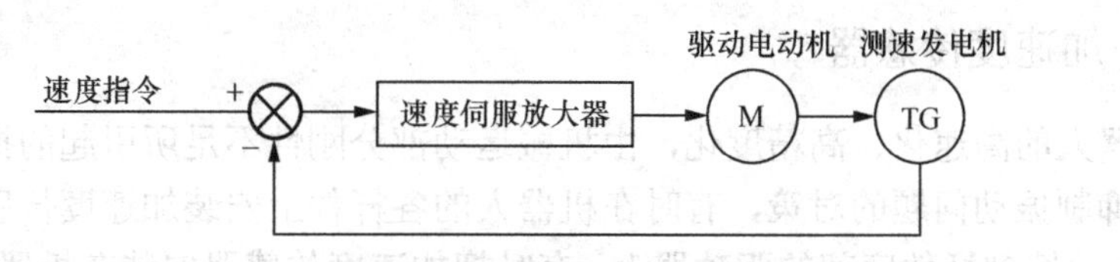

图 3.5 测速发电机在控制系统中的应用

2. 数字式速度传感器

在机器人控制系统中，增量式编码器一般用作位置传感器，但也可以用作速度传感器。当把一个增量式编码器用作速度检测元件时，有两种使用方法。

（1）模拟式方法。在这种方式下，关键是需要一个 F/V 转换器，它必须有尽量小的温度漂移和良好的零输入输出特性，用它把编码器的脉冲频率输出转换成与转速成正比的模拟电压，它检测的是电动机轴上的瞬时速度，如图 3.6 所示。

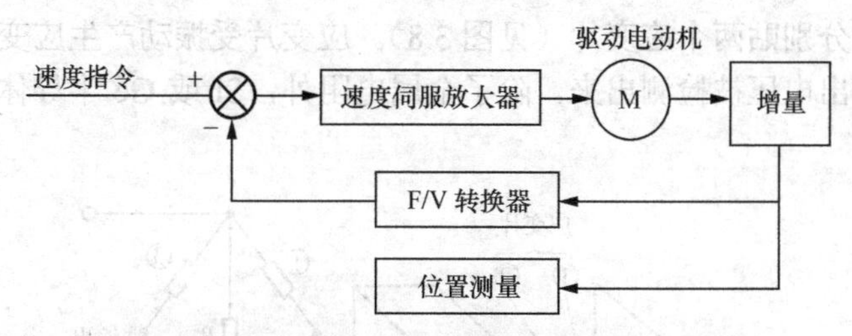

图 3.6 增量编码器用作速度传感器示意图

（2）数字式方法。编码器是数字元件，它的脉冲个数代表了位置，而单位时间里的脉冲个数表示这段时间里的平均速度。显然单位时间越短，越能代表瞬时速度，但在太短的时间里，只能记到几个编码器脉冲，因而降低了速度分辨率。目前在技术上有多种办法能够解决这个问题。例如，可以采用两个编码器脉冲为一个时间间隔，然后用计数器记录在这段时间里高速脉冲源发出的脉冲数，其原理如图 3.7 所示。

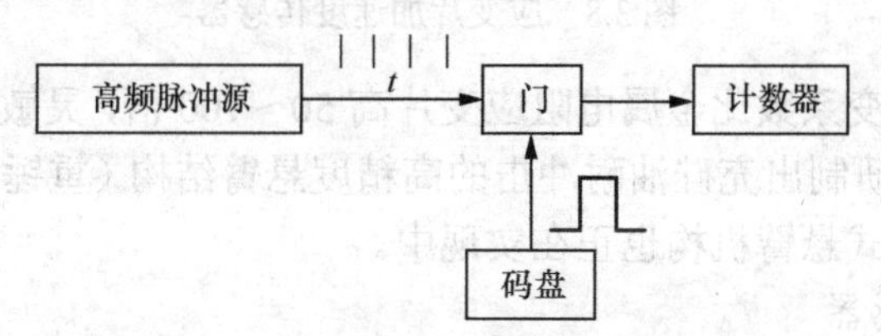

图 3.7 利用编码器的测速原理图

设编码器每转输出 1000 个脉冲，高速脉冲源的周期为 0.1ms，门电路每接受一个编码器

脉冲就开启，再接到一个编码器脉冲就关闭，这样周而复始，也就是门电路开启时间是两个编码器脉冲的间隔时间。如计数器的值为100，则

编码器角位移$\Delta\theta=\frac{2}{1000}\times 2\pi$

时间增量Δt=脉冲源周期×计数值= 0.1ms×100=10ms

速度$\dot{\theta}=\frac{\Delta\theta}{\Delta t}=\left(\frac{2}{1000}\times 2\pi\right)/(10\times 10^{-3})=1.26(\mathrm{rad/s})$

3.2.3 加速度传感器

随着机器人的高速化、高精度化，由机械运动部分刚性不足所引起的振动问题开始得到关注。作为抑制振动问题的对策，有时在机器人的各杆件上安装加速度传感器，测量振动加速度，并把它反馈到杆件底部的驱动器上，有时把加速度传感器安装在机器人末端执行器上，将测得的加速度进行数值积分，加到反馈环节中，以改善机器人的性能。从测量振动的目的出发，加速度传感器日趋受到重视。

机器人的动作是三维的，而且活动范围很广，因此可在连杆等部位直接安装接触式振动传感器。虽然机器人的振动频率仅为数十赫兹，但由于共振特性容易改变，所以要求传感器具有低频高灵敏度的特性。

1. 应变片加速度传感器

Ni-Cu 或 Ni-Cr 等金属电阻应变片加速度传感器是一个由板簧支承重锤所构成的振动系统，板簧上下两面分别贴两个应变片（见图 3.8）。应变片受振动产生应变，其电阻值的变化通过电桥电路的输出电压被检测出来。除了金属电阻外，Si 或 Ge 半导体压阻元件也可用于加速度传感器。

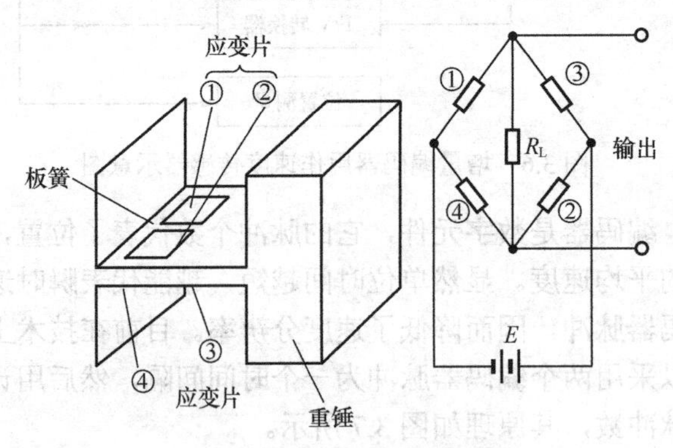

图 3.8 应变片加速度传感器

半导体应变片的应变系数比金属电阻应变片高 50～100 倍，灵敏度很高，但温度特性差，需要加补偿电路。最近研制出充硅油耐冲击的高精度悬臂结构（重锤的支承部分），包含信号处理电路的超小型芯片式悬臂机构也正在实现中。

2. 伺服加速度传感器

伺服加速度传感器检测出与上述振动系统重锤位移成比例的电流，把电流反馈到恒定磁场中的线圈，使重锤返回到原来的零位移状态。由于重锤没有几何位移，因此这种传感器与

前一种相比，更适用于较大加速度的系统。

首先产生与加速度成比例的惯性力 F，它和电流 i 产生的复原力保持平衡。根据弗莱明左手定则，F 和 i 成正比（比例系数为 K），关系式为 $F=ma=Ki$。这样，根据检测的电流 i 可以求出加速度。

3. 压电加速度传感器

压电加速度传感器利用具有压电效应的物质，将产生加速度的力转换为电压。这种具有压电效应的物质，受到外力发生机械形变时，能产生电压；反之，外加电压时，也能产生机械形变。压电元件大多由具有高介电系数的铬钛酸铅材料制成。

设压电常数为 d，则加在元件上的应力 F 和产生电荷 Q 的关系式为 $Q=dF$。

设压电元件的电容为 C，输出电压为 U，则 $U=Q/C=dF/C$，其中 U 和 F 在很大动态范围内保持线性关系。

压电元件的形变有三种基本模式：压缩形变、剪切形变和弯曲形变，如图 3.9 所示。图 3.10 是利用剪切方式的加速度传感器结构图。传感器中一对平板形或圆筒形压电元件在轴对称位置上垂直固定着，压电元件的剪切压电常数大于压电常数，而且不受横向加速度的影响，在一定的高温下仍能保持稳定的输出。压电加速度传感器的电荷灵敏范围很宽，可达 10^{-2}～10^{3}pC（m/s^2）。

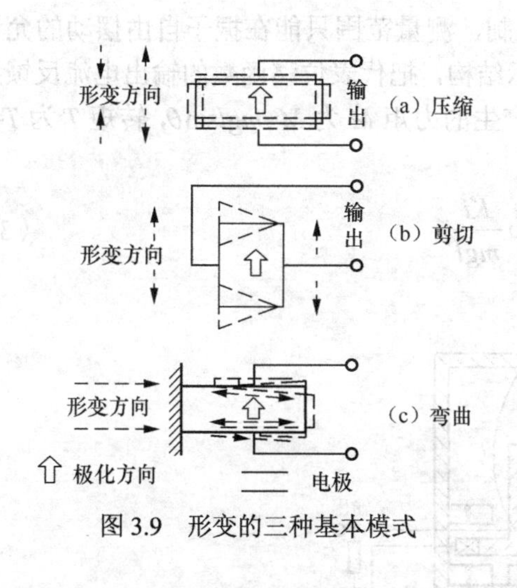

图 3.9 形变的三种基本模式

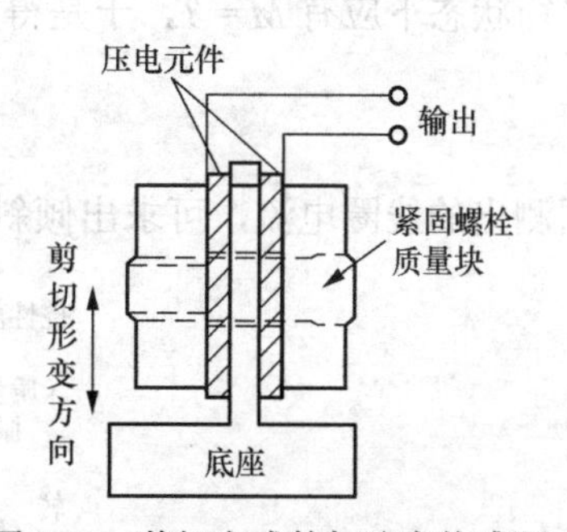

图 3.10 剪切方式的加速度传感器

3.2.4 倾斜角传感器

倾斜角传感器测量重力的方向，应用于机器人末端执行器或移动机器人的姿态控制中。根据测量原理不同，倾斜角传感器分为液体式和垂直振子式等。

1. 液体式

液体式倾斜角传感器分为气泡位移式、电解液式、电容式和磁流体式等，下面仅介绍其中的气泡位移式和电解液式倾斜角传感器。图 3.11 为气泡位移式倾斜角传感器的结构及测量原理。半球状容器内封入含有气泡的液体，对准上面的 LED 发出的光。容器下面分成四部分，分别安装四个光电二极管，用以接收透射光。液体和气泡的透光率不同。液体在光电二极管上投影的位置，随传感器倾斜角度而改变。因此，通过计算对角的光电二极管感光量的差分，可测量出二维倾斜角。该传感器测量范围为 20°左右，分辨率可达 0.001°。

电解液式倾斜角传感器的结构如图 3.12 所示，在管状容器内封入 KCL 之类的电解液和气体，并在其中插入三个电极。容器倾斜时，溶液移动，中央电极和两端电极间的电阻及电容量改变，使容器相当于一个阻抗可变的元件，可用交流电桥电路进行测量。

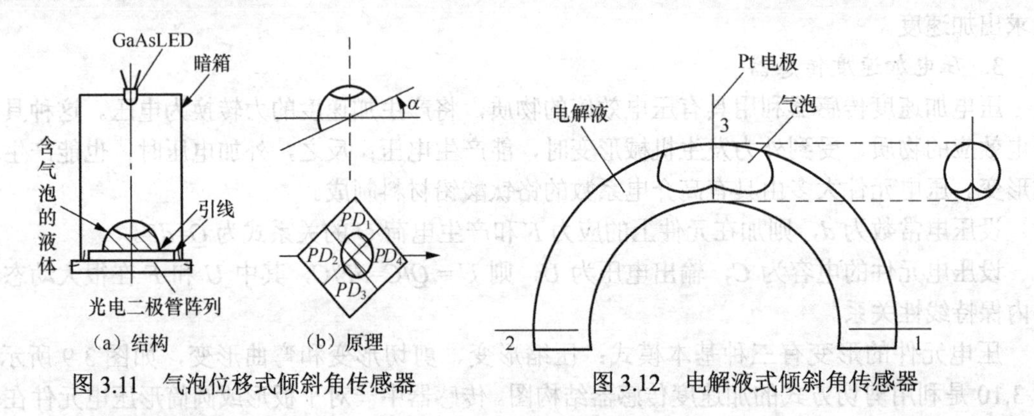

图 3.11 气泡位移式倾斜角传感器　　图 3.12 电解液式倾斜角传感器

2. 垂直振子式

图 3.13 是垂直振子式倾斜角传感器的原理图。振子由挠性薄片悬起，传感器倾斜时，振子为了保持铅直方向而离开平衡位置，根据振子是否偏离平衡位置及偏移角函数（通常是正弦函数）检测出倾斜角度θ。但是，由于容器限制，测量范围只能在振子自由摆动的允许范围内，不能检测过大的倾斜角度。按图 3.13 所示结构，把代表位移函数的输出电流反馈到转矩线圈中，使振子返回到平衡位置。这时，振子产生的力矩 M 为 $M=mgl\sin\theta$，转矩 T 为 $T=Ki$。在平衡状态下应有 $M=T$，于是得到

$$\theta = \arcsin\frac{Ki}{mgl} \tag{3.1}$$

根据测出的线圈电流，可求出倾斜角。

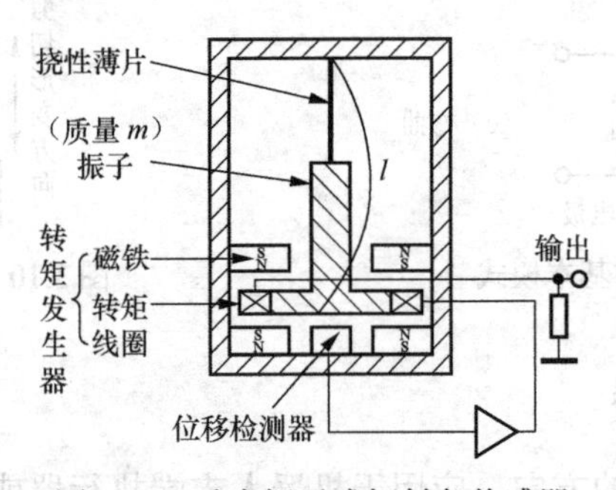

图 3.13 垂直振子式倾斜角传感器

3.2.5 力觉传感器

力觉是指对机器人的指、肢和关节等运动中所受力的感知，主要包括腕力觉、关节力觉和支座力觉等。根据被测对象的负载，可以把力传感器分为测力传感器（单轴力传感器）、力矩表（单轴力矩传感器）、手指传感器（检测机器人手指作用力的超小型单轴力传感器）和六轴力觉传感器等。

1. 筒式腕力传感器

图 3.14 所示为一种筒式 6 自由度腕力传感器，主体为铝圆筒，外侧有 8 根梁支撑，其中

4 根为水平梁，4 根为垂直梁。水平梁的应变片贴于上、下两侧，设各应变片所受到的应变量分别为Q_x^+、Q_y^+、Q_x^-、Q_y^-；而垂直梁的应变片贴于左右两侧，设各应变片所受到的应变量分别为P_x^+、P_y^+、P_x^-、P_y^-。那么，施加于传感器上的 6 维力，即 x、y、z 方向的力 F_x、F_y、F_z 以及 x、y、z 方向的转矩 M_x、M_y、M_z 可以用下列关系式计算，即

$$\left.\begin{aligned}
F_x &= K_1(P_y^+ + P_y^-) \\
F_y &= K_2(P_x^+ + P_x^-) \\
F_z &= K_3(Q_x^+ + Q_x^- + Q_y^+ + Q_y^-) \\
M_x &= K_4(Q_y^+ - Q_y^-) \\
M_y &= K_5(-Q_x^+ - Q_x^-) \\
M_z &= K_6(P_x^+ - P_x^- - P_y^+ + P_y^-)
\end{aligned}\right\} \tag{3.2}$$

式中，K_1、K_2、K_3、K_4、K_5、K_6 为比例系数，与各根梁所贴应变片的应变灵敏度有关，应变量由贴在每根梁两侧的应变片构成的半桥电路测量。

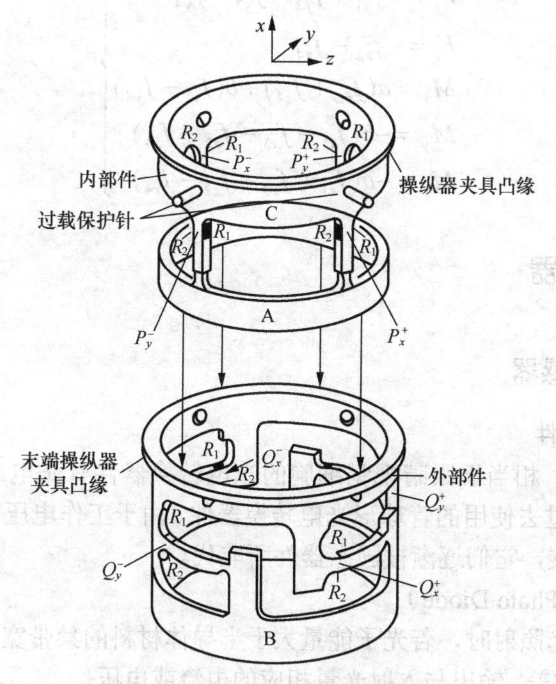

图 3.14 筒式 6 自由度腕力传感器

2. 十字腕力传感器

图 3.15 所示为挠性十字梁式腕力传感器，用铝材切成十字框架，各悬梁外端插入圆形手腕框架的内侧孔中，悬梁端部与腕框架的接合部装有尼龙球，目的是为使悬梁易于伸缩。此外，为了增加其灵敏性，在与梁相接处的腕框架上还切出窄缝。十字形悬梁实际上是一整体，其中央固定在手腕轴向。

应变片贴在十字梁上，每根梁的上下左右侧面各贴一片应变片。相对面上的两片应变片构成一组半桥，通过测量一个半桥的输出，即可检测一个参数。整个手腕通过应变片可检测出 8 个参数：f_{x1}、f_{x3}、f_{y1}、f_{y2}、f_{y3}、f_{y4}、f_{z2}、f_{z4}，利用这些参数可计算出手腕顶端 x、y、z 方

向的力 F_x、F_y、F_z 以及 x、y、z 方向的转矩 M_x、M_y、M_z，见式（3.3）。

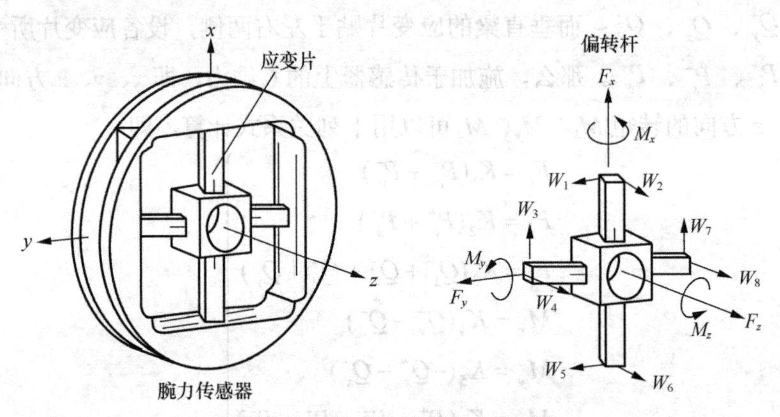

图 3.15　挠性十字梁式腕力传感器

$$\left.\begin{aligned}
F_x &= -f_{x1} - f_{x3} \\
F_y &= -f_{y1} - f_{y2} - f_{y3} - f_{y4} \\
F_z &= -f_{z2} - f_{z4} \\
M_x &= a(f_{z2} + f_{z4}) + b(f_{y1} - f_{y4}) \\
M_y &= -b(f_{x1} - f_{x3} - f_{z2} + f_{z4}) \\
M_z &= -a(f_{x1} + f_{x3} + f_{z2} - f_{z4})
\end{aligned}\right\} \tag{3.3}$$

3.3　常用外部传感器

3.3.1　视觉传感器

（一）光电转换器件

人工视觉系统中，相当于眼睛视觉细胞的光电转换器件有光电二极管、光电三极管和 CCD 图像传感器等。过去使用的管球形光电转换器件，由于工作电压高、耗电量多、体积大，随着半导体技术的发展，它们逐渐被固态器件所取代。

1. 光电二极管（Photo Diode）

半导体 PN 结受光照射时，若光子能量大于半导体材料的禁带宽度，则吸收光子，形成电子空穴对，产生电位差，输出与入射光量相应的电流或电压。光电二极管是利用光电伏特效应的光传感器，图 3.16 表示它的伏安特性。光电二极管使用时，一般加反向偏置电压，不加偏压也能使用。零偏置时，PN 结电容变大，频率响应下降，但线性度好。如果加反向偏压，没有载流子的耗尽层增大，响应特性提高。根据电路结构，光检出的响应时间可在 1 ns 以下。

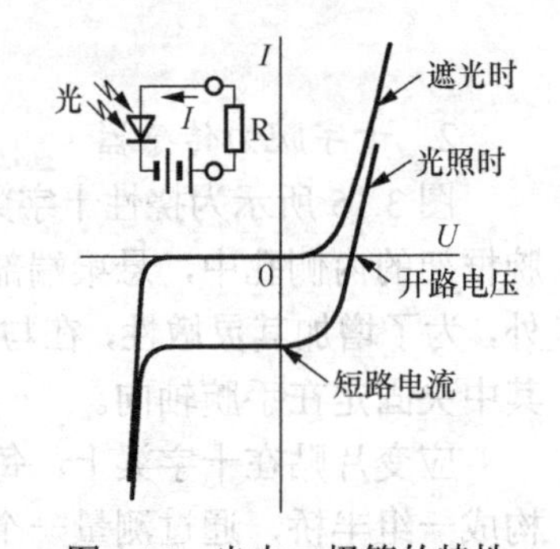

图 3.16　光电二极管的特性

为了用激光雷达提高测量距离的分辨率，需要响应特性好的光电转换元件。雪崩光电二极管（APD）是利用在强电场的作用下载流子运动加速，与原子相撞产生电子雪崩的放大原理而研制的。它是检测微弱光的光传感器，其响应特性好。光电二极管作为位置检测元件，可以连续检测光束的入射位置，也可用于二维平面上的光点位置检测。它的电极不是导体，而是均匀的电阻膜。

2. 光电三极管（Photo Transistor）

PNP 或 NPN 型光电三极管的集电极 C 和基极 B 之间构成光电二极管。受光照射时，反向偏置的基极和集电极之间产生电流，放大的电流流过集电极和发射极。因为光电三极管具有放大功能，所以产生的光电流是光电二极管的 100～1000 倍，响应时间为μs 数量级。

3. CCD 图像传感器

CCD 是电荷耦合器件（Charge Coupled Device）的简称，是通过势阱进行存储、传输电荷的元件。CCD 图像传感器采用 MOS 结构，内部无 PN 结，如图 3.17 所示，P 型硅衬底上有一层 SiO_2 绝缘层，其上排列着多个金属电极。在电极上加正电压，电极下面产生势阱，势阱的深度随电压而变化。如果依次改变加在电极上的电压，势阱则随着电压的变化而发生移动，于是注入势阱中的电荷发生转移。根据电极的配置和驱动电压相位的变化，有二相时钟驱动和三相时钟驱动的传输方式。

CCD 图像传感器在一硅衬底上配置光敏元件和电荷转移器件。通过电荷的依次转移，将多个像素的信息分时、顺序地取出来。这种传感器有一维的线型图像传感器和二维的面型图像传感器。二维面型图像传感器需要进行水平与垂直两个方向扫描，有帧转移方式和行间转移方式，其原理如图 3.18 所示。

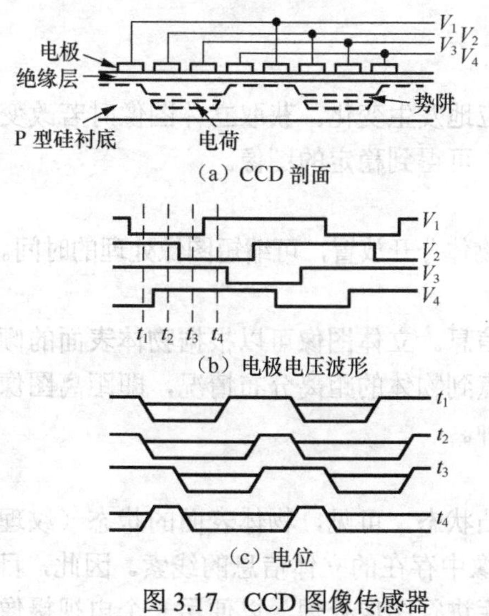

图 3.17 CCD 图像传感器

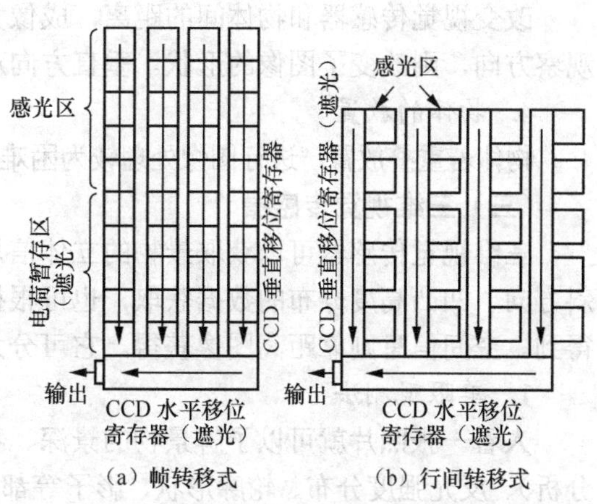

图 3.18 CCD 图像传感器的信号扫描原理

4. MOS 图像传感器

光电二极管和 MOS 场效应管成对地排列在硅衬底上，构成 MOS 图像传感器。通过选择水平扫描线和垂直扫描线来确定像素的位置，使两个扫描线的交点上的场效应管导通，然后从与之成对的光电二极管取出像素信息。扫描是分时按顺序进行的。

5. 工业电视摄像机

工业电视摄像机由二维面型图像传感器和扫描电路等外围电路组成。只要接上电源，摄像机就能输出被摄图像的标准电视信号。大多数摄像机镜头可以通过一个叫作 C 透镜接头的 1/2 英寸的螺纹来更换。为了实现透镜的自动聚焦，多数摄影透镜带有自动光圈的驱动端子。

现在市场上出售的摄像机中，有的带有外部同步信号输入端子，用于控制垂直扫描或水平垂直扫描；有的可以改变 CCD 的电荷积累时间，以缩短曝光时间。彩色摄像机中，多数是在图像传感器上镶嵌配置红（R）、绿（G）、蓝（B）色滤色器以提取颜色信号的单板式摄像机。光源不同而需调整色彩时，方法很简单，通过手动切换即可。

（二）二维视觉传感器

视觉传感器分为二维视觉和三维视觉传感器两大类。二维视觉传感器是获取景物图形信息的传感器。处理方法有二值图像处理、灰度图像处理和彩色图像处理，它们都是以输入的二维图像为识别对象的。图像由摄像机获取，如果物体在传送带上以一定速度通过固定位置，也可用一维线型传感器获取二维图像的输入信号。

对于操作对象限定、工作环境可调的生产线，一般使用廉价的、处理时间短的二值图像视觉系统。图像处理中，首先要区分作为物体像的图和作为背景像的底两大部分。图和底的区分还是容易处理的。图形识别中，需使用图的面积、周长、中心位置等数据。为了减小图像处理的工作量，必须注意以下几点。

1. 照明方向

环境中不仅有照明光源，还有其他光。因此要使物体的亮度、光照方向的变化尽量小，就要注意物体表面的反射光、物体的阴影等。

2. 背景的反差

黑色物体放在白色背景中，图和底的反差大，容易区分。有时把光源放在物体背后，让光线穿过漫射面照射物体，获取轮廓图像。

3. 视觉传感器的位置

改变视觉传感器和物体间的距离，成像大小也相应地发生变化。获取立体图像时若改变观察方向，则改变了图像的形状。垂直方向观察物体，可得到稳定的图像。

4. 物体的放置

物体若重叠放置，进行图像处理较为困难。将各个物体分开放置，可缩短图像处理的时间。

（三）三维视觉传感器

三维视觉传感器可以获取景物的立体信息或空间信息。立体图像可以根据物体表面的倾斜方向、凹凸高度分布的数据获取，也可根据从观察点到物体的距离分布情况，即距离图像得到。空间信息则靠距离图像获得。它可分为以下几种。

1. 单眼观测法

人看一张照片就可以了解景物的景深、物体的凹凸状态。可见，物体表面的状态（纹理分析）、反光强度分布、轮廓形状、影子等都是一张图像中存在的立体信息的线索。因此，目前研究的课题之一是如何根据一系列假设，利用知识库进行图像处理，以便用一个电视摄像机充当立体视觉传感器。

2. 莫尔条纹法

莫尔条纹法利用条纹状的光照到物体表面，然后在另一个位置上透过同样形状的遮光条纹进行摄像。物体上的条纹像和遮光像产生偏移，形成等高线图形，即莫尔条纹。根据莫尔条纹的形状得到物体表面凹凸的信息。根据条纹数可测得距离，但有时很难确定条纹数。

3. 主动立体视觉法

光束照在目标物体表面上，在与基线相隔一定距离的位置上摄取物体的图像，从中检测出光点的位置，然后根据三角测量原理求出光点的距离。这种获得立体信息的方法就是主动立体视觉法。

4. 被动立体视觉法

被动立体视觉法就像人的两只眼睛一样，从不同视线获取的两幅图像中，找到同一个物点的像的位置，利用三角测量原理得到距离图像。这种方法虽然原理简单，但是在两幅图像中检出同一物点的对应点是非常困难的课题。

5. 激光雷达

用激光代替雷达电波，在视野范围内扫描，通过测量反射光的返回时间得到距离图像。它又可分为两种方法：一种发射脉冲光束，用光电倍增管接收反射光，直接测量光的返回时间；另一种发射调幅激光，测量反射光调制波形相位的滞后。为了提高距离分辨率，必须提高反射光检测的时间分辨率，因此需要尖端电子技术。

3.3.2 触觉传感器

人的触觉包括接触觉、压觉、冷热觉、滑动觉、痛觉等，这些感知能力对于人类是非常重要的，是其他感知能力（如视觉）所不能完全替代的。接触觉感知是否与其他物体接触，在机器人中使用触觉传感器主要有三个方面作用。第一，使操作动作适宜，如感知手指同对象物之间的作用力，便可判定动作是否适当。还可以用这种力作为反馈信号，通过调整使给定的作业程序实现灵活的动作控制。这一作用是视觉无法代替的。第二，识别操作对象的属性，如大小、质量、硬度等。有时也可以代替视觉进行一定程度的形状识别，在视觉无法起作用的场合，这一点很重要。第三，用以躲避危险、障碍物等以防止事故，相当于人的痛觉。

最简单也是最早使用的触觉传感器是微动开关。它工作范围宽，不受电、磁干扰，简单、易用、成本低。单个微动开关通常工作在开、关状态，可以二位方式表示是否接触。如果仅仅需要检测是否与对象物体接触，这种二位微动开关能满足要求。但是如果需要检测对象物体的形状时，就需要在接触面上高密度地安装敏感元件，微动开关虽然可以很小，但是与高度灵敏的触觉传感器的要求相比，这种开关式的微动开关还是太大了，无法实现高密度安装。

导电合成橡胶是一种常用的触觉传感器敏感元件，它是在硅橡胶中添加导电颗粒或半导体材料（如银或碳）构成的导电材料。这种材料价格低廉、使用方便、有柔性，可用于机器人多指灵巧手的手指表面。导电合成橡胶有多种工业等级，多种这类导电橡胶变压时其体电阻的变化很小，但是接触面积和反向接触电阻都随外力大小而发生较大变化。利用这一原理制作的触觉传感器可实现在1cm^{2}面积内有256个触觉敏感单元，敏感范围达到1～100g。

图3.19所示是一种采用D-截面导电橡胶线的压阻触觉传感器，用相互垂直的两层导电橡胶线实现行、列交叉定位。当增加正压力时，D-截面导电橡胶发生变形，接触面积增大，接触电阻减小，从而实现触觉传感。

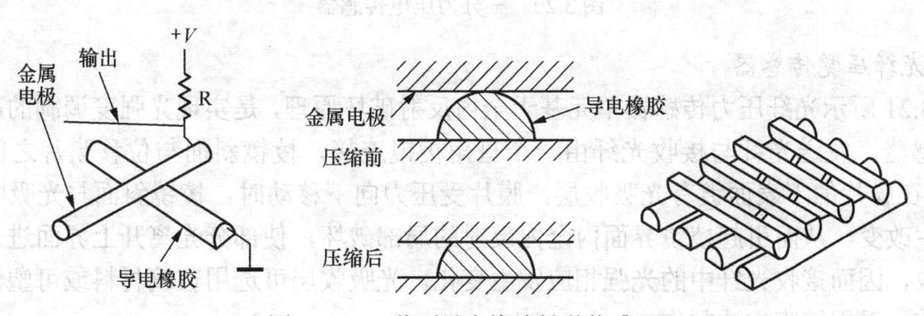

图3.19　D-截面导电橡胶触觉传感器

另一类常用的触觉敏感元件是半导体应变计。金属和半导体的压阻元件都已经被用于构成触觉传感器阵列。用得最多的，是金属箔应变计，特别是它们跟变形元件粘贴在一起可将外力变换成应变，从而进行测量的应变计用得更多。利用半导体技术可在硅等半导体上制作应变元件，甚至信号调节电路亦可制作在同一硅片上。硅触觉传感器有线性度好，滞后和蠕变小，以及可将多路调制、线性化和温度补偿电路制作在硅片内等优点。缺点是传感器容易发生过载。另外硅集成电路的平面导电性也限制了它在机器人灵巧手指尖形状传感器中的应用。

某些晶体具有压电效应，因此也可作为一类触觉敏感元件，但是晶体一般有脆性，难于直接制作触觉或其他传感器，1969 年发现的 PVF_2（聚偏二氟乙烯）等聚合物有良好的压电性，特别是柔性好，因此是理想的触觉传感器材料。当然制作机器人触觉传感器的方法和依据还有很多，如通过光学的、磁的、电容的、超声的、化学的等原理，都可能开发出机器人触觉传感器。

1. 压电传感器

常用的压电晶体是石英晶体，它受到压力后会产生一定的电信号。石英晶体输出的电信号强弱是由它所受到的压力值决定的，通过检测这些电信号的强弱，能够检测出被测物体所受到的力。压电式力传感器不但可以测量物体受到的压力，也可以测量拉力。在测量拉力时，需要给压电晶体一定的预紧力。由于压电晶体不能承受过大的应变，所以它的测量范围较小。在机器人应用中，一般不会出现过大的力，因此，采用压电式力传感器比较适合。压电式传感器安装时，与传感器表面接触的零件应具有良好的平行度和较低的表面粗糙度，其硬度也应低于传感器接触表面的硬度，保证预紧力垂直于传感器表面，使石英晶体上产生均匀的分布压力。图 3.20 所示为一种三分力压电传感器。它由三对石英晶片组成，能够同时测量三个方向的作用力。其中上、下两对晶片利用晶体的剪切效应，分别测量 x 方向和 y 方向的作用力；中间一对晶片利用晶体的纵向压电效应，测量 z 方向的作用力。

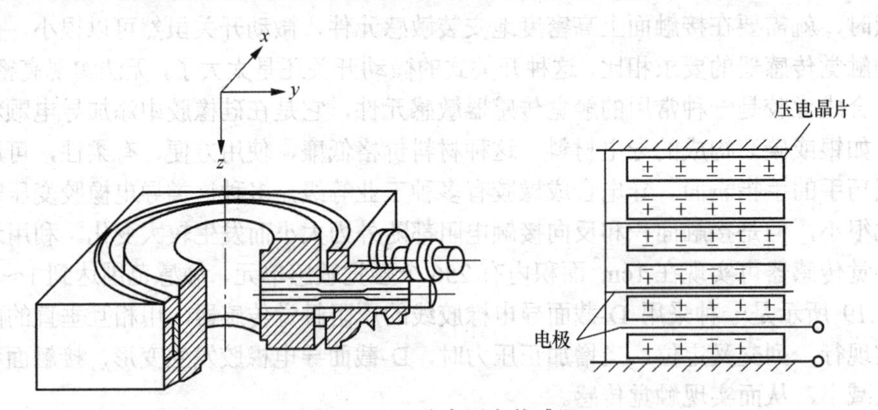

图 3.20　三分力压电传感器

2. 光纤压觉传感器

图 3.21 所示光纤压力传感器单元基于全内反射破坏原理，是实现光强度调制的高灵敏度光纤传感器。发送光纤与接收光纤由一个直角棱镜连接，棱镜斜面与位移膜片之间气隙约 0.3μm。在膜片的下表面镀有光吸收层，膜片受压力向下移动时，棱镜斜面与光吸收层间的气隙发生改变，从而引起棱镜界面内全内反射的局部破坏，使部分光离开上界面进入吸收层并被吸收，因而接收光纤中的光强相应发生变化。光吸收层可选用玻璃材料或可塑性好的有机硅橡胶，采用镀膜方法制作。

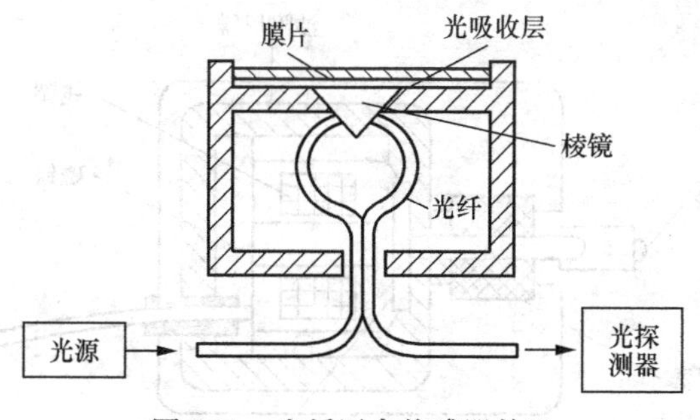

图 3.21 光纤压力传感器单元

当膜片受压时，便产生弯曲变形，对于周边固定的膜片，在小挠度时（$W \leqslant 0.5t$），膜片中心挠度按下式计算，即

$$W = \frac{3(1-\mu^2)a^4 p}{16Et^3} \tag{3.4}$$

式中，W 为膜片中心挠度；E 为弹性模量；t 为膜片厚度；μ为泊松比；p 为压力；a 为膜片有效半径。

式（3.4）表明，在小载荷条件下，膜片中心位移与所受压力成正比。

3. 滑觉传感器

机器人在抓取未知属性的物体时，其自身应能确定最佳握紧力的给定值。当握紧力不够时，要检测被握紧物体的滑动，利用该检测信号，在不损害物体的前提下，考虑最可靠的夹持方法，实现此功能的传感器称为滑觉传感器。

滑觉传感器有滚动式和球式，还有一种通过振动检测滑觉的传感器。物体在传感器表面上滑动时，和滚轮或环相接触，把滑动变成转动。图 3.22 所示为南斯拉夫贝尔格莱德大学研制的球式滑觉传感器，由一个金属球和触针组成。金属球表面分成多个相间排列的导电和绝缘格子，触针头部细小，每次只能触及一个方格。当工件滑动时，金属球也随之转动，在触针上输出脉冲信号，脉冲信号的频率反映了滑移速度，而脉冲信号的个数对应滑移距离。

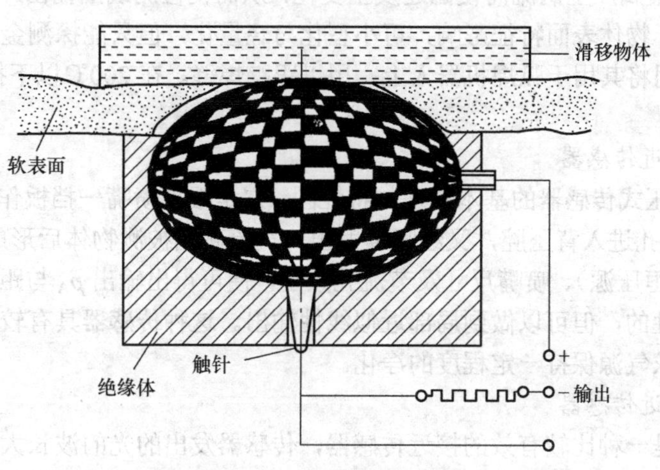

图 3.22 球式滑觉传感器

图 3.23 所示为振动式滑觉传感器，钢球指针伸出传感器与物体接触。当工件运动时，指针振动，线圈输出信号。使用橡胶和油作为阻尼器，可降低传感器对机械手本身振动的敏感。

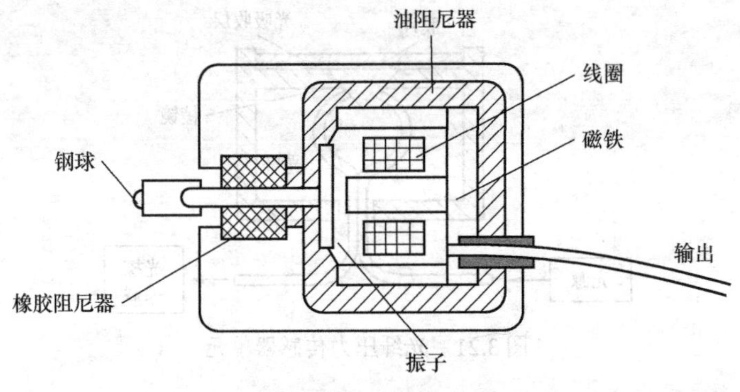

图 3.23 振动式滑觉传感器

3.3.3 接近度传感器

接近度传感器是机器人用以探测自身与周围物体之间相对位置和距离的传感器。它的使用对机器人工作过程中适时地进行轨迹规划与防止事故发生具有重要意义。它主要起以下 3 个方面的作用。

（1）在接触对象物前得到必要的信息，为后面动作做准备。

（2）发现障碍物时，改变路径或停止，以免发生碰撞。

（3）得到对象物体表面形状的信息。

根据感知范围（或距离），接近度传感器大致可分为 3 类：感知近距离物体（mm 级）的有磁力式（感应式）、气压式、电容式等；感知中距离（大约 30cm 以内）物体的有红外光电式；感知远距离（30cm 以外）物体的有超声式和激光式。视觉传感器也可作为接近度传感器。

1. *磁力式接近传感器*

图 3.24 所示为磁力式传感器结构原理。它由激磁线圈 C_0 和检测线圈 C_1 及 C_2 组成，C_1、C_2 的圈数相同，接成差动式。当未接近物体时由于构造上的对称性，输出为 0，当接近物体（金属）时，由于金属产生涡流而使磁通发生变化，从而使检测线圈输出产生变化。这种传感器不大受光、热、物体表面特征影响，可小型化与轻量化，但只能探测金属对象。

日本日立公司将其用于弧焊机器人上，用以跟踪焊缝。在 200℃以下探测距离 0～8mm，误差只有 4%。

2. *气压式接近传感器*

图 3.25 为气压式传感器的基本原理与特性图。它是根据喷嘴—挡板作用原理设计的。气压源 p_V 经过节流孔进入背压腔，又经喷嘴射出，气流碰到被测物体后形成背压输出 p_A。合理地选择 p_V 值（恒压源）、喷嘴尺寸及节流孔大小，便可得出输出 p_A 与距离 x 之间的对应关系，一般不是线性的，但可以做到局部近似线性输出。这种传感器具有较强防火、防磁、防辐射能力，但要求气源保持一定程度的净化。

3. *红外式接近传感器*

红外传感器是一种比较有效的接近传感器，传感器发出的光的波长大约在几百纳米范围内，是短波长的电磁波。它是一种辐射能转换器，主要用于将接收到的红外辐射能转换为便于测量或观察的电能、热能等其他形式的能量。根据能量转换方式，红外探测器可分为热探测器和光子探测器两大类。红外传感器不受电磁波的干扰、非噪声源、可实现非常接触性测量等特点。另外，红外线（指中、远红外线）不受周围可见光的影响，故在昼夜都可进行测量。

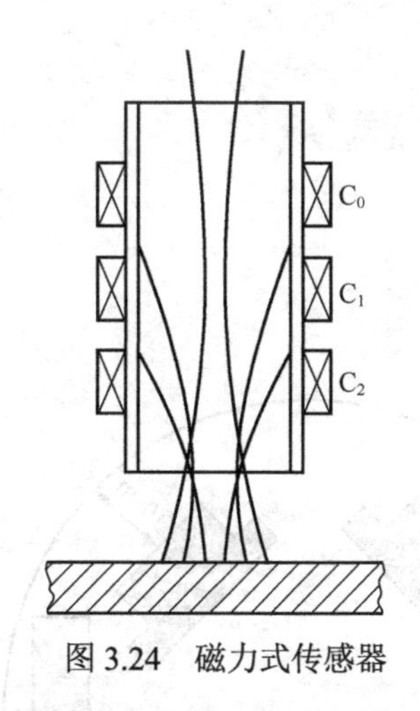

图 3.24 磁力式传感器

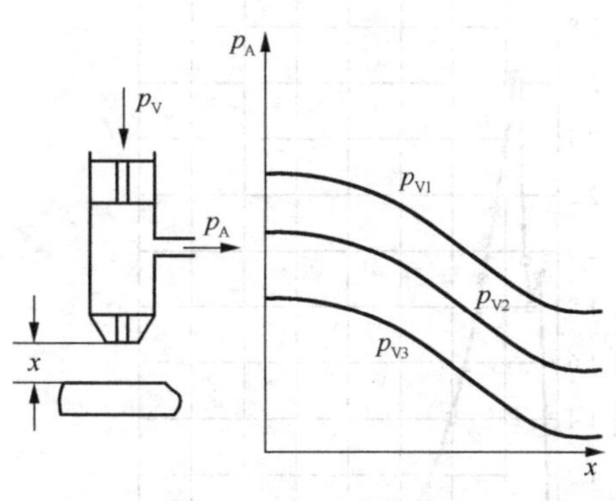

图 3.25 气压式传感器

同声纳传感器相似，红外传感器工作处于发射/接收状态。这种传感器由同一发射源发射红外线，并用两个光检测器测量反射回来的光量。由于这些仪器测量光的差异，它们受环境的影响非常大，物体的颜色、方向、周围的光线都能导致测量误差。但由于发射光线是光而不是声音，可以在相当短的时间内获得较多的红外线传感器测量值，测距范围较近。

现介绍基于三角测量原理的红外传感器测距。即红外发射器按照一定的角度发射红外光束，当遇到物体以后，光束会反射回来，如图 3.26 所示。反射回来的红外光线被 CCD 检测器检测到以后，会获得一个偏移值 L，利用三角关系，在知道了发射角度 α，偏移距 L，中心矩 X，以及滤镜的焦距 f 以后，传感器到物体的距离 D 就可以通过几何关系计算出来了。

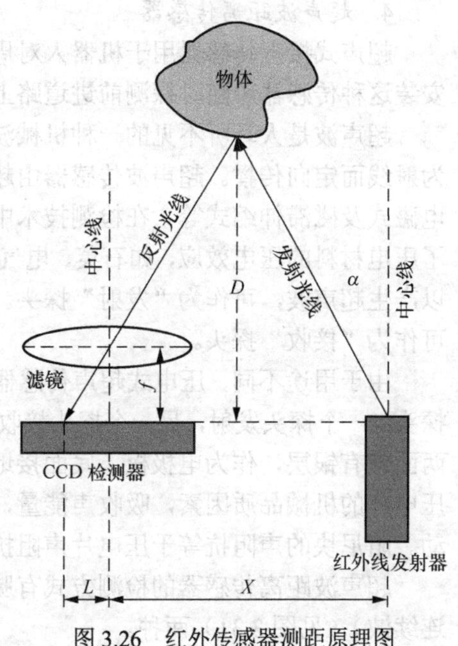

图 3.26 红外传感器测距原理图

可以看到，当 D 的距离足够近时，L 值会相当大，超过 CCD 的探测范围，这时，虽然物体很近，但是传感器反而看不到了。当物体距离 D 很大时，L 值就会很小。这时 CCD 检测器能否分辨得出这个很小的 L 值成为关键，也就是说 CCD 的分辨率决定能不能获得足够精确的 L 值。要检测越是远的物体，CCD 的分辨率要求就越高。

该传感器的输出是非线性的。从图 3.27 中可以看到，当被探测物体的距离小于 10cm 时，输出电压急剧下降，也就是说从电压读数来看，物体的距离应该是越来越远了。但是实际上并不是这样，如果机器人本来正在慢慢的靠近障碍物，突然探测不到障碍物，一般来说，控制程序会让机器人以全速移动，结果就是机器人撞到障碍物。解决这个问题的方法是需要改变一下传感器的安装位置，使它到机器人的外围的距离大于最小探测距离，如图 3.28 所示。

受器件特性的影响，红外传感器抗干扰性差，即容易受各种热源和环境光线影响。探测物体的颜色、表面光滑程度不同，反射回的红外线强弱就会有所不同。并且由于传感器功率因素的影响，其探测距离一般在 10～500cm 之间。

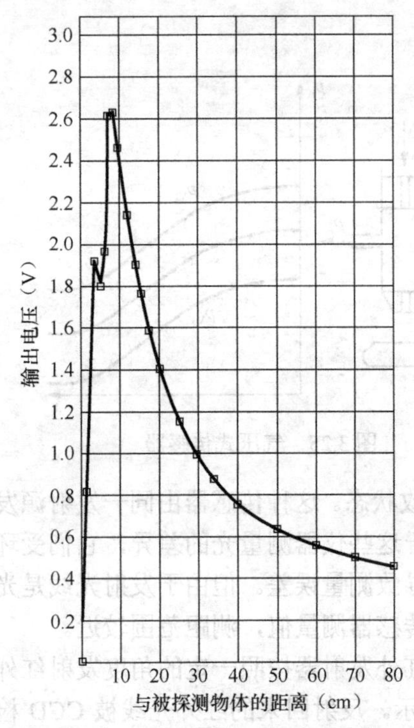

图 3.27　红外传感器非线性输出图

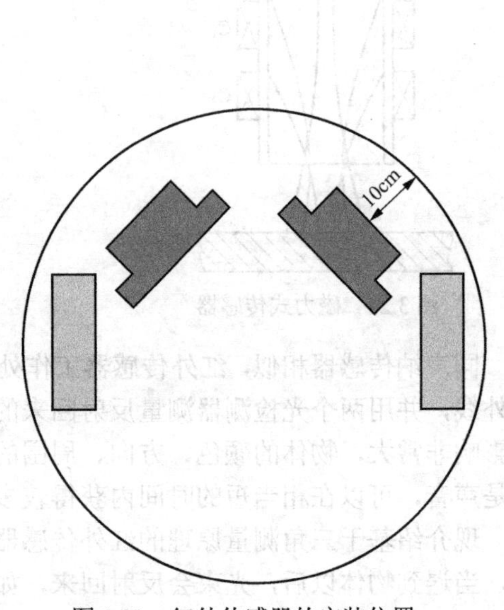

图 3.28　红外传感器的安装位置

4. *超声波距离传感器*

超声式接近传感器用于机器人对周围物体的存在与距离的探测。尤其对移动式机器人，安装这种传感器可随时探测前进道路上是否出现障碍物，以免发生碰撞。

超声波是人耳听不见的一种机械波，其频率在 20kHz 以上，波长较短，绕射小，能够作为射线而定向传播。超声波传感器由超声波发生器和接收器组成。超声波发生器有压电式、电磁式及磁滞伸缩式等。在检测技术中最常用的是压电式。压电式超声波传感器，就是利用了压电材料的压电效应，如石英、电气石等。逆压电效应将高频电振动转换为高频机械振动，以产生超声波，可作为“发射”探头。利用正压电效应则将接收的超声振动转换为电信号，可作为“接收”探头。

由于用途不同，压电式超声传感器有多种结构形式。图 3.29 所示为其中一种，即所谓双探头（一个探头发射，另一个探头接收）。带有晶片座的压电晶片装入金属壳体内，压电晶片两面镀有银层，作为电极板，底面接地，上面接有引出线。阻尼块或称吸收块的作用是降低压电片的机械品质因素，吸收声能量，防止电脉冲振荡停止时，压电片因惯性作用而继续振动。阻尼块的声阻抗等于压电片声阻抗时，效果最好。

超声波距离传感器的检测方式有脉冲回波式（见图 3.30）以及 FM-CW 式（频率调制、连续波）（见图 3.31）两种。

在脉冲回波式中，先将超声波用脉冲调制后发射，根据经被测物体反射回来的回波延迟时间 Δt，可以计算出被测物体的距离 L。设空气中的声速为 v，如果空气温度为 T℃，则声速为 v=331.5+0.607T，被测物体与传感器间的距离为

$$L = v \cdot \Delta t / 2 \tag{3.5}$$

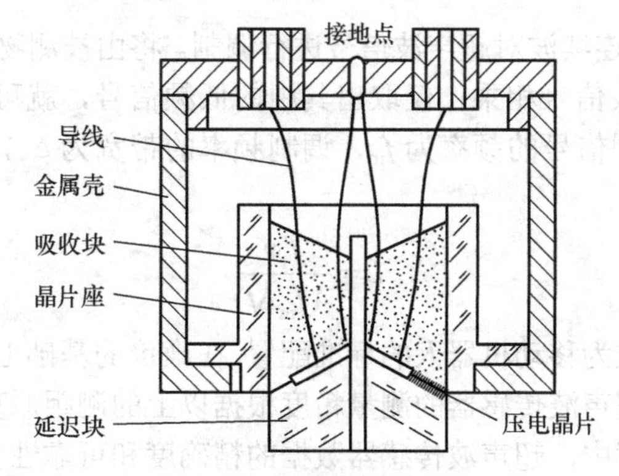

图 3.29 超声双探头结构

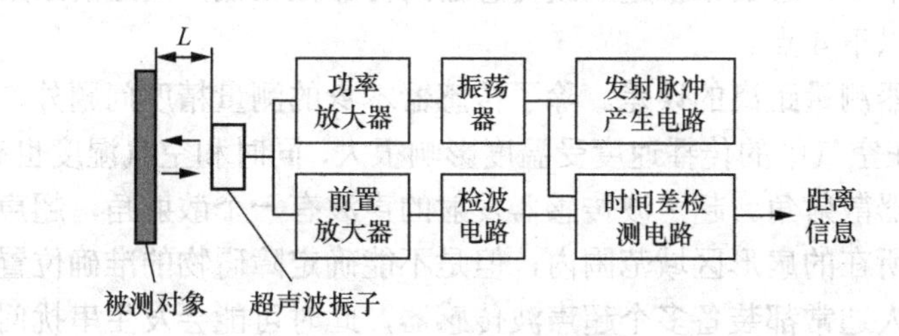

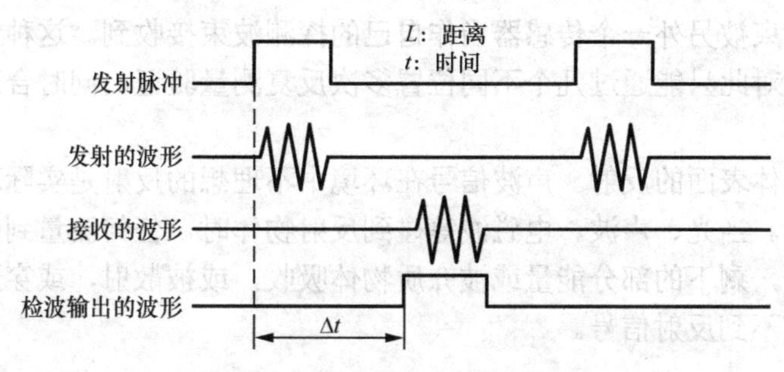

图 3.30 脉冲回波式的检测原理

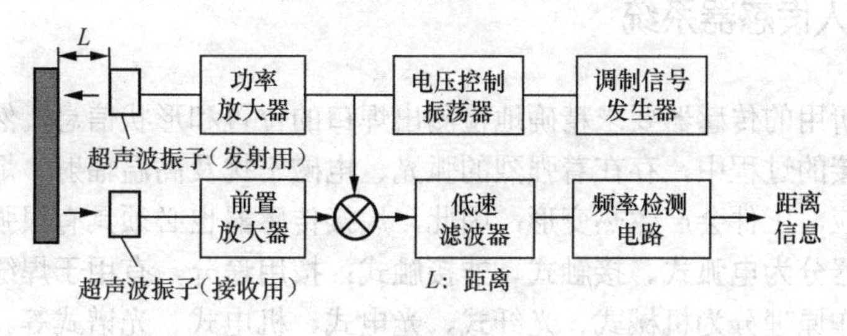

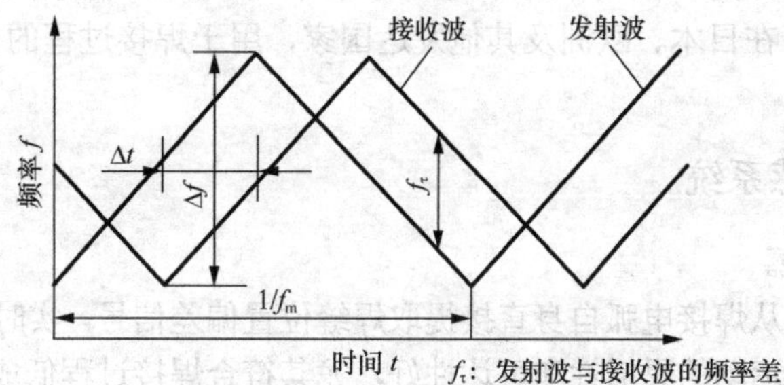

图 3.31 FM-CW 式的测距原理

FM-CW 方式是采用连续波对超声波信号进行调制。将由被测物体反射延迟 Δt 时间后得到的接收波信号与发射波信号相乘，仅取出其中的低频信号，就可以得到与距离 L 成正比的差频 f_τ 信号。假设调制信号的频率为 f_m，调制频率的带宽为 Δf，被测物体与传感器间的距离为

$$L = \frac{f_\tau v}{4 f_m \Delta f} \tag{3.6}$$

超声波传感器已经成为移动机器人的标准配置，在廉价的基础上提供了主动的探测工具。在比较理想的情况下，超声波传感器的测量精度根据以上的测距原理可以得到比较满意的结果，但是，在真实的环境中，超声波传感器数据的精确度和可靠性会随着距离的增加和环境模型的复杂性上升而下降，总的来说超声波传感器的可靠性很低，测距的结果存在很大的不确定性，主要表现在以下 4 点。

（1）超声波传感器测量距离的误差。除了传感器本身的测量精度问题外，还受外界条件变化的影响。如声波在空气中的传播速度受温度影响很大，同时和空气湿度也有一定的关系。

（2）超声波传感器散射角。超声波传感器发射的声波有一个散射角，超声波传感器可以感知障碍物在散射角所在的扇形区域范围内，但是不能确定障碍物的准确位置。

（3）串扰。机器人通常都装备多个超声波传感器，此时可能会发生串扰问题，即一个传感器发出的探测波束被另外一个传感器当作自己的探测波束接收到。这种情况通常发生在比较拥挤的环境中，对此只能通过几个不同位置多次反复测量验证，同时合理安排各个超声波传感器工作的顺序。

（4）声波在物体表面的反射。声波信号在环境中不理想的反射是实际环境中超声波传感器遇到的最大问题。当光、声波、电磁波等碰到反射物体时，任何测量到的反射都是只保留原始信号的一部分，剩下的部分能量或被介质物体吸收，或被散射，或穿透物体。有时超声波传感器甚至接收不到反射信号。

3.4 焊接机器人传感器系统

焊接机器人所用的传感器要求精确地检测出焊口的位置和形状信息，然后传送给控制器进行处理。在焊接的过程中，存在着强烈的弧光、电磁干扰及高温辐射、烟尘等因素，并伴随着物理化学反应，工件会产生热变形，因此，焊接传感器也必须具有很强的抗干扰能力。

弧焊用传感器分为电弧式、接触式、非接触式；按用途分，有用于焊缝跟踪的和焊接条件控制的；按工作原理分为机械式、光纤式、光电式、机电式、光谱式等。据日本焊接技术学会所做的调查显示，在日本、欧洲及其他发达国家，用于焊接过程的传感器有 80%是用于焊缝跟踪的。

3.4.1 电弧传感系统

1. 摆动电弧传感器

摆动电弧传感器是从焊接电弧自身直接提取焊缝位置偏差信号，实时性好，不需要在焊枪上附加任何装置，焊枪运动的灵活性和可达性好，尤其符合焊接过程低成本、自动化的要求。

摆动电弧传感器的基本工作原理是：当电弧位置变化时，电弧自身电参数相应发生变化，从中反应出焊枪导电嘴至工件坡口表面距离的变化量，进而根据电弧的摆动形式及焊枪与工

件的相对位置关系，推导出焊枪与焊缝间的相对位置偏差量。电参数的静态变化和动态变化都可以作为特征信号被提取出来，实现高低及水平两个方向的跟踪控制。

目前广泛采用测量焊接电流 I、电弧电压 U 和送丝速度 v 的方法来计算工件与焊丝之间的距离 H，$H=f(I, U, v)$，并应用模糊控制技术实现焊缝跟踪。摆动电弧传感器结构简单、响应速度快，主要适用于对称侧壁的坡口（如 V 形坡口），而对于那些无对称侧壁或根本就无侧壁的接头形式，如搭接接头、不开坡口的对接接头等形式，现有的摆动电弧传感器则不能识别。

2. 旋转电弧传感器

摆动电弧传感器的摆动频率一般只能达到 5Hz，限制了电弧传感器在高速和薄板搭接接头焊接中的应用。与摆动电弧传感器相比，旋转电弧传感器的高速旋转增加了焊枪位置偏差的检测灵敏度，极大地改善了跟踪的精度。

高速旋转扫描电弧传感器结构如图 3.32 所示，采用空心轴电机直接驱动，在空心轴上通过同轴安装的同心轴承支承导电杆。在空心轴的下端偏心安装调心轴承，导电杆安装于该轴承内孔中，偏心量由滑块来调节。当电机转动时，下调心轴承将拨动导电杆作为圆锥母线绕电机轴线作公转，即圆锥摆动。气、水管线直接连接到下端，焊丝连接到导电杆的上端。电弧扫描测位传感器为递进式光电码盘，利用分度脉冲进行电机转速闭环控制。

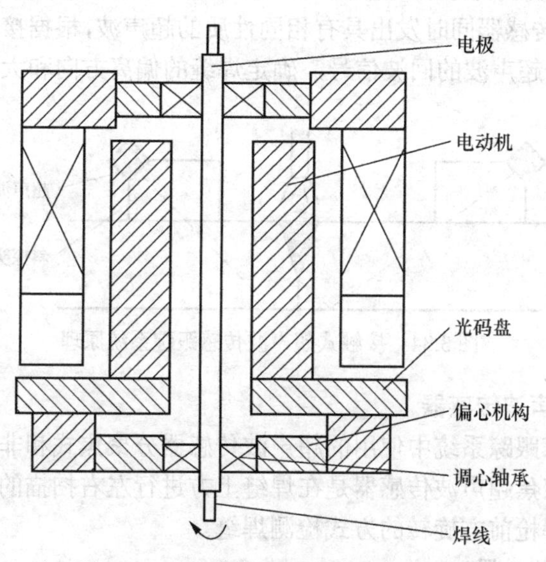

图 3.32 高速旋转扫描电弧传感器结构

在弧焊机器人的第六个关节上，安装一个焊炬夹持件，将原来的焊炬卸下，把高速旋转扫描电弧传感器安装在焊炬夹持件上。焊缝纠偏系统如图 3.33 所示，高速旋转扫描电弧传感器的安装姿态与原来的焊炬姿态一样，即焊丝端点的参考点的位置及角度保持不变。

3. 电弧传感器的信号处理

电弧传感器的信号处理主要采用极值比较法和积分差值法。在比较理想的条件下可得到满意的结果，但在非 V 形坡口及非射流过渡焊时，坡口识别能力差、信噪比低，应用遇到很大困难。为进一步扩大电弧传感器的应用范围、提高其可靠性，在建立传感器物理数学模型的基础上，利用数值仿真技术，采取空间变换，用特征谐波的向量作为偏差量的大小及方向的判据。

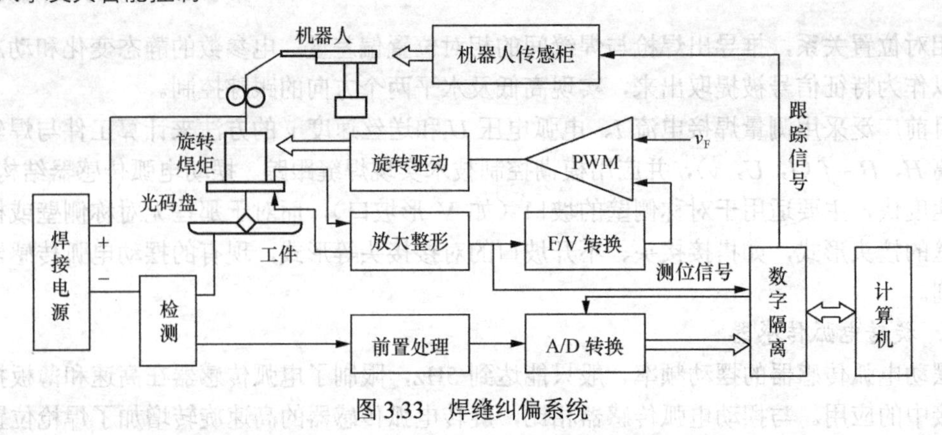

图 3.33 焊缝纠偏系统

3.4.2 超声传感跟踪系统

超声传感跟踪系统中使用的超声波传感器分两种类型：接触式超声波传感器和非接触式超声波传感器。

（一）接触式超声波传感器

接触式超声波传感跟踪系统原理如图 3.34 所示，两个超声波探头置于焊缝两侧，距焊缝相等距离。两个超声波传感器同时发出具有相同性质的超声波，根据接收超声波的声程来 控制焊接熔深；比较两个超声波的回波信号，确定焊缝的偏离方向和大小。

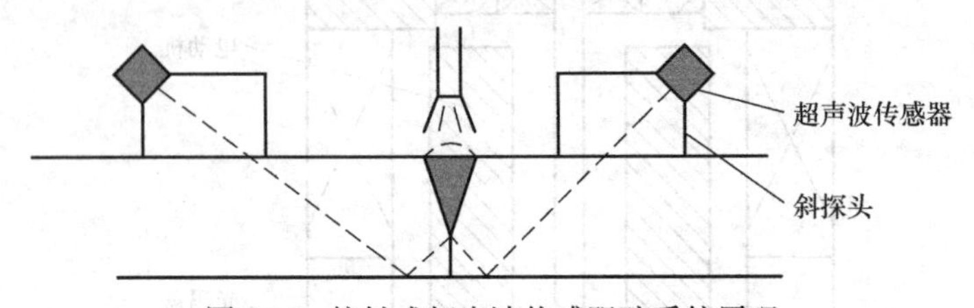

图 3.34 接触式超声波传感跟踪系统原理

（二）非接触式超声波传感器

非接触超声波传感跟踪系统中使用的超声波传感器分聚焦式和非聚焦式，两种传感器的焊缝识别方法不同。聚焦超声波传感器是在焊缝上方进行左右扫描的方式检测焊缝，而非聚焦超声波传感器是在焊枪前方旋转的方式检测焊缝。

1. 非聚焦超声波传感器

非聚焦超声波传感器要求焊接工件能在 45° 方向反射回波信号，焊缝的偏差在超声波声束的覆盖范围内，适于 V 形坡口焊缝和搭接接头焊缝。图 3.35 所示为 P-50 机器人焊缝跟踪装置，超声波传感器位于焊枪前方的焊缝上面，沿垂直于焊缝的轴线旋转，超声波传感器始终与工件成 45° 角，旋转轴的中心线与超声波声束中心线交于工件表面。

焊缝偏差几何示意如图 3.36 所示，传感器的旋转轴位于焊枪正前方，代表焊枪的即时位置。超声波传感器在旋转过程中总有一个时刻超声波声束处于坡口的法线方向，此时传感器的回波信号最强，而且传感器和其旋转的中心轴线组成的平面恰好垂直于焊缝方向，焊缝的偏差可以表示为

$$\delta = r - \sqrt{(R-D)^2 - h^2} \tag{3.7}$$

式（3.7）中，δ 为焊缝偏差；r 为超声波传感器的旋转半径；R 为传感器检测到的探头和坡口间的距离；D 为坡口中心线到旋转中心线间的距离；h 为传感器到工件表面的垂直高度。

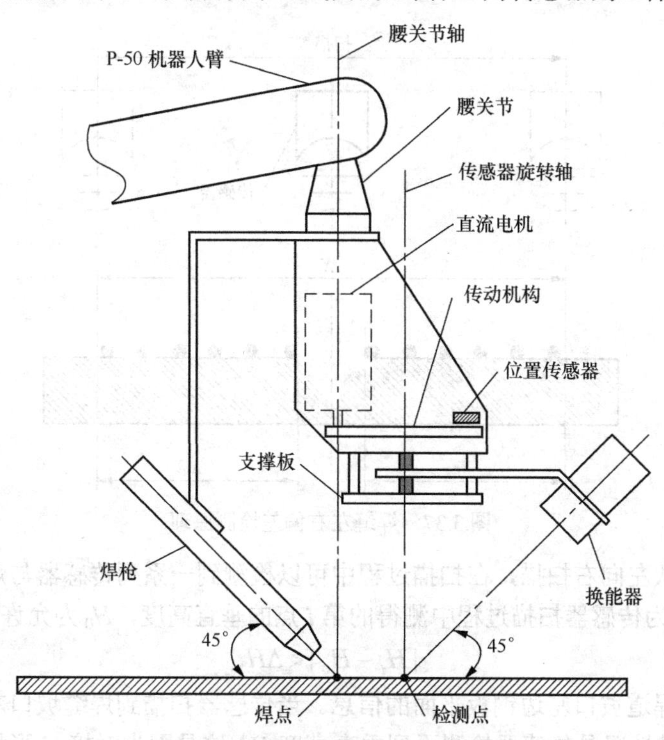

图 3.35　P-50 机器人焊缝跟踪装置

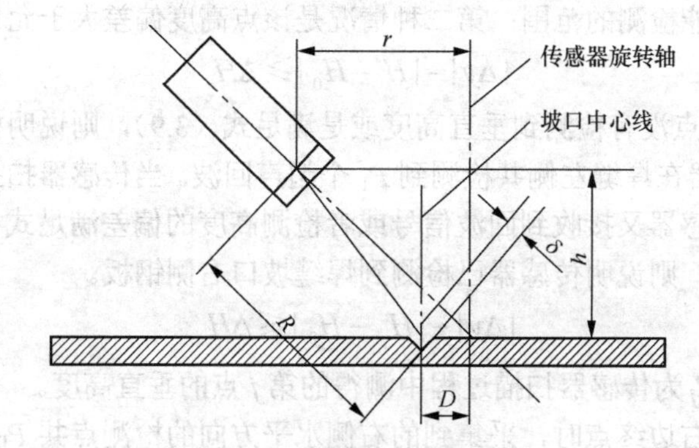

图 3.36　焊缝偏差几何示意

2. 聚焦超声波传感器

与非聚焦超声波传感器相反，聚焦超声波传感器采用扫描焊缝的方法检测焊缝偏差，不要求这个焊缝笼罩在超声波的声束之内，而将超声波声束聚焦在工件表面，声束越小检测精度越高。

超声波传感器发射信号和接收信号的时间差作为焊缝的纵向信息，通过计算超声波由传感器发射到接收的声程时间 t_s，可以得到传感器与焊件之间的垂直距 H，从而实现焊炬与工件高度之间距离的检测。焊缝左右偏差的检测，通常采用寻棱边法，其基本原理是在超声波声程检测原理基础上，利用超声波反射原理进行检测信号的判别和处理。当声波遇到工件时会发生反射，当声波入射到工件坡口表面时，由于坡口表面与入射波的角度不是 90°，因此其反射波就很难返回到传感器，也就是说，传感器接收不到回波信号，利用声波的这一特性，就可以判别是否检测到了焊缝坡口的边缘。焊缝左右偏差检测原理如图 3.37 所示。

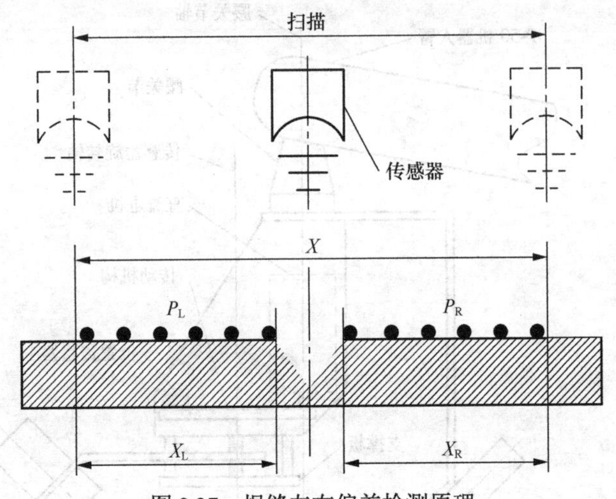

图 3.37　焊缝左右偏差检测原理

假设传感器从左向右扫描，在扫描过程中可以检测到一系列传感器与焊件表面之间的垂直高度。假设 H_i 为传感器扫描过程中测得的第 i 点的垂直高度，H_0 为允许偏差。如果满足

$$|H_i - H_0| < \Delta H \tag{3.8}$$

则得到的是焊道坡口左边钢板平面的信息。当传感器扫描到焊缝坡口左棱边时，会出现两种情况。第一种情况是传感器检测不到垂直高度 H，这是因为对接 V 形坡口斜面把超声回波信号反射出探头所能检测的范围；第二种情况是该点高度偏差大于允许偏差，即

$$|\Delta y| - |H - H_0| \geqslant \Delta H \tag{3.9}$$

并且有连续 D 个点没有检测到垂直高度或是满足式（3.9），则说明检测到了焊道的左侧棱边。在此之前传感器在焊缝左侧共检测到 P_L 个超声回波。当传感器扫描到焊缝坡口右边工件表面时，超声波传感器又接收到回波信号或者检测高度的偏差满足式（3.9），并有连续 D 个检测点满足此要求，则说明传感器已检测到焊缝坡口右侧钢板。

$$|\Delta y| - |H_j - H_0| \leqslant \Delta H \tag{3.10}$$

式（3.10）中，H_j 为传感器扫描过程中测得的第 j 点的垂直高度。

当传感器扫描到右边终点时，采集到的右侧水平方向的检测点共 P_R 个。根据 P_L、P_R 即可算出焊炬的横向偏差方向及大小。控制、调节系统根据检测到的横向偏差的大小、方向进行纠偏调整。

3.4.3　视觉传感跟踪系统

在弧焊过程中，由于存在弧光、电弧热、飞溅以及烟雾等多种强烈的干扰，这是使用何种视觉传感方法首先需要解决的问题。在弧焊机器人中，根据使用的照明光的不同，可以把视觉方法分为“被动视觉”和“主动视觉”两种。这里被动视觉指利用弧光或普通光源和摄像机组成的系统，而主动视觉一般指使用具有特定结构的光源与摄像机组成的视觉传感系统。

（一）被动视觉

在大部分被动视觉方法中电弧本身就是监测位置，所以没有因热变形等因素所引起的超

前检测误差，并且能够获取接头和熔池的大量信息，这对于焊接质量自适应控制非常有利。但是，直接观测法容易受到电弧的严重干扰，信息的真实性和准确性有待提高。它较难获取接头的三维信息，也不能用于埋弧焊。

（二）主动视觉

为了获取接头的三维轮廓，人们研究了基于三角测量原理的主动视觉方法。由于采用的光源的能量大都比电弧的能量要小，一般把这种传感器放在焊枪的前面以避开弧光直射的干扰。主动光源一般为单光面或多光面的激光或扫描的激光束，为简单起见，分别称为结构光法和激光扫描法。由于光源是可控的，所获取的图像受环境的干扰可滤掉，真实性好，因而图像的低层处理稳定、简单、实时性好。

1. 结构光视觉传感器

图 3.38 所示为与焊枪一体式的结构光视觉传感器结构。激光束经过柱面镜形成单条纹结构光。由于 CCD 摄像机与焊枪有合适的位置关系，避开了电弧光直射的干扰。由于结构光法中的敏感器都是面型的，实际应用中所遇到的问题主要是：当结构光照射在经过钢丝刷去除氧化膜或磨削过的铝板或其他金属板表面时，会产生强烈的二次反射，这些光也成像在敏感器上，往往会使后续的处理失败。另一个问题是投射光纹的光强分布不均匀，由于获取的图像质量需要经过较为复杂的后续处理，精度也会降低。

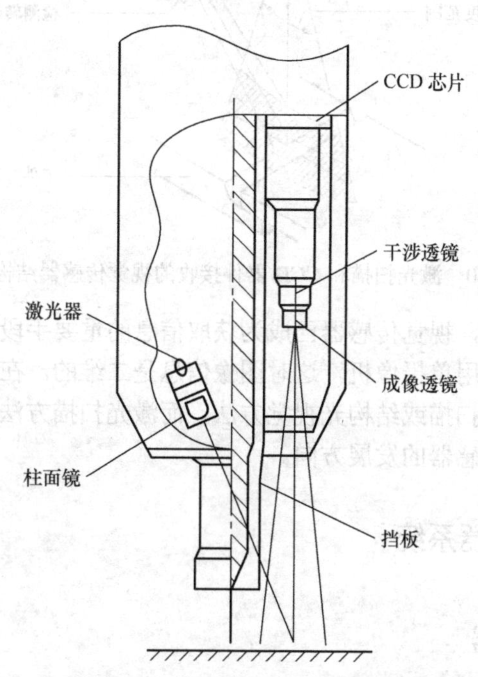

图 3.38　焊枪一体式的结构（光视觉传感器结构）

2. 激光扫描视觉传感器

同结构光方法相比，激光扫描方法中光束集中于一点，因而信噪比要大得多。目前用于激光扫描三角测量的敏感器主要有二维面型 PSD、线型 PSD 和 CCD。图 3.39 所示为面型 PSD 位置传感器与激光扫描器组成的接头跟踪传感器的原理结构。典型的采用激光扫描和 CCD 器件接收的视觉传感器结构原理如图 3.40 所示。它采用转镜进行扫描，扫描速度较高。通过测量电机的转角，增加了一维信息。它可以测量出接头的轮廓尺寸。

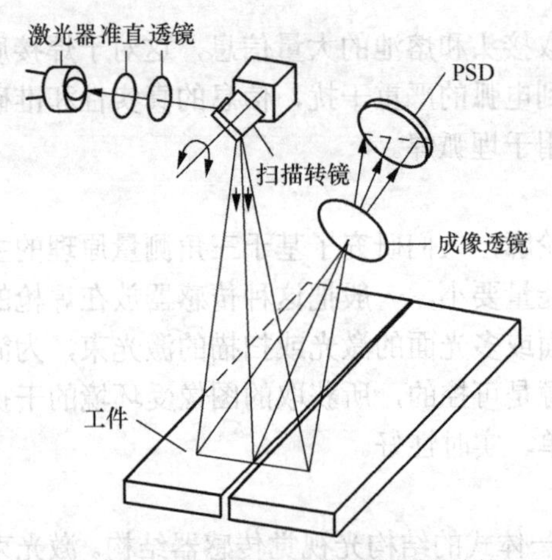

图 3.39 接头跟踪传感器的原理结构

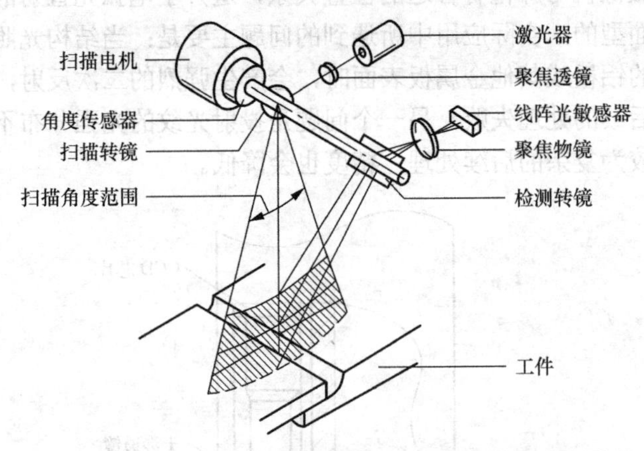

图 3.40 激光扫描和 CCD 器件接收的视觉传感器结构原理

在焊接自动化领域中，视觉传感器已成为获取信息的重要手段。在获取与焊接熔池有关的状态信息时，一般多采用单摄像机，这时图像信息是二维的。在检测接头位置和尺寸等三维信息时，一般采用激光扫描或结构光视觉方法，而激光扫描方法与现代 CCD 技术的结合代表了高性能主动视觉传感器的发展方向。

3.5 装配机器人传感器系统

3.5.1 位姿传感器

1. 远程中心柔顺（RCC）装置

远程中心柔顺装置不是实际的传感器，在发生错位时起到感知设备的作用，并为机器人提供修正的措施。RCC 装置完全是被动的，没有输入和输出信号，也称被动柔顺装置。RCC 装置是机器人腕关节和末端执行器之间的辅助装置，使机器人末端执行器在需要的方向上增加局部柔顺性，而不会影响其他方向的精度。

图 3.41 所示为 RCC 装置的原理，它由两块刚性金属板组成，其中剪切柱在提供横侧向柔顺的同时，将保持轴向的刚度。实际上，一种装置只在横侧向和轴向或者在弯曲和翘起方

向提供一定的刚性（或柔性），它必须根据需要来选择。每种装置都有一个给定的中心到中心的距离，此距离决定远程柔顺中心相对柔顺装置中心的位置。因此，如果有多个零件或许多操作需有多个 RCC 装置，并要分别选择。

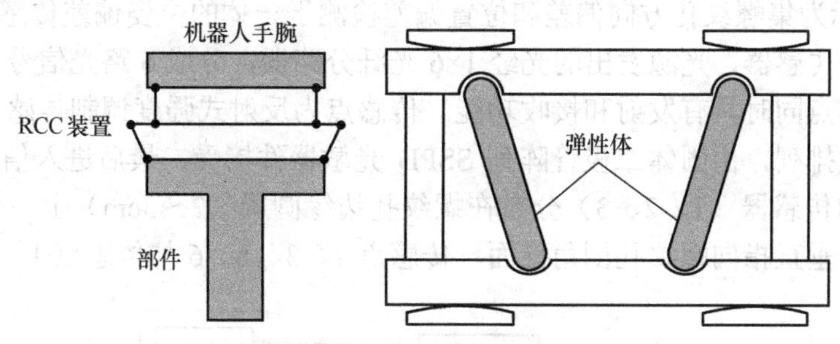

图 3.41 RCC 装置的原理

RCC 的实质是机械手夹持器具有多个自由度的弹性装置，通过选择和改变弹性体的刚度可获得不同程度的适从性。

RCC 部件间的失调引起转矩和力，通过 RCC 装置中不同类型的位移传感器可获得跟转矩和力成比例的电信号，使用该电信号作为力或力矩反馈的 RCC 称 IRCC（Instrument Remote Control Centre）。Barry Wright 公司的 6 轴 IRCC 提供跟 3 个力和 3 个力矩成比例的电信号，内部有微处理器、低通滤波器以及 12 位数模转换器，可以输出数字和模拟信号。

2. 主动柔顺装置

主动柔顺装置根据传感器反馈的信息对机器人末端执行器或工作台进行调整，补偿装配件间的位置偏差。根据传感方式的不同，主动柔顺装置可分为基于力传感器的柔顺装置、基于视觉传感器的柔顺装置和基于接近度传感器的柔顺装置。

（1）基于力传感器的柔顺装置。使用力传感器的柔顺装置的目的，一方面是有效控制力的变化范围，另一方面是通过力传感器反馈信息来感知位置信息，进行位置控制。就安装部位而言，力传感器可分为关节力传感器、腕力传感器和指力传感器。关节力/力矩传感器使用应变片进行力反馈，由于力反馈是直接加在被控制关节上，且所有的硬件用模拟电路实 现，避开了复杂计算难题，响应速度快。腕力传感器安装于机器人与末端执行器的连接处， 它能够获得机器人实际操作时的大部分的力信息，精度高，可靠性好，使用方便。常用的结构包括十字梁式、轴架式和非径向三梁式，其中十字梁结构应用最为广泛。指力传感器，一般通过应变片测量而产生多维力信号，常用于小范围作业，精度高，可靠性好，但多指协调复杂。

（2）基于视觉传感器的柔顺装置。基于视觉传感器的主动适从位置调整方法是通过建立以注视点为中心的相对坐标系，对装配件之间的相对位置关系进行测量，测量结果具有相对的稳定性，其精度与摄像机的位置相关。螺纹装配采用力和视觉传感器，建立一个虚拟的内部模型，该模型根据环境的变化对规划的机器人运动轨迹进行修正；轴孔装配中用二维 PSD 传感器来实时检测孔的中心位置及其所在平面的倾斜角度，PSD 上的成像中心即为检测孔的中心。当孔倾斜时，PSD 上所成的像为椭圆，通过与正常没有倾斜的孔所成图像的比较就可获得被检测孔所在平面的倾斜度。

（3）基于接近度传感器的柔顺装置。装配作业需要检测机器人末端执行器与环境的位姿，多采用光电接近度传感器。光电接近度传感器具有测量速度快、抗干扰能力强、测量点小和使用范围广等优点。用一个光电传感器不能同时测量距离和方位的信息，往往需要用两个以上的传感器来完成机器人装配作业的位姿检测。

3. 光纤位姿偏差传感系统

图 3.42 所示为集螺纹孔方向偏差和位置偏差检测于一体的位姿偏差传感系统原理。该系统采用多路单纤传感器，光源发出的光经 1×6 光纤分路器，分成 6 路光信号进入 6 个单纤传感点，单纤传感点同时具有发射和接收功能。传感点为反射式强度调制传感方式，反射光经光纤按一定方式排列，由固体二极管阵列 SSPD 光敏器件接受，最后进入信号处理。3 个检测螺纹孔方向的传感器（1、2、3）分布在螺纹孔边缘圆周（2～3cm）上，传感点 4、5、6 检测螺纹位置，垂直指向螺纹孔倒角锥面，传感点 2、3、5、6 与传感点 1、4 垂直。

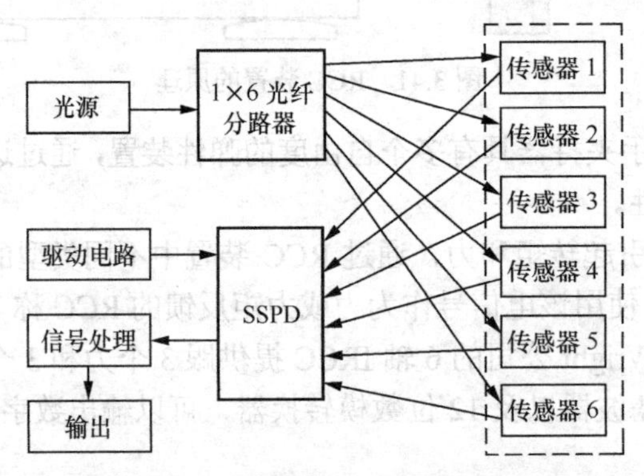

图 3.42　位姿偏差传感系统原理

根据多模光纤纤端出射光场的强度分布，可得到螺纹孔方向检测和螺纹孔中心位置的数学模型为

$$\begin{cases} d_1 = d - \dfrac{\phi_2}{2}\cos\alpha\tan\theta \\ d_2 = d + \dfrac{\phi_2}{2}\sin\alpha\tan\theta \\ d_3 = d - \dfrac{\phi_2}{2}\sin\alpha\tan\theta \\ E_i(\alpha,\theta) = \dfrac{V_i(d_i,\theta)}{V_{i+1}(d_{i+1},\theta)} \quad i = 0,1,2 \end{cases} \tag{3.11}$$

$$\begin{cases} d_4 = \dfrac{2h}{\sqrt{3}} - \dfrac{\phi_1 - 2\sqrt{e_x^2 + (\phi_1/2 + e_y)^2}}{4} \\ d_5 = \dfrac{2h}{\sqrt{3}} - \dfrac{\phi_1 - 2\sqrt{(\phi_1/2 - e_x)^2 + e_y^2}}{4} \\ d_6 = \dfrac{2h}{\sqrt{3}} - \dfrac{\phi_1 - 2\sqrt{(\phi_1/2 + e_x)^2 + e_y^2}}{4} \\ E_i(d_{i-1},d_i) = \dfrac{V_{i-1}(d_{i-1})}{V_i(d_i)} \quad i = 5,6 \end{cases} \tag{3.12}$$

式（3.11）和式（3.12）中，d 为传感头中心到螺纹孔顶面的距离；d_i 为第 i 个传感点到

螺纹孔顶面的距离；θ为螺纹孔顶面与传感头之间的倾斜角；α为传感头转角；ϕ_2为传感点1、2、3所处圆的直径；ϕ_1为传感点4、5、6所处圆的直径；h为传感头到螺纹孔顶面的距离；V_i（d_i，θ）为传感点i在螺纹孔的位姿为d_i和θ时的电压输出信号；e_x、e_y为传感点4、5、6中心与螺纹孔中心的偏心值。

4. 电涡流位姿检测传感系统

电涡流位姿检测传感系统是通过确定由传感器构成的测量坐标系和测量体坐标系之间的相对坐标变换关系来确定位姿。当测量体安装在机器人末端执行器上时，通过比较测量体的相对位姿参数的变化量，可完成对机器人的重复位姿精度检测。图3.43所示为位姿检测传感系统框图。检测信号经过滤波、放大、A/D变换送入计算机进行数据处理，计算出位姿参数。

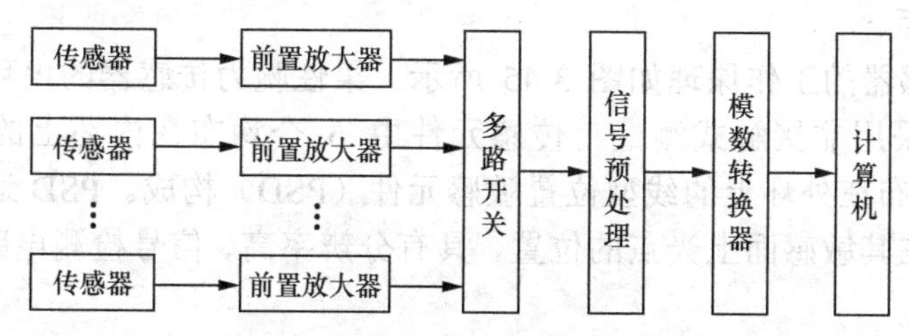

图3.43 位姿检测传感系统框图

为了能用测量信息计算出相对位姿，由6个电涡流传感器组成的特定空间结构来提供位姿和测量数据。传感器的测量空间结构如图3.44所示，6个传感器构成三维测量坐标系，其中传感器1、2、3对应测量面xOy，传感器4、5对应测量面xOz，传感器6对应测量面yOz。每个传感器在坐标系中的位置固定，这6个传感器所标定的测量范围就是该测量系统的测量范围。当测量体相对于测量坐标系发生位姿变化时，电涡流传感器的输出信号会随测量距离成比例地变化。

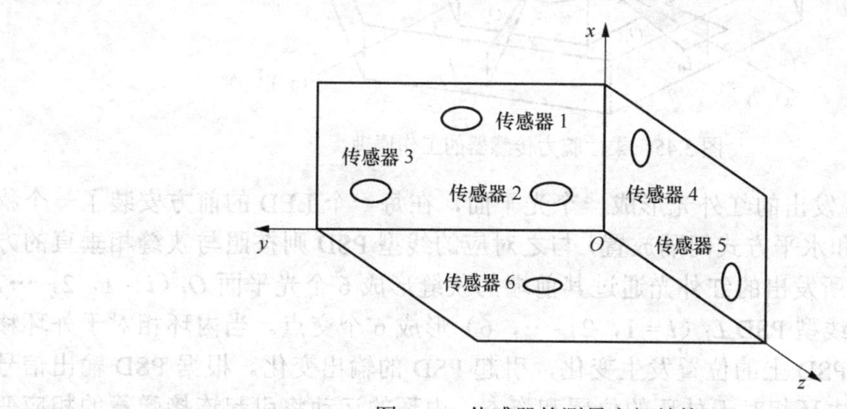

图3.44 传感器的测量空间结构

3.5.2 柔性腕力传感器

装配机器人在作业过程中需要与周围环境接触，在接触的过程中往往存在力和速度的不连续问题。腕力传感器安装在机器人手臂和末端执行器之间，更接近力的作用点，受其他附加因素的影响较小，可以准确地检测末端执行器所受外力/力矩的大小和方向，为机器人提供力感信息，有效地扩展了机器人的作业能力。

在装配机器人中除使用应变片 6 维筒式腕力传感器和十字梁腕力传感器外，还大量使用柔性腕力传感器。柔性手腕能在机器人的末端操作器与环境接触时产生变形，并且能够吸收机器人的定位误差。机器人柔性腕力传感器将柔性手腕与腕力传感器有机地结合在一起，不但可以为机器人提供力/力矩信息，而且本身又是柔顺机构，可以产生被动柔顺，吸收机器人产生的定位误差，保护机器人、末端操作器和作业对象，提高机器人的作业能力。

柔性腕力传感器一般由固定体、移动体和连接二者的弹性体组成。固定体和机器人的手腕连接，移动体和末端执行器相连接，弹性体采用矩形截面的弹簧，其柔顺功能就是由能产生弹性变形的弹簧完成。柔性腕力传感器利用测量弹性体在力/力矩的作用下产生的变形量来计算力/力矩。

柔性腕力传感器的工作原理如图 3.45 所示，柔性腕力传感器的内环相对于外环的位置和姿态的测量采用非接触式测量。传感元件由 6 个均布在内环上的红外发光二极管（LED）和 6 个均布在外环上的线型位置敏感元件（PSD）构成。PSD 通过输出模拟电流信号来反映照射在其敏感面上光点的位置，具有分辨率高、信号检测电路简单、响应速度快等优点。

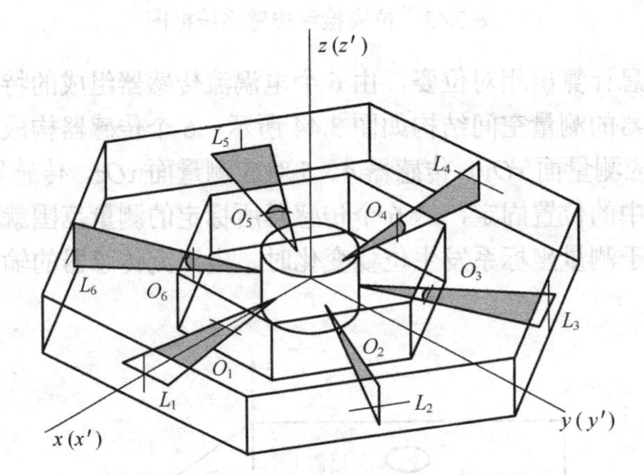

图 3.45 柔性腕力传感器的工作原理

为了保证 LED 发出的红外光形成一个光平面，在每一个 LED 的前方安装了一个狭缝，狭缝按照垂直和水平方式间隔放置，与之对应的线型 PSD 则按照与狭缝相垂直的方式放置。6 个 LED 所发出的红外光通过其前端的狭缝形成 6 个光平面 O_i（$i=1$，2，…，6），与 6 个相应的线型 PSD L_i（$i=1$，2，…，6）形成 6 个交点。当内环相对于外环移动时，6 个交点在 PSD 上的位置发生变化，引起 PSD 的输出变化。根据 PSD 输出信号的变化，可以求得内环相对于外环的位置和姿态。内环的运动将引起连接弹簧的相应变形，考虑到弹簧的作用力与形变的线性关系，可以通过内环相对于外环的位置和姿态关系解算出内环上所受到的力和力矩的大小，从而完成柔性腕力传感器的位姿和力/力矩的同时测量。

3.5.3 工件识别传感器

工件识别（测量）的方法有接触识别、采样式测量、邻近探测、距离测量、机械视觉识别等。

（1）接触识别。在一点或几点上接触以测量力，这种测量一般精度不高。

（2）采样式测量。在一定范围内连续测量，比如测量某一目标的位置、方向和形状。在装配过程中的力和扭矩的测量都可以采用这种方法，这些物理量的测量对于装配过程非常重要。

（3）邻近探测。邻近探测属非接触测量，测量附近的范围内是否有目标存在。一般安装在机器人的抓钳内侧，探测被抓的目标是否存在以及方向、位置是否正确。测量原理可以是气动的、声学的、电磁的和光学的。

（4）距离测量。距离测量也属非接触测量。测量某一目标到某一基准点的距离。例如，一只在抓钳内装的超声波传感器就可以进行这种测量。

（5）机械视觉识别。机械视觉识别方法可以测量某一目标相对于一基准点的位置方向和距离。

机械视觉识别如图3.46所示，图3.46（a）为使用探针矩阵对工件进行粗略识别，图3.46（b）为使用直线性测量传感器对工件进行边缘轮廓识别，图3.46（c）为使用点传感技术对工件进行特定形状识别。

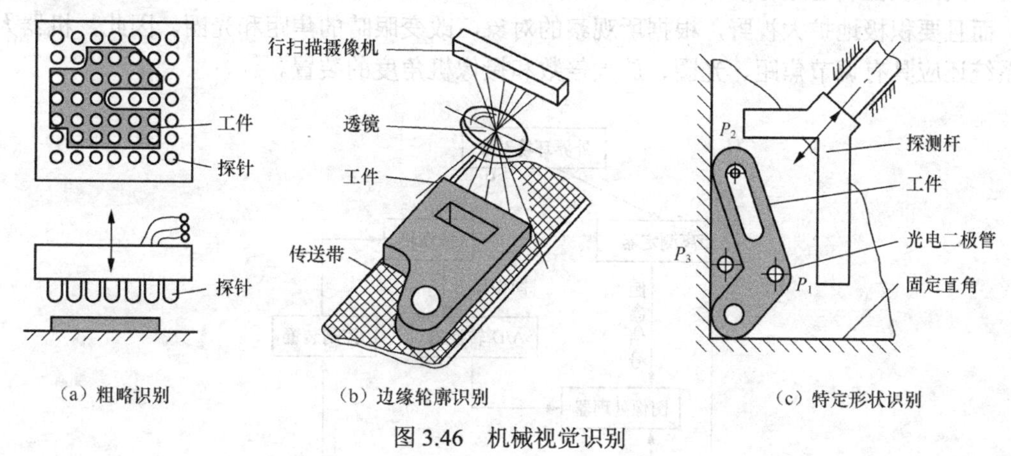

图3.46 机械视觉识别

当采用接触式（探针）或非接触式探测器识别工件时，存在与网栅的尺寸有关识别误差。在图3.47所示探测器工件识别中，工件尺寸 b 方向的识别误差为

$$\Delta E = t(1+n) - \left(b + \frac{d}{2}\right) \tag{3.13}$$

式（3.13）中，b 为工件尺寸，mm；d 为光电二极管直径，mm；n 为工件覆盖的网栅节距数；t 为网栅尺寸，mm。

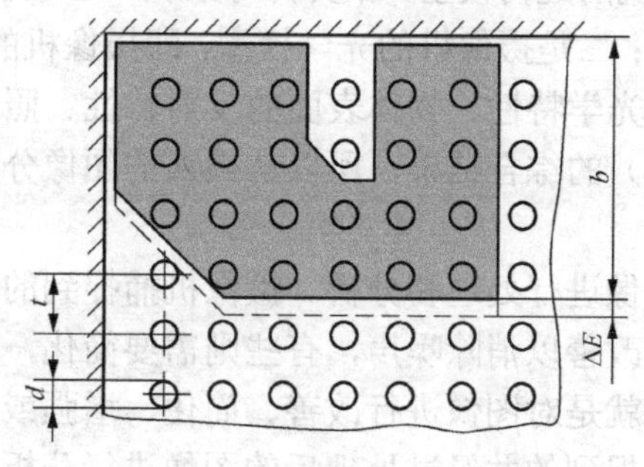

图3.47 探测器工件识别

3.5.4 装配机器人视觉传感技术

1. 视觉传感系统组成

装配过程中，机器人使用视觉传感系统可以解决零件平面测量、字符识别（文字、条码、符号等）、完善性检测、表面检测（裂纹、刻痕、纹理）和三维测量。类似人的视觉系统，机器人的视觉系统是通过图像和距离等传感器来获取环境对象的图像、颜色和距离等信息，然后传递给图像处理器，利用计算机从二维图像中理解和构造出三维世界的真实模型。

图 3.48 所示为机器人视觉传感系统的原理。摄像机获取环境对象的图像，经 A/D 转换器转换成数字量，从而变成数字化图形。通常一幅图像划分为 512×512 或者 256×256 个点，各点亮度用 8 位二进制表示，即可表示 256 个灰度。图像输入以后进行各种处理、识别以及理解，另外通过距离测定器得到距离信息，经过计算机处理得到物体的空间位置和方位；通过彩色滤光片得到颜色信息。上述信息经图像处理器进行处理，提取特征，处理的结果再输出到机器人，以控制它进行动作。另外，作为机器人的眼睛不但要对所得到的图像进行静止处理，而且要积极地扩大视野，根据所观察的对象，改变眼睛的焦距和光圈。因此，机器人视觉系统还应具有调节焦距、光圈、放大倍数和摄像机角度的装置。

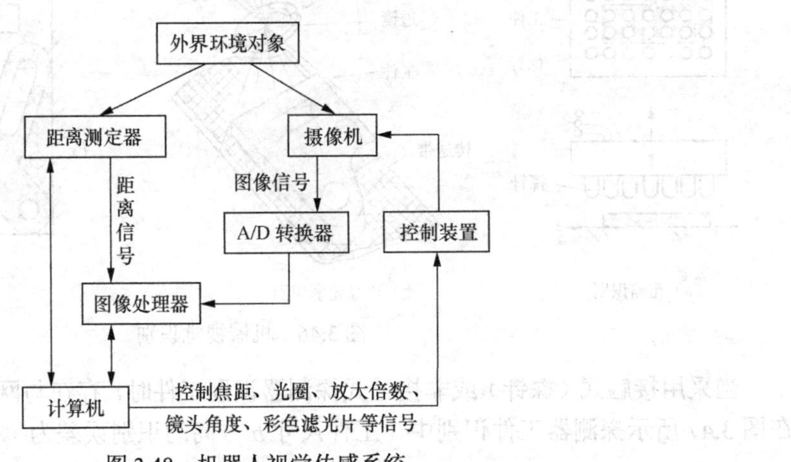

图 3.48 机器人视觉传感系统

2. 图像处理过程

视觉系统首先要做的工作是摄入实物对象的图形，即解决摄像机的图像生成模型。包含两个方面的内容：一是摄像机的几何模型，即实物对象从三维景物空间转换到二维图像空间，关键是确定转换的几何关系；二是摄像机的光学模型，即摄像机的图像灰度与景物间的关系。由于图像的灰度是摄像机的光学特性、物体表面的反射特性、照明情况、景物中各物体的分布情况（产生重复反射照明）的综合结果，所以从摄入的图像分解出各因素在此过程中所起的作用是不容易的。

视觉系统要对摄入的图像进行处理和分析。摄像机捕捉到的图像不一定是图像分析程序可用的格式，有些需要进行改善以消除噪声，有些则需要简化，还有的需要增强、修改、分割和滤波等。图像处理指的就是对图像进行改善、简化、增强或者其他变换的程序和技术的总称。图像分析是对一幅捕捉到的并经过处理后的图像进行分析，从中提取图像信息，辨识或提取关于物体或周围环境特征。

3. Consight-I 视觉系统

图 3.49 所示 Consight-I 视觉系统，用于美国通用汽车公司的制造装置中，能在噪声环境下利用视觉识别抓取工件。

该系统为了从零件的外形获得准确、稳定的识别信息，巧妙地设置照明光，从倾斜方向向传送带发送两条窄条缝隙光，用安装在传送带上方的固态线性传感器摄取图像，而且预先把两条缝隙光调整到刚好在传送带上重合的位置。这样，当传送带上没有零件时，缝隙光合成了一条直线；当零件随传送带通过时，缝隙光变成两条线，其分开的距离同零件的厚度成正比。由于光线的分离之处正好就是零件的边界，所以利用零件在传感器下通过的时间就可以取出准确的边界信息。主计算机可处理装在机器人工作位置上方的固态线性阵列摄像机所检测的工件，有关传送带速度的数据也送到计算机中处理。当工件从视觉系统位置移动到机器人工作位置时，计算机利用视觉和速度数据确定工件的位置、取向和形状，并把这种信息经接口送到机器人控制器。根据这种信息，工件仍在传送带上移动时，机器人便能成功地接近和拾取工件。

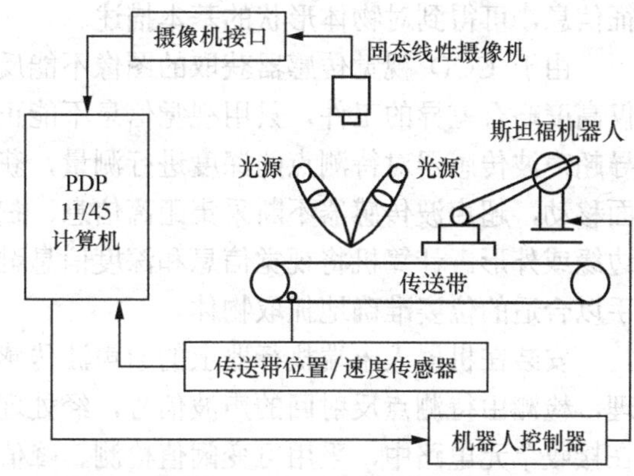

图 3.49 Consight-I 视觉系统

3.5.5 多传感器信息融合装配机器人

自动生产线上，被装配的工件初始位置时刻在运动，属于环境不确定的情况。机器人进行工件抓取或装配时使用力和位置的混合控制是不可行的，而一般使用位置、力反馈和视觉融合的控制来进行抓取或装配工作。

多传感器信息融合装配系统由末端执行器、CCD 视觉传感器、超声波传感器、柔性腕力传感器及相应的信号处理单元等构成。CCD 视觉传感器安装在末端执行器上，构成手眼视觉；超声波传感器的接收和发送探头也固定在机器人末端执行器上，由 CCD 视觉传感器获取待识别和抓取物体的二维图像，并引导超声波传感器获取深度信息；柔性腕力传感器安装于机器人的腕部。多传感器信息融合装配系统结构如图 3.50 所示。

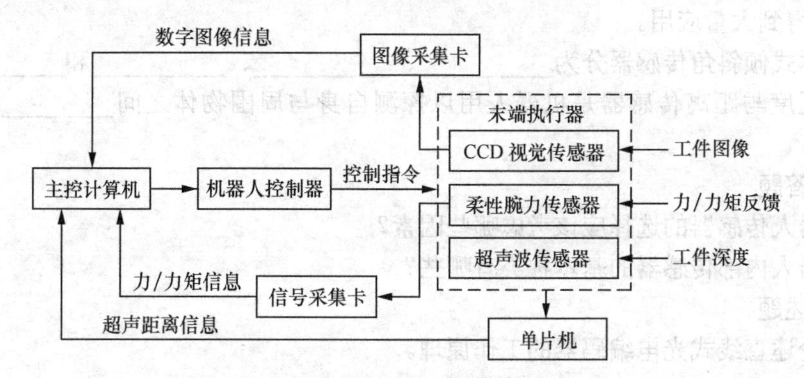

图 3.50 多传感器信息融合装配系统结构

图像处理主要完成对物体外形的准确描述，包括图像边缘提取、周线跟踪、特征点提取、曲线分割及分段匹配、图形描述与识别。CCD视觉传感器获取的物体图像经处理后；可提取对象的某些特征，如物体的形心坐标、面积、曲率、边缘、角点及短轴方向等，根据这些特征信息，可得到对物体形状的基本描述。

由于CCD视觉传感器获取的图像不能反映工件的深度信息，因此对于二维图形相同，仅高度略有差异的工件，只用视觉信息不能正确识别。在图像处理的基础上，由视觉信息引导超声波传感器对待测点的深度进行测量，获取物体的深度（高度）信息，或沿工件的待测面移动，超声波传感器不断采集距离信息，扫描得到距离曲线，根据距离曲线分析出工件的边缘或外形。计算机将视觉信息和深度信息融合推断后，进行图像匹配、识别，并控制机械手以合适的位姿准确地抓取物体。

安装在机器人末端执行器上的超声波传感器由发射和接收探头构成，根据声波反射的原理，检测由待测点反射回的声波信号，经处理后得到工件的深度信息。为了提高检测精度，在接收单元电路中，采用可变阈值检测、峰值检测、温度补偿和相位补偿等技术，可获得较高的检测精度。

柔性腕力传感器测试末端执行器所受力/力矩的大小和方向，从而确定末端执行器的运动方向。

习　题

一、填空题

1．机器人是否能够准确无误地正常工作，往往取决于______的测量精度。

2．机器人传感器的______________是保证机器人能够长期稳定可靠地工作的必要条件。

3．机器人传感器的工作环境比较恶劣，它应当能够承受强______________，并能够在一定的________________环境中正常工作。

4．装配机器人对传感器的要求类似于搬运机器人，也需要__________和____等感觉能力。通常，装配机器人对工作位置的要求更高。

5．焊接机器人包括__________和______两类。

6．所谓编码器即是将某种______转换为________的装置。

7．绝对型编码器有________的记忆装置，能测量旋转轴或______的绝对位置，因此在机器人系统中得到大量应用。

8．液体式倾斜角传感器分为__________、__________、__________和__________等。

9．接近度与距离传感器是机器人用以探测自身与周围物体之间________和距离的传感器。

二、简答题

1．机器人传感器的选择应该考虑哪些因素？

2．机器人内部传感器的基本种类有哪些？

三、论述题

1．试论述直线式光电编码器的工作原理。

2．试论述常见的工业用传感器的类型。

第4章 机器人的控制系统

4.1 机器人控制系统及其功能

对于一个具有高度智能的机器人，它的控制系统实际上包含了“任务规划”、“动作规划”、“轨迹规划”和基于模型的“伺服控制”等多个层次，如图4.1所示。机器人首先要通过人机接口获取操作者的指令，指令的形式可以是人的自然语言，或者是由人发出的专用的指令语言，也可以是通过示教工具输入的示教指令，或者键盘输入的机器人指令语言以及计算机程序指令。机器人其次要对控制命令进行解释理解，把操作者的命令分解为机器人可以实现的“任务”，这是任务规划。然后机器人针对各个任务进行动作分解，这是动作规划。为了实现机器人的一系列动作，应该对机器人每个关节的运动进行设计，即机器人的轨迹规划。最底层是关节运动的伺服控制。

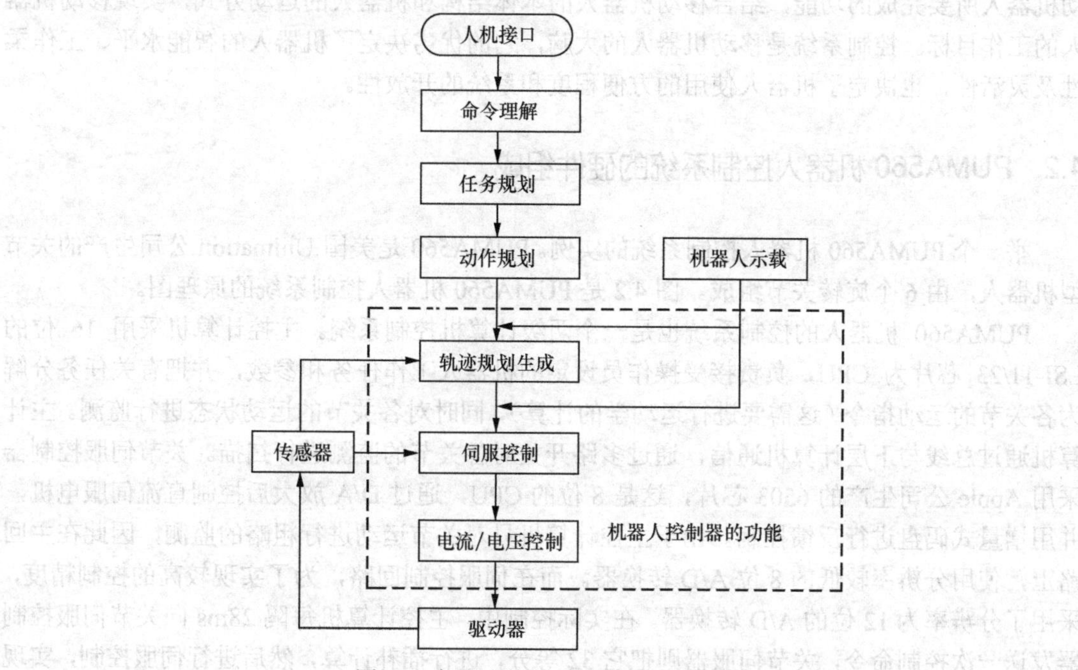

图4.1 机器人控制系统的组成及功能

实际应用的工业机器人，其控制系统并不一定都具有上述所有组成及功能。大部分工业机器人的“任务规划”和“动作规划”是由操作人员完成的，有的甚至连“轨迹规划”也要由人工编程来实现。一般的工业机器人，设计者已经完成轨迹规划的工作，因此操作者只要为机器人设定动作和任务即可。由于工业机器人的任务通常比较专一，为这样的机器人设计任务，对用户来说并不是件困难的事情。

1. 工业机器人控制系统的主要功能

（1）机器人示教。所谓机器人示教指的是，为了让机器人完成某项作业，把完成该项作业内容的实现方法对机器人进行示教。随着机器人完成的作业内容复杂程度的提高，如果还是采用示教再现方式对机器人进行示教已经不能满足要求了。目前一般都使用机器人语言对机器人进行作业内容的示教。作业内容包括让机器人产生应有的动作，也包括机器人与周边装置的控制和通信等方面的内容。

（2）轨迹生成。为了控制机器人在被示教的作业点之间按照机器人语言所描述的指定轨迹运动，必须计算配置在机器人各关节处电机的控制量。

（3）伺服控制。把从轨迹生成部分输出的控制量作为指令值，再把这个指令值与位置和速度等传感器来的信号进行比较，用比较后的指令值控制电机转动，其中应用了软伺服。软伺服的输出是控制电机的速度指令值，或者是电流指令值。在软伺服中，对位置与速度的控制是同时进行的，而且大多数情况下是输出电流指令值。对电流指令值进行控制，本质是进行电机力矩的控制，这种控制方式的优点很多。

（4）电流控制。电流控制模块接受从伺服系统来的电流指令，监视流经电机的电流大小，采用 PWM 方式（脉冲宽度调制方式，Pulse Width Modulation）对电机进行控制。

2. 移动机器人控制系统的任务

移动机器人控制系统是以计算机控制技术为核心的实时控制系统，它的任务就是根据移动机器人所要完成的功能，结合移动机器人的本体结构和机器人的运动方式，实现移动机器人的工作目标。控制系统是移动机器人的大脑，它的优劣决定了机器人的智能水平、工作柔性及灵活性，也决定了机器人使用的方便程度和系统的开放性。

4.2 PUMA560 机器人控制系统的硬件组成

举一个 PUMA560 机器人控制系统的实例。PUMA560 是美国 Unimation 公司生产的关节型机器人，由 6 个旋转关节组成。图 4.2 是 PUMA560 机器人控制系统的原理图。

PUMA560 机器人的控制系统也是一个两级计算机控制系统。主控计算机采用 16 位的 LSI-11/23 芯片为 CPU，负责接受操作员设定的机器人工作任务和参数，并把有关任务分解为各关节的运动指令（这需要进行运动学的计算），同时对各关节的运动状态进行监测。主计算机通过总线与下层计算机通信，通过多路开关对各关节的监测进行扫描。关节伺服控制器采用 Apple 公司生产的 6503 芯片，这是 8 位的 CPU，通过 D/A 放大后控制直流伺服电机，并用增量式码盘进行反馈控制。由于主控计算机只对关节运动进行粗略的监测，因此在主回路上，使用分辨率较低的 8 位 A/D 转换器。而在伺服控制回路，为了实现较高的控制精度，采用了分辨率为 12 位的 A/D 转换器。在实际控制中，主控计算机每隔 28ms 向关节伺服控制器发送一次控制命令，关节伺服器则把它 32 等分，进行插补计算，然后进行伺服控制，实现预定作业。

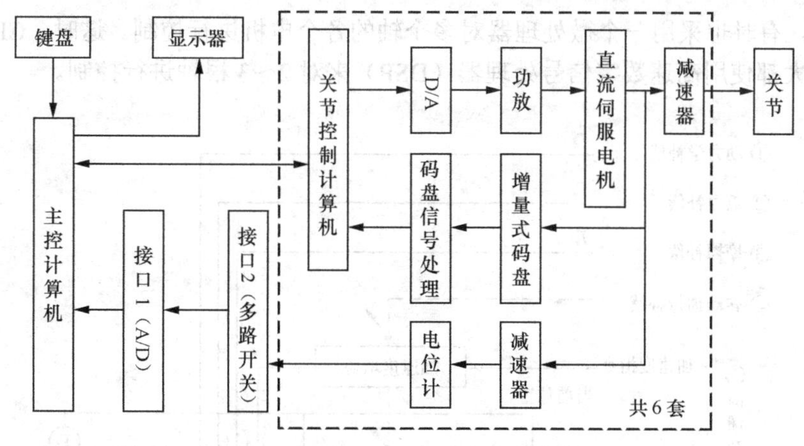

图 4.2 PUMA560 机器人控制系统

目前，移动机器人的控制系统普遍采用上、下位机二级分布式结构：上位机负责整个系统的管理以及运动学计算、轨迹规划等；下位机由多 CPU 组成，每个 CPU 控制一个关节运动，这些 CPU 和主控机是通过总线联系的。

上位机通常是车载计算机，它负责收集本地感知信息，进行局部导航、跟踪和避障，并将感知的信息实时送回远端的工作站。远端的工作站接收全局视频信号和车载计算机的感知信息，融合后建立全局环境模型，并与其他计算机共同构成一个监控系统，以进一步扩展多机器人协作和遥控操作等功能。人通过本地的或远程的人机界面发布的命令，最终送往机器人工作站，在那里根据建立的全局环境模型进行任务分解，并作出决策，指导机器人的运动。

下位机根据上位机的运算结果进行具体的控制。下位机一般由多个 CPU 组成，对移动机器人进行速度和位置控制及各关节的运动控制等。

4.3 机器人控制器的软件组成

机器人系统由于存在非线性、耦合、时变等特征，完全的硬件控制一般很难使系统达到最佳状态，或者说，为了追求系统的完善性，会使系统硬件十分复杂。而采用软件伺服的办法，往往可以达到较好的效果，而又不增加硬件成本。所谓软件伺服控制，在这里是指利用计算机软件编程的办法，对机器人控制器进行改进。比如设计一个先进的控制算法，或对系统中的非线性进行补偿。

图 4.3 是叠加了各种补偿值的 PID 控制原理图。在软件设计时，每隔一个控制周期求出机器人各关节的目标位置值、目标速度值、目标加速度值和力矩补偿值，在这些数值之间再按一定间隔进行一次插补运算，这样配合起来然后对各个关节进行控制。

以被控对象是伺服电机的情况为例，一般要求伺服电机中的速度控制回路的截止频率在 300～600rad/s 之间，阶跃响应在 5～10ms。因此，作为辅助回路中的电流控制回路的截止频率，至少应为 3 倍，即在 1000～2000rad/s，阶跃响应在 1.5～3ms，而电流控制的采样周期必须是阶跃响应的 1/5～1/10，即 200μs 左右。在伺服电机的电流控制回路中，简单的控制方式是根据流经电机的电流与电流指令值成正比的原理，但必须定时检测电流值的大小，而且必须对电机的电压波动进行补偿，对力矩的变化也要进行补偿，此外，这些处理过程要高速地进行。一般来说，使用一个微处理器对一个电机进行这些运算处理是容易实现的，但为了降低硬件成本，有时也采用一个微处理器对多个轴的各个电机进行控制。这时，CPU 是分时使用的。目前大都使用高速数字信号处理器（DSP）来对 2～3 根轴进行控制。

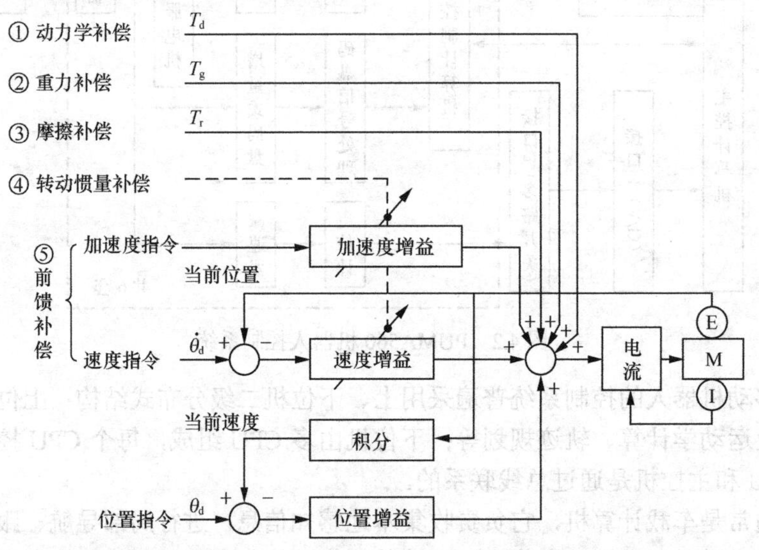

图 4.3　软件伺服系统中各参数补偿值的叠加原理

图 4.4 表示对一个关节的运算处理过程。图中的位置和速度回路方框表示目标值、补偿值、插补等运算处理过程。图中，θ_{dj}、$\dot{\theta}_{dj}$、$\ddot{\theta}_{dj}$、T_{dj} 分别为插补处理后的目标位置、速度、加速度、力矩等补偿值；θ_d、$\dot{\theta}_d$、$\ddot{\theta}_d$、T_d 分别为一次插补后的值；I_d 为目标电流值；K_{12} 为加速度增益；K_i 为积分增益；θ_t 为当前位置；K_1 为电流环增益；$\dot{\theta}_t$ 为当前速度；I_t 为当前电流值；K_2 为电流检测增益；K_p 为位置增益；M 为电机；K_v 为速度增益；E 为编码器。

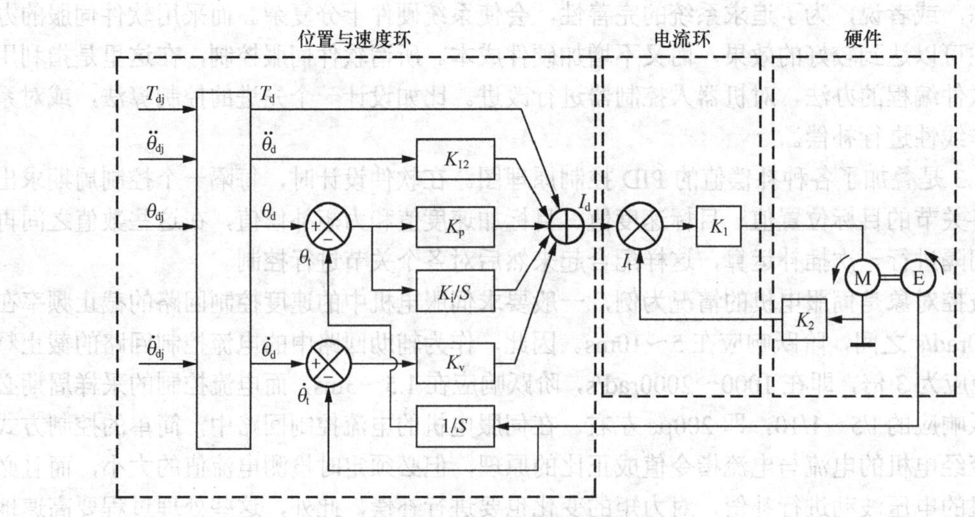

图 4.4　伺服运算处理框图

在控制软件的设计过程中，采样周期的设计十分重要。随着机器人关节构成方式、位置重复精度、轨迹再现精度的不同，或者随着机器人性能的不同，所采用的采样时间间隔也随之不同，并存在不同的最优值。一般来说，越是靠近电机参数的运算，其采样时间间隔允许变化的范围越小，越是远离电机参数的运算，其采样时间间隔允许变化的范围越大。换言之，越是靠近电机参数的运算，其伺服软件越趋于固定；越是远离电机参数的运算，其伺服软件越具灵活性。实现软伺服的控制原理和补偿的方法很多，例如经典控制理论和现代控制理论，特别是模糊控制理论等，但是不管采用哪一种控制理论，总是追求系统具有高速响应特性和鲁棒性。

4.4 常用编程语言

（一）VAL 语言

VAL 语言是一种专用的动作类描述语言，具有命令简单、浅显易懂的特点，主要配置在 PUMA 和 UNIMATION 等型机器人上，是一种专用的动作类描述语言。VAL 语言是在 BASIC 语言的基础上发展起来的，所以与 BASIC 语言的结构很相似。

VAL 语言可应用于上下两级计算机控制的机器人系统。上位机为 LSI-11/23，编程在上位机中进行，上位机进行系统的管理；下位机为 6503 微处理器，主要控制各关节的实时运动。编程时可以 VAL 语言和 6503 汇编语言混合编程。

VAL 语言包括监控指令和程序指令两种。其中监控指令有六类，分别为位置及姿态定义指令、程序编辑指令、列表指令、存储指令、控制程序执行指令和系统状态控制指令。各类指令的具体形式及功能如下。

1. 监控指令

（1）位置及姿态定义指令。

POINT 指令：执行终端位置、姿态的齐次变换或以关节位置表示的精确点位赋值。

DPOINT 指令：删除包括精确点或变量在内的任意数量的位置变量。

HERE 指令：此指令使变量或精确点的值等于当前机器人的位置。

WHERE 指令：该指令用来显示机器人在直角坐标空间中的当前位置和关节变量值。

BASE 指令：用来设置参考坐标系，系统规定参考系原点在关节 1 和 2 轴线的交点处，方向沿固定轴的方向。

TOOLI 指令：此指令的功能是对工具终端相对工具支承面的位置和姿态赋值。

（2）程序编辑指令。

EDIT 指令：此指令允许用户建立或修改一个指定名字的程序，可以指定被编辑程序的起始行号。用 EDIT 指令进入编辑状态后，可以用 C、D、E、I、P、T 等命令来进一步编辑。

C 命令：改变编辑的程序，用一个新的程序代替。

D 命令：删除从当前行算起的 *n* 行程序，*n* 缺省时为删除当前行。

E 命令：退出编辑返回监控模式。

I 命令：将当前指令下移一行，以便插入一条指令。

P 命令：显示从当前行往下 *n* 行的程序文本内容。

T 命令：初始化关节插值程序示教模式，在该模式下，按一次示教盒上的“RECODE”

按钮就将 MOVE 指令插到程序中。

（3）列表指令。

DIRECTORY 指令：此指令的功能是显示存储器中的全部用户程序名。

LISTL 指令：功能是显示任意个位置变量值。

LISTP 指令：功能是显示任意个用户的全部程序。

（4）存储指令。

FORMAT 指令：执行磁盘格式化。

STOREP 指令：功能是在指定的磁盘文件内存储指定的程序。

STOREL 指令：此指令存储用户程序中注明的全部位置变量名和变量值。

LISTF 指令：指令的功能是显示软盘中当前输入的文件目录。

LOADP 指令：功能是将文件中的程序送入内存。

LOADL 指令：功能是将文件中指定的位置变量送入系统内存。

DELETE 指令：此指令撤销磁盘中指定的文件。

COMPRESS 指令：只用来压缩磁盘空间。

ERASE 指令：擦除磁盘内容并初始化。

（5）控制程序执行指令。

ABORT 指令：执行此指令后紧急停止（紧停）。

DO 指令：执行单步指令。

EXECUTE 指令：此指令执行用户指定的程序 n 次，n 可以从–32 768 到 32 767，当 n 被省略时，程序执行一次。

NEXT 指令：此命令控制程序在单步方式下执行。

PROCEED 指令：此指令实现在某一步暂停、急停或运行错误后，自下一步起继续执行程序。

RETRY 指令：指令的功能是在某一步出现运行错误后，仍自那一步重新运行程序。

SPEED 指令：指令的功能是指定程序控制下机器人的运动速度，其值从 0.01 到 327.67，一般正常速度为 100。

（6）系统状态控制指令。

CALIB 指令：此指令校准关节位置传感器。

STATUS 指令：用来显示用户程序的状态。

FREE 指令：用来显示当前未使用的存储容量。

ENABL 指令：用于开、关系统硬件。

ZERO 指令：此指令的功能是清除全部用户程序和定义的位置，重新初始化。

DONE：此指令停止监控程序，进入硬件调试状态。

2. 程序指令

（1）运动指令。运动指令包括 GO、MOVE、MOVEI、MOVES、DRAW、APPRO、APPROS、DEPART、DRIVE、READY、OPEN、OPENI、CLOSE、CLOSEI、RELAX、GRASP 及 DELAY 等。这些指令大部分具有使机器人按照特定的方式从一个位姿运动到另一个位姿的功能，部分指令表示机器人手爪的开合。

（2）机器人位姿控制指令。这些指令包括 RIGHTY、LEFTY、ABOVE、BELOW、FLIP 及 NOFLIP 等。

（3）赋值指令。赋值指令有 SETI、TYPEI、HERE、SET、SHIFT、TOOL、INVERSE 及 FRAME。

（4）控制指令。控制指令有 GOTO、GOSUB、RETURN、IF、IFSIG、REACT、REACTI、IGNORE、SIGNAL、WAIT、PAUSE 及 STOP。其中 GOTO、GOSUB 实现程序的无条件转移，而 IF 指令执行有条件转移。

（5）开关量赋值指令。开关量赋值指令包括 SPEED、COARSE、FINE、NONULL、NULL、INTOFF 及 INTON。

（6）其他指令。其他指令包括 REMARK 及 TYPE。

（二）SIGLA 语言

SIGLA 是一种仅用于直角坐标式 SIGMA 型装配机器人的运动控制时的编程语言，是 20 世纪 70 年代后期由意大利 OLIVETTI 公司研制的一种简单的非文本语言。这种语言主要用于装配任务的控制，它可以把装配任务划分为一些装配子任务，如取螺丝刀，在螺钉上料器上取螺钉、搬运螺钉、螺钉定位、螺钉装入、上紧螺钉等。编程时预先编制子程序，然后用子程序调用的方式来完成。

SIGLA 语言为了完成对子任务的描述设计了 32 个指令字，用这 32 个指令字就可以描述各种子任务，并将各个子任务组合起来成为可执行的总体任务。

为了方便记忆和学习，SIGLA 语言的 32 个指令字可分为以下 6 类。

（1）输入输出指令；

（2）逻辑指令；

（3）几何指令；

（4）调子程序指令；

（5）逻辑联锁指令；

（6）编辑指令。

（三）IML 语言

IML 是一种着眼于末端执行器的动作级语言，IML 用直角坐标系描述机器人和目标物的位置和姿态。其特点是编程简单，能人机对话，适合于现场操作，许多复杂动作可由简单的指令来实现，易被操作者掌握。

IML 采用的直角坐标系可以分两种，一种是机座坐标系，一种是固连在机器人作业空间上的工作坐标系。语言以指令形式编程，可以表示机器人的工作点、运动轨迹、目标物的位置及姿态等信息，从而可以直接编程。往返作业可不用循环语句描述，示教的轨迹能定义成指令插到语句中，还能完成某些力的施加。

IML 语言的主要指令有运动指令 MOVE、速度指令 SPEED、停止指令 STOP、手指开合指令 OPEN 及 CLOSE、坐标系定义指令 COORD、轨迹定义命令 TRAJ、位置定义指令 HERE、程序控制指令 IF…THEN、FOR EACH 语句、CASE 语句及 DEFINE 等。

（四）AL 语言

AL 语言是 20 世纪 70 年代中期美国斯坦福大学人工智能研究所开发研制的一种机器人语言，也是一种动作级编程语言，其设计的最初目的是用于具有传感器信息反馈的多台机器人或机械手的并行或协调控制编程。

运行 AL 语言的系统硬件环境包括主、从两级计算机控制。主机的功能是对 AL 语言进行编译，对机器人的动作进行规划；从机接受主机发出的动作规划命令，进行轨迹及关节参数的实时计算，最后对机器人发出具体的动作指令。

AL 语言是由程序 BEGIN 开始，由 END 结束，语句与语句之间用分号隔开，变量先定义说明其类型，后使用。变量名以英文字母开头，由字母、数字和下画线组成，字母大、小写不分。程序的注释用大括号括起来，并且变量赋值语句中如所赋的内容为表达式，则先计算表达式的值，再把该值赋给等式左边的变量。

AL 语言中数据的类型如下。

（1）标量（scalar）。可以是时间、距离、角度及力等，可以进行加、减、乘、除和指数运算，也可以进行三角函数、自然对数和指数换算。

（2）向量（vector）。与数学中的向量类似，可以由若干个量纲相同的标量来构造一个向量。

（3）旋转（rot）。用来描述一个轴的旋转或绕某个轴的旋转以表示姿态。用 ROT 变量表示旋转变量时带有两个参数，一个代表旋转轴的简单矢量，另一个表示旋转角度。

（4）坐标系（frame）。用来建立坐标系，变量的值表示物体固连的坐标系与空间作业的参考坐标系之间的相对位置与姿态。

（5）变换（trans）。用来进行坐标变换，具有旋转和向量两个参数，执行时先旋转再平移。

AL 语言主要的语句形式如下。

（1）MOVE 语句。用来描述机器人手爪的运动，如手爪从一个位置运动到另一个位置。

（2）手爪控制语句。

OPEN：手爪打开语句。

CLOSE：手爪闭合语句。

（3）AFFIX 和 UNFIX 语句。在装配过程中经常出现将一个物体粘到另一个物体上或一个物体从另一个物体上剥离的操作。语句 AFFIX 为两物体结合的操作，语句 UNFIX 为两物体分离的操作。

4.5 几种典型的机器人控制系统举例

4.5.1 PUMA562 机器人控制系统

PUMA 机器人是美国 Unimation 公司于 20 世纪 70 年代末推出的商品化工业机器人。PUMA 是英文 Programmable Universal Manipulator for Assembly（可编程序的通用装配操作器）的缩写。PUMA 机器人有 200、500、700 等多个系列的产品，可适应不同的应用要求，每个系列产品的机器人都有腰旋转、肩旋转和肘旋转等三个基本轴，加上手腕的回转、弯曲和旋转轴，构成 6 自由度的开链式机构（5 自由度的 PUMA 机器人没有腕旋转轴）。PUMA562 机器人的外形结构如图 4.5 所示，它是一种典型的多关节型工业机器人，控制器采用计算机分级控制结构，使用专门设计的称为 VAL 机器人编程及控制系统对机器人作业进行控制。由于 PUMA 机器人具有速度快、精度高、灵活精巧、编程控制容易，以及 VAL 系统功能完善等特点，因此这种机器人不仅在实验室研究，而且在生产实践中都得到了广泛的应用。

下面介绍PUMA562机器人控制系统的结构和工作原理。

（一）**PUMA562控制器硬件配置及结构**

PUMA562控制器原理框图如图4.6所示。图中除I/O设备和伺服电机外，其余各部件均安装在控制柜内。PUMA562控制器为多CPU两级控制结构，上位机系统以美国DEC公司生产的LSI 11/73十六位计算机模板为核心，配有64kW的带后备电池的RAM内存板，两块四串口接口板，一块I/O并行接口板（用于开关量及操作面板控制），与下位机通信的A接口板。上位机系统采用Q-bus总线作为系统总线，在总线底板上留有插入标准Q-bus总线接口板的位置，可接外部传感器系统（如腕力传感器）。

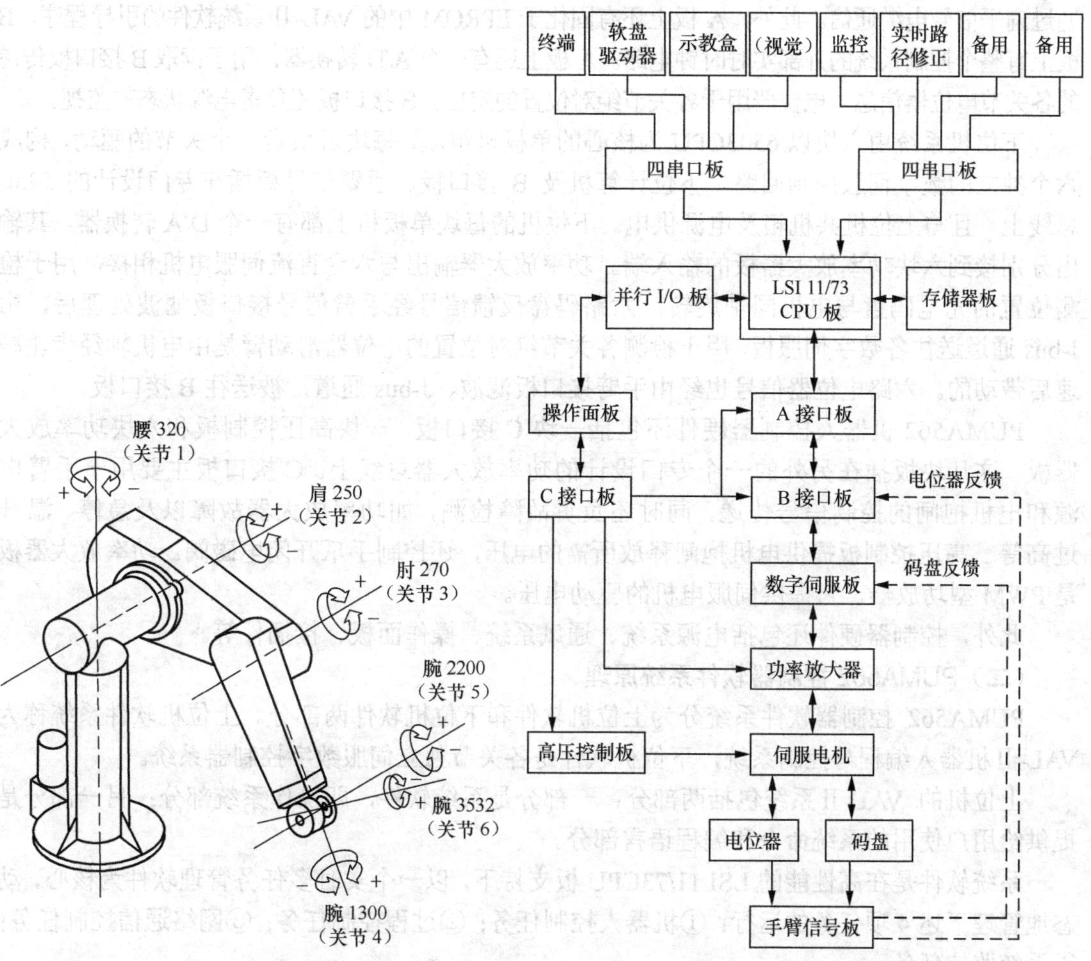

图4.5 PUMA562机器人外形结构　　图4.6 PUMA562机器人控制器原理框图

与上位机连接的I/O设备有以下3种。

（1）CRT显示器和键盘终端。用户通过终端操作机器人控制器，发送各种命令，编辑用户程序等。终端以RS-232C标准经串口板与主机通信。

（2）示教盒。用户通过示教盒手动控制PUMA机器人的运动，进行作业示教。示教盒有四种示教方式，即关节方式、基坐标方式、工具坐标方式和自由方式。

（3）软盘驱动器。主要用于存储用户的VAL语言程序和机器人位姿数据。软盘驱动器的另一作用是在需要的时候，将软盘上的VAL-Ⅱ系统程序加载到内存中。

除上述 3 种 I/O 设备外，通过串口板还可接入如下几种选件 I/O 设备。

（1）视觉传感器。用于搬运、装配和焊接作业时，识别对象、感知位置偏差等。

（2）高层监控计算机。通过监控接口，采用网络通信协议及控制方式，远程机可以完全监督和控制 VAL-Ⅱ系统的运行。

（3）实时路径修正控制计算机。通过实时路径修正串行接口，可接入一个外传感器控制计算机。当机器人做直角坐标空间运动时，外部计算机可实时修正由上位机预先规划的运动轨迹。

接口板 A、B 是上、下位机通信的桥梁。上位机经过 A、B 接口板向下位机发送命令和读取下位机信息。A 板插在上位机的 Q-bus 总线上，B 板插在下位机的 J-bus 总线上，A、B 接口板之间通过扁平信号电缆通信。此外，A 板上还有固化于 EPROM 中的 VAL-Ⅱ系统软件的引导程序，B 板上有整个控制系统的外部实时时钟电路。A 板上还有一个 A/D 转换器，用于读取 B 接口板传递的各关节电位器信息，电位器用于各关节绝对位置的定位。B 接口板还负责电源状态的监视。

下位机系统由六块以 6503CPU 为核心的单板机组成，每块板负责一个关节的驱动，构成六个独立的数字伺服控制回路。下位计算机及 B 接口板、手臂信号板插在专门设计的 J-bus 总线上，且与上位机共机箱及电源供电。下位机的每块单板机上都有一个 D/A 转换器，其输出分别接到六块功率放大器板的输入端。功率放大器输出与六台直流伺服电机相接，用于检测位置的光电码盘与电机同轴旋转。六路码盘反馈信号经手臂信号接口板滤波处理后，由 J-bus 通道送往各数字伺服板。用于检测各关节绝对位置的电位器滑动臂是由电机轴经齿轮减速后带动的。六路电位器信号也经由手臂接口板滤波、J-bus 通道，被送往 B 接口板。

PUMA562 机器人控制器硬件还包括一块 C 接口板、一块高压控制板和六块功率放大器板，这几块板插在另外的一个专门设计的功率放大器总线上。C 接口板主要用于手臂电源和电机抱闸的控制信号传递，同时还负责故障检测，如功率放大器故障以及急停、温升过高等。高压控制板提供电机抱闸释放所需的电压，还控制手爪开闭电磁阀。功率放大器板是 PWM 型功放器，它提供伺服电机的驱动电压。

此外，控制器硬件还包括电源系统、通风系统、操作面板、接插件等。

（二）PUMA562 控制器软件系统原理

PUMA562 控制器软件系统分为上位机软件和下位机软件两部分。上位机软件系统称为 VAL-Ⅱ机器人编程与控制系统，下位机软件是各关节独立伺服数字控制器系统。

上位机的 VAL-Ⅱ系统包括两部分：一部分是系统软件，即操作系统部分；另一部分是提供给用户使用的系统命令和编程语言部分。

系统软件是在高性能的 LSI 11/73CPU 板支持下，以一个实时多任务管理软件为核心，动态地管理下述 4 项任务的运行：①机器人控制任务；②过程控制任务；③网络通信控制任务；④系统监控任务。

任务调度方式是按时间片的轮转调度，在 28ms 周期内各任务均可运行一次，这样每个任务的实时性均可以得到保证。在执行各任务时，对所有外部中断源的中断申请也可以实时响应。

机器人控制任务主要负责机器人各种运动形式的轨迹规划，坐标变换，以 28ms 时间间隔的轨迹插补点的计算，与下位机的信息交换，执行用户编写的 VAL-Ⅱ语言机器人作业控制程序，示教盒信息处理，机器人标定，故障检测及异常保护等。

过程控制任务主要负责执行用户编写的 VAL-Ⅱ语言过程控制程序。过程控制程序中不包含机器人运动控制指令，它主要用于实时地对传感器信息进行处理和对周边系统进行控制。通过共享变量的方式，过程控制程序可以为机器人控制任务提供数据、条件状态及信息，从而影响机器人控制任务的执行和运动过程。

网络通信任务的作用是，当 VAL-Ⅱ系统由远程监控计算机控制时，将按网络通信协议对通信过程进行控制。通过网络通信任务的运行，过程监控计算机可以像局部终端一样地工作。VAL-Ⅱ网络通信协议以 DEC 公司 DDCMP 协议为基础，构造了四层通信功能层。

系统监控任务主要用于监视用户是否输入系统命令，并对键入的系统命令进行解释处理。它还负责 VAL-Ⅱ语言程序的编辑处理，以及错误信息显示等。

VAL-Ⅱ系统流程图如图 4.7 所示。从流程图中可以看出，VAL-Ⅱ系统的运行就是在“任务调度管理程序”的控制下，反复执行机器人控制任务等若干任务的过程。

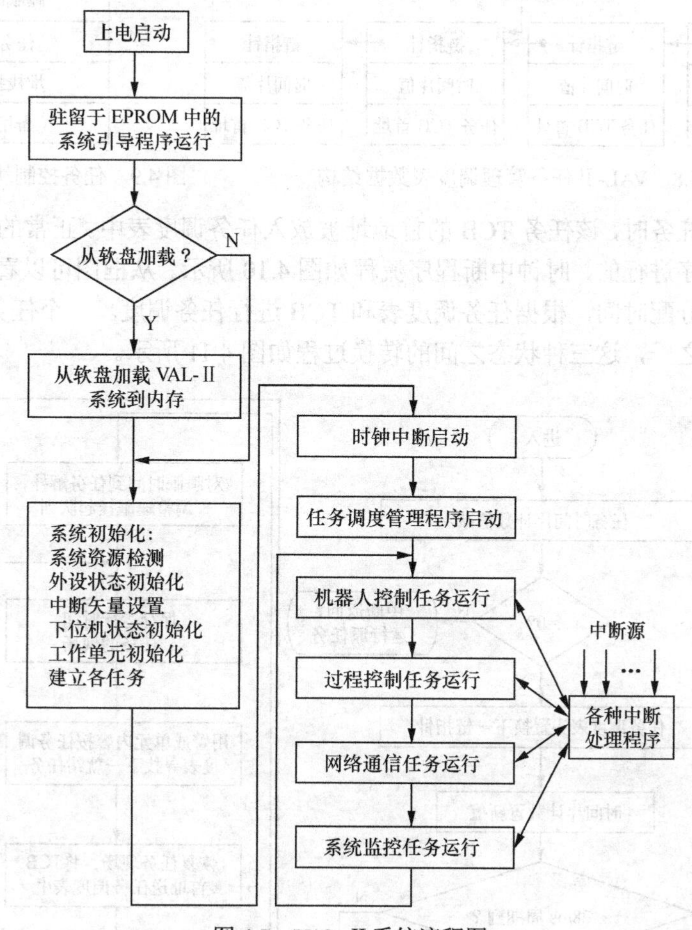

图 4.7 VAL-Ⅱ系统流程图

下面介绍 VAL-Ⅱ任务的管理与调度。

VAL-Ⅱ任务调度采用轮转调度的方法。在 VAL-Ⅱ系统初始化时，为每个任务分配了以外时钟中断周期为时间单位的时间片，正常的任务调度切换是由时钟中断服务程序进行的。VAL-Ⅱ系统初始化时建立了一个任务调度表，其结构如图 4.8 所示，同时为各个任务建立了任务控制块（TCB）。任务的执行顺序和执行时间是由任务调度管理程序根据任务调度表进行的。

任务控制块（TCB）的结构如图 4.9 所示。当建立一个任务时，在 TCB 中填入任务状态、任务入口、任务用堆栈指针、页面寄存器值等内容。任务切换或挂起时，在 TCB 中填入断点、保存各寄存器内容、挂起队列指针等。任务进入运行态时，则根据 TCB 中保存的现场值恢复现场，进入任务模块。

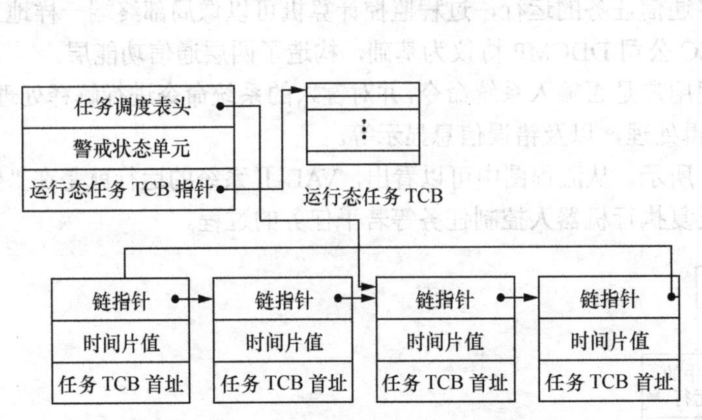

图 4.8 VAL-Ⅱ任务管理调度表数据结构

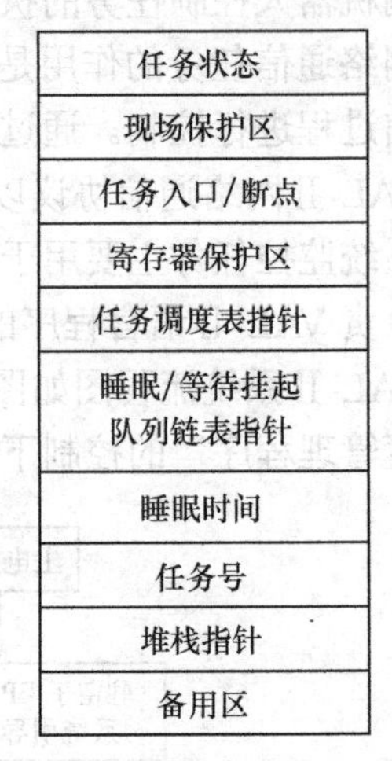

图 4.9 任务控制块（TCB）数据结构

当建立一个任务时，该任务 TCB 的首地址被放入任务调度表中。正常的任务调度过程是通过时钟中断程序进行的，时钟中断程序流程如图 4.10 所示。从框图可以看出，时钟中断按照任务时间片的分配时间，根据任务调度表和 TCB 进行任务调度。一个任务可能处于就绪、运行和挂起状态之一，这三种状态之间的转换过程如图 4.11 所示。

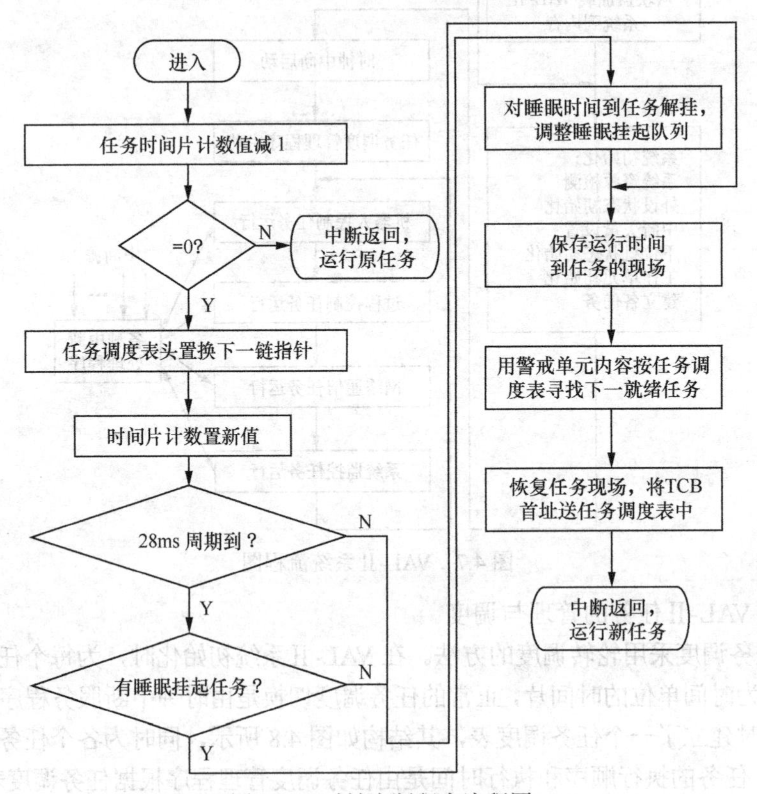

图 4.10 时钟中断程序流程图

当任务处于就绪态，其 TCB 中的任务状态置为就绪态值。当进行任务切换调度时，时钟中断模块用任务调度表中警戒单元的内容与 TCB 中的任务状态值相匹配。如果匹配成功，则根据该任务中的TCB保存的入口/断点值，恢复现场。当退出时钟中断后，CPU立即运行这个任务，这个任务成为运行态。当时钟中断再次来到时，首先将该任务时间片计数值减1，如果不为零，表明运行时间未到，时钟中断返回后继续运行该任务；如果为零，表明分配的任务运行时间已到，此时时钟中断程序将修改任务调度表头并设置下一个任务的时间片计数值。然后将运行时间到的任务现场保存到该任务的TCB中。该任务成了就绪态，接着调度下一个任务投入运行。这就是各任务在规定时间内正常连续运行（即无挂起状态产生）时，由中断程序引发任务调度的过程。

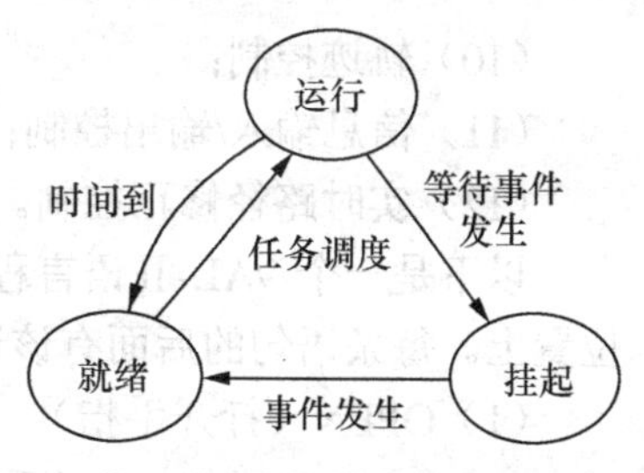

图4.11　任务状态转换关系

任务调度还发生在有任务挂起时。某一任务执行时，往往由于某些条件不满足，不能继续运行。为提高CPU利用率，此时该任务释放处理机，由运行态变为挂起态，等待某种事件发生。CPU此时可运行其他任务。在VAL-Ⅱ系统中挂起原因主要有3种：①睡眠挂起；②内存信息交换缓冲区被其他任务占用，等待释放缓冲区；③任务间的同步要求。任务从运行态变为挂起态时任务调度过程是：被挂起任务的TCB任务状态单元置为挂起态；并将任务调度表中警戒单元相应的控制位清零；保护任务运行现场到任务的TCB中。最后寻找下一个就绪任务，并投入运行。当运行某一任务时，会动态地产生某些任务所需的解挂条件，这时要立即对挂起的任务解挂，使之重新为就绪态。解挂操作主要有两点：①对挂起任务TCB任务状态单元置成某种就绪态；②对警戒单元对应的控制位置位。

VAL-Ⅱ系统除系统程序外，还提供给用户一个丰富的系统命令集和一个VAL语言指令集。用户通过系统命令及程序指令，调用VAL-Ⅱ系统软件的各种功能。

系统监控命令主要包括下面几类。

（1）定义和确定机器人位姿信息；
（2）程序编辑；
（3）程序及数据的显示；
（4）磁盘操作；
（5）程序及数据的处理（如复制、删除、更名等）；
（6）程序的执行与控制；
（7）系统状态控制及系统开关、系统工作参数的设定；
（8）开关量I/O控制；
（9）网络通信控制。

VAL-Ⅱ语言指令集主要包括下面几类指令。

（1）实型变量赋值；
（2）机器人位姿赋值；
（3）机器人运动控制；
（4）手爪控制；
（5）程序流程控制；
（6）结构化语句；
（7）过程控制程序的启动、停止控制；
（8）开关量I/O操作；
（9）机器人构型控制；

（10）轨迹控制；

（11）信息输入/输出控制；

（12）实时路径修正控制。

以下是一个 VAL-Ⅱ语言程序，这个程序使机器人从 PICK 点抓住物体，放到 PLACE 的位置上。每条语句的后面有该语句功能的解释。

（1）OPEN（打开手指）；

（2）APPRO PICK 50（手指从当前位置以关节插补方式移动到与 PICK 点在 Z 方向相隔 50mm 处）；

（3）SPEED 30（下面的速度为 30%）；

（4）MOVE PICK（手指从当前位置以关节插补方式向 PICK 点移动）；

（5）CLOSE I（手指闭合抓住物体）；

（6）DEPART 70（手指从当前位置以关节插补方式沿 PICK 点 Z 方向移动 70mm）；

（7）APPROS PLACE 75（以直线轨迹插补方式移动到与 PLACE 点在 Z 方向相隔 75mm 处）；

（8）SPEED 20（以下速度为 20%）；

（9）MOVES PLACE（以直线插补方式移动到 PLACE 点）；

（10）OPEN I（打开手指，放下物体）；

（11）DEPAT 50（离开 PLACE 点 50mm）。

VAL-Ⅱ语言除具有一般的机器人控制程序语言特点外，还有几个特点。

（1）语句有类似 BASIC 语言的格式，语句意义简捷、直观，因此易于学习和编程。

（2）通过对机器人控制程序和过程控制程序的分别编程，可并行地对机器人运动和周边系统进行实时控制。

（3）大部分指令可当作系统命令执行。

（4）程序可以实时在线编程与处理。即使在执行一个程序，机器人在运动时，也可修改、编辑程序及数据。

（5）程序和位姿数据分别编辑和处理。

（6）高级程序员基于目标码可扩充操作系统程序，增加新的语句功能。

PUMA562 控制器下位机软件存储在下位单板机的 EPROM 中。下位机控制系统硬件结构如图 4.12 所示。从图中可以看到，下位机的关节控制器是各关节独立控制的，即各单板机之间没有信息交换。每个关节的控制器由数字伺服单板机和功率放大器组成。每隔 28ms 上位机向六块单板机发送轨迹设定点信息。6503 微处理器计算关节误差，并伺服控制各关节的运动。因此，下位机软件的主要功能是具有速度及加速度前馈给定的独立关节位置伺服 PID 控制算法。其控制算法原理框图如图 4.13 所示。

软件操作流程如下。

（1）每 28ms 接收上位机送来的轨迹设定点。

（2）根据轨迹设定点和当前轨迹段的终止点进行轨迹段内（28ms 时间间隔）的线性插值计算，得到各插值点时刻的关节位置、速度和加速度给定值，且每个插值点时间间隔为 28ms/32=0.875ms。

（3）每隔 0.875ms 读取一次码盘计数器值，得到关节位置反馈值。

（4）根据关节位置反馈值，经滤波处理得到关节速度反馈值。

（5）经 PID 算法得到关节误差驱动信号，并将驱动信号送往 D/A 转换器。

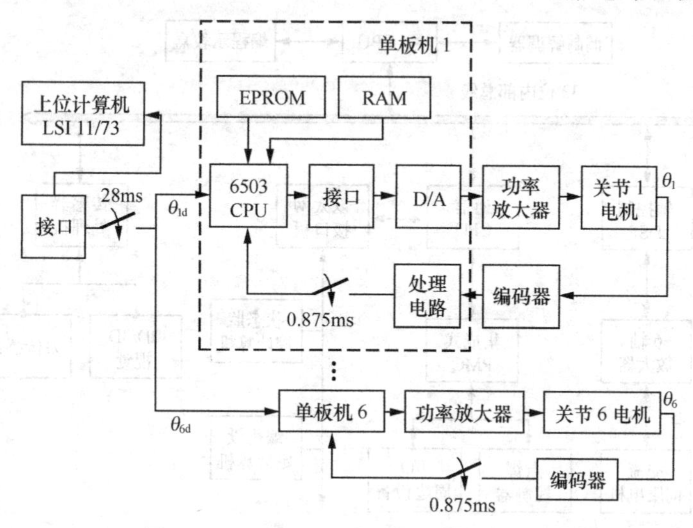

图 4.12　PUMA562 下位机控制系统框图

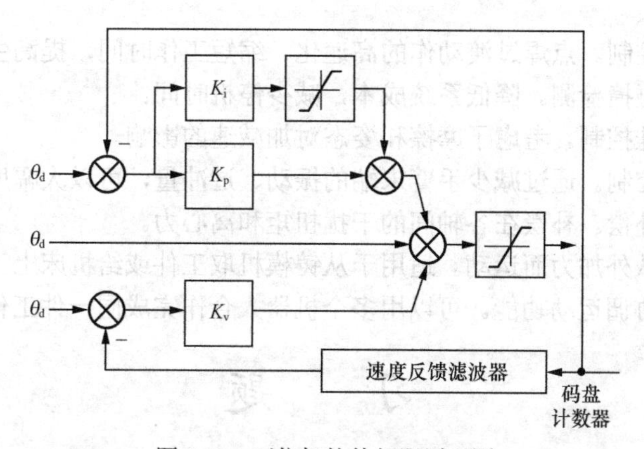

图 4.13　下位机软件伺服原理图

下位机软件除 PID 算法模块外，还有与主机通信、故障检测与报警等功能模块。各关节算法虽然是一样的，但反馈增益及系统参数各不相同。

4.5.2　FANAC 机器人控制系统

FANUC R-J3i 机器人控制器总体结构如图 4.14 所示。

FANUC R-J3i 机器人具有以下特点。

（1）采用两个高性能 64 位 RISC 处理器。独立处理运动控制和通信控制，提高了运动性能，消除了运动和通信的相互影响，可利用以太网集中管理。

（2）增强的联网功能。通过上位机集中管理多个机器人，用上位机集中监视机器人单元和生产线的状态。

（3）远程诊断功能。通过电话线传送机器人程序、当前 I/O 状态和报警记录，可进行远程诊断，缩短维护时间。

（4）智能 I/O 系统。可进行梯形图程序的编程、传送和周边设备的控制，减少对 PLC 的需求。

FANUC R-J3i 机器人具有以下先进功能。

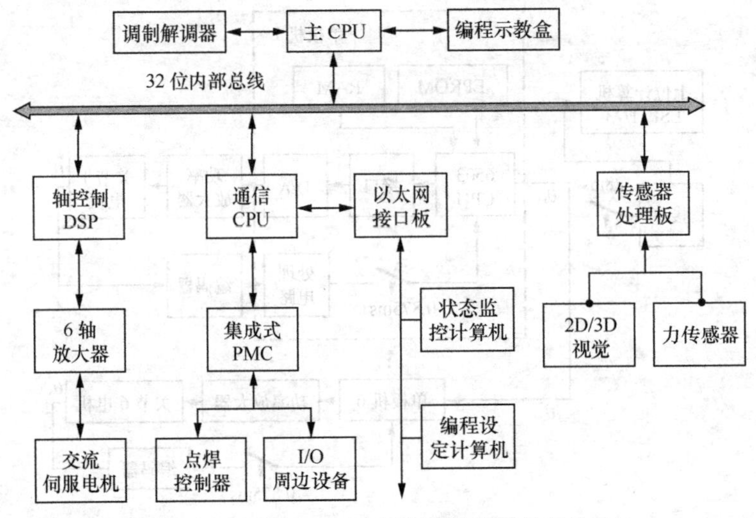

图 4.14 FANUC R-J3i 机器人控制器总体结构

（1）最短时间控制。点焊过渡动作的高速化，缩短工作时间，提高生产效率。

（2）高灵敏度碰撞检测。降低系统成本，减少停机时间。

（3）加速度最佳控制。考虑了摩擦和姿态对加减速的影响。

（4）振动抑制控制。通过减少手臂末端的振动、过冲量，可以大幅度缩短工作时间。

（5）干扰扭矩补偿。补偿在各轴间的干扰扭矩和离心力。

（6）机器人随从外加力而运动。适用于从铸模机取工件或给机床上工件。

（7）多机器人协调运动功能。可以用多个机器人合作完成同一件工作。

习　题

一、填空题

1. 移动机器人控制系统是以________为核心的实时控制系统，它的任务就是根据移动机器人所要完成的功能，结合移动机器人的______和_______方式，实现移动机器人的工作目标。

2. 所谓软件伺服控制，是指利用________的办法，对机器人控制器进行改进。比如设计一个先进的控制算法，或对系统中的_____进行补偿。

二、简答题

简述常见的机器人编程语言。

三、论述题

试论述机器人控制系统及其功能。

工业机器人篇

第5章 机器人的运动学

机器人运动学是一门研究物体运动规律的科学。它在研究中不考虑产生运动的力和力矩，而只研究运动物体的位置、速度、加速度和位置变量对时间（或其他变量）的高阶导数。

机器人运动学研究包含两类问题：一类是给定机器人各关节角度，要求计算机器人操作臂的位置与姿态问题，即正向问题；另一类是已知机器人操作臂的位置与姿态，求机器人对应于这个位置与姿态的全部关节角，即逆向问题。显然，正向问题的解简单且唯一，逆向问题的解是复杂的，而且具有多解性。这给问题求解带来困难，往往需要一些技巧与经验。

机器人的雅可比矩阵是个重要概念，它是由某个笛卡儿坐标系规定的各单个关节速度对最后一个连杆速度的线性变换。大多数工业机器人具有六个关节，这意味着雅可比矩阵是六阶方阵。

5.1 机器人位置与姿态的描述

机器人是由一个个关节连接起来的多刚体，每个关节有其驱动伺服单元。因此，每个关节的运动都在各自的关节坐标系度量，而且每关节的运动对机器人末端执行器的位置与姿态都做出贡献。为了研究各关节运动对机器人位置与姿态的影响，需要一种用以描述刚体位移、速度和加速度，以及动力学问题的有效而又简便的数学方法。下面建立这些概念及其表示法。

（一）位置描述

对于直角坐标系$\{A\}$，空间任一点 p 的位置可用位置矢量 ${}^{A}\boldsymbol{p}$表示，如图 5.1 所示。${}^{A}\boldsymbol{p}$的列矢量形式为

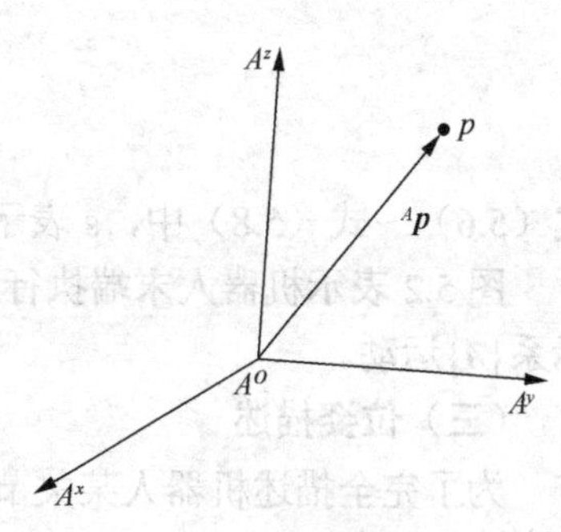

图 5.1 位置表示

$$^{A}\boldsymbol{p}=\begin{bmatrix}p_x\\p_y\\p_z\end{bmatrix} \tag{5.1}$$

其中，$^{A}\boldsymbol{p}$ 的上标 A 代表参考坐标系$\{A\}$；p_x,p_y,p_z 是点 p 在坐标系$\{A\}$中的三个坐标分量。

（二）姿态描述

为了描述机器人的运动状况，不仅要确定机器人某关节或末端执行器的位置，而且需要确定机器人的姿态。机器人的姿态可以通过固接于此机器人的坐标系来描述。例如，为了确定机器人某关节 B 的姿态，设置一直角坐标系$\{B\}$与此关节固接，用坐标系$\{B\}$的三个单位主矢量 $_{B}\boldsymbol{x},{}_{B}\boldsymbol{y},{}_{B}\boldsymbol{z}$ 相对于参考坐标系$\{A\}$的方向余弦组成的 3×3 矩阵来表示此关节 B 相对于坐标系$\{A\}$的姿态，即

$$^{A}_{B}\boldsymbol{R}=[\,^{A}_{B}\boldsymbol{x}\ \ ^{A}_{B}\boldsymbol{y}\ \ ^{A}_{B}\boldsymbol{z}\,]=\begin{bmatrix}r_{11}&r_{12}&r_{13}\\r_{21}&r_{22}&r_{23}\\r_{31}&r_{32}&r_{33}\end{bmatrix}=\begin{bmatrix}\cos\alpha_x&\cos\alpha_y&\cos\alpha_z\\\cos\beta_x&\cos\beta_y&\cos\beta_z\\\cos\gamma_x&\cos\gamma_y&\cos\gamma_z\end{bmatrix} \tag{5.2}$$

式中，$^{A}_{B}\boldsymbol{R}$ 称为旋转矩阵，上标 A 代表参考坐标系$\{A\}$，下标 B 代表被描述的坐标系$\{B\}$，α 是 $^{A}\boldsymbol{p}$ 与 x 轴的夹角，β 是 $^{A}\boldsymbol{p}$ 与 y 轴的夹角，γ 是 $^{A}\boldsymbol{p}$ 与 z 轴的夹角。

旋转矩阵 $^{A}_{B}\boldsymbol{R}$ 的三个列矢量 $^{A}_{B}\boldsymbol{x}$，$^{A}_{B}\boldsymbol{y}$，$^{A}_{B}\boldsymbol{z}$ 都是单位矢量，且两两垂直，因此满足条件

$$^{A}_{B}\boldsymbol{x}\cdot{}^{A}_{B}\boldsymbol{x}={}^{A}_{B}\boldsymbol{y}\cdot{}^{A}_{B}\boldsymbol{y}={}^{A}_{B}\boldsymbol{z}\cdot{}^{A}_{B}\boldsymbol{z}=1 \tag{5.3}$$

$$^{A}_{B}\boldsymbol{x}\cdot{}^{A}_{B}\boldsymbol{y}={}^{A}_{B}\boldsymbol{y}\cdot{}^{A}_{B}\boldsymbol{z}={}^{A}_{B}\boldsymbol{z}\cdot{}^{A}_{B}\boldsymbol{x}=0 \tag{5.4}$$

$$^{A}_{B}\boldsymbol{R}^{-1}={}^{A}_{B}\boldsymbol{R}^{\mathrm{T}}\;;\;\left|{}^{A}_{B}\boldsymbol{R}\right|=1 \tag{5.5}$$

式（5.5）中的上标 T 表示转置。

对应于 x,y,z 轴作转角为 θ 的旋转变换，其旋转矩阵分别为

$$\boldsymbol{R}(x,\theta)=\begin{bmatrix}1&0&0\\0&\mathrm{c}\theta&-\mathrm{s}\theta\\0&\mathrm{s}\theta&-\mathrm{c}\theta\end{bmatrix} \tag{5.6}$$

$$\boldsymbol{R}(y,\theta)=\begin{bmatrix}\mathrm{c}\theta&0&\mathrm{s}\theta\\0&1&0\\-\mathrm{s}\theta&0&\mathrm{c}\theta\end{bmatrix} \tag{5.7}$$

$$\boldsymbol{R}(z,\theta)=\begin{bmatrix}\mathrm{c}\theta&-\mathrm{s}\theta&0\\\mathrm{s}\theta&\mathrm{c}\theta&0\\0&0&1\end{bmatrix} \tag{5.8}$$

式（5.6）～式（5.8）中，s 表示 sin；c 表示 cos。

图 5.2 表示机器人末端执行器的姿态。此末端执行器与坐标系$\{B\}$固接，并相对于参考坐标系$\{A\}$运动。

（三）位姿描述

为了完全描述机器人某关节 B 在空间的位姿，通常将机器人某关节 B 与某一坐标系$\{B\}$相固接。$\{B\}$的坐标原点一般选在机器人某关节 B 的特征点上，如质心或对称中心等。相对

参考系$\{A\}$，坐标系$\{B\}$的原点位置和坐标轴的姿态，分别由位置矢量${}_{B}^{A}\boldsymbol{p}$和旋转矩阵${}_{B}^{A}\boldsymbol{R}$描述。则机器人某关节 B 的位姿可由坐标系$\{B\}$来描述，即有

$$\{B\}=\{{}_{B}^{A}\boldsymbol{R}\ {}_{B}^{A}\boldsymbol{p}\} \tag{5.9}$$

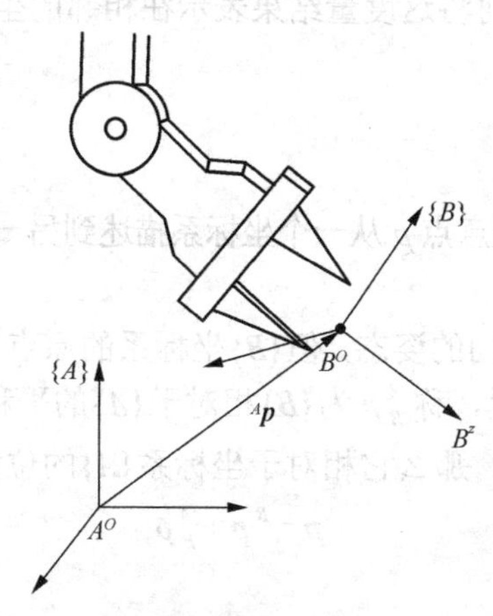

图 5.2 方位表示

当表示位置时，式（5.9）中的旋转矩阵${}_{B}^{A}\boldsymbol{R}=\boldsymbol{I}$（单位矩阵）；当表示姿态时，式（5.9）中的位置矢量${}_{B}^{A}\boldsymbol{p}=\boldsymbol{0}$。

（四）机械手的位姿描述

图 5.3 表示机器人的一个机械手。为了描述它的位姿，选定一个参考坐标系$\{A\}$，另规定一机械手坐标系$\{T\}$。如果把所描述的坐标系$\{T\}$的原点置于机械手指尖的中心，此原点由矢量$\boldsymbol{p}$表示。描述机械手方向的三个单位矢量的指向如下：z向矢量处于机械手接近物体的方向上，并称之为接近矢量$\boldsymbol{a}$；y向矢量的方向从一个指尖指向另一个指尖，称为方向矢量$\boldsymbol{o}$；x向矢量的方向根据与矢量$\boldsymbol{o}$和$\boldsymbol{a}$构成的右手定则确定，并称为法线矢量$\boldsymbol{n}$，$\boldsymbol{n}=\boldsymbol{o}\times\boldsymbol{a}$。因此，机械手相对于基坐标的变换$T_6$具有下列元素：

$$\boldsymbol{T}_6=\begin{bmatrix} n_x & o_x & a_x & p_x \\ n_y & o_y & a_y & p_y \\ n_z & o_z & a_z & p_z \\ 0 & 0 & 0 & 1 \end{bmatrix}=\begin{bmatrix} \boldsymbol{R}_{3\times3} & \boldsymbol{P}_{1\times3} \\ \boldsymbol{0}_{1\times3} & 1 \end{bmatrix} \tag{5.10}$$

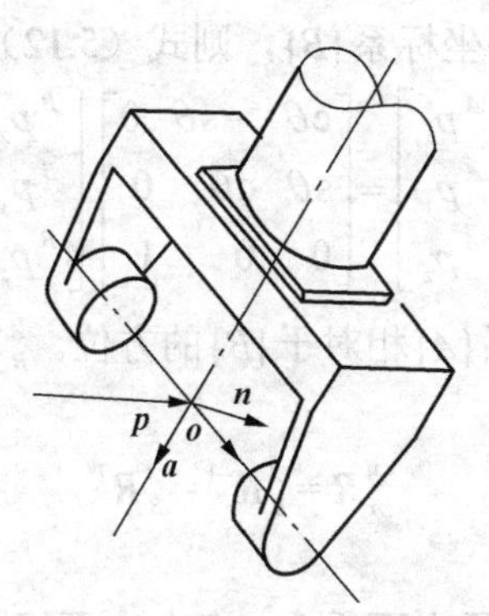

图 5.3 矢量$\boldsymbol{n}$、$\boldsymbol{o}$、$\boldsymbol{a}$和$\boldsymbol{p}$

其中，$\boldsymbol{R}_{3\times3}$表示了机器人的姿态，$\boldsymbol{P}_{1\times3}$代表机械手的位置。因此，$\boldsymbol{T}_6$同时描述了机器人的位置和姿态。

显然，每关节的运动都对机器人末端执行器的位置和姿态产生影响。每个关节的运动是在其各自的坐标系下度量，如何将这度量结果表示在相邻的坐标系中，这就需要坐标变换。

5.2 坐标变换

坐标变换是用来阐明空间任意点p从一个坐标系描述到另一个坐标系描述之间的映射关系。

（一）坐标平移

设坐标系$\{B\}$与$\{A\}$具有相同的姿态，但$\{B\}$坐标系的原点与$\{A\}$的原点不重合。用位置矢量${}_B^A\boldsymbol{p}$描述$\{B\}$相对于$\{A\}$的位置，称${}_B^A\boldsymbol{p}$为$\{B\}$相对于$\{A\}$的平移矢量，如图 5.4 所示。如果点p在坐标系$\{B\}$中的位置为${}^B\boldsymbol{p}$，那么它相对于坐标系$\{A\}$的位置矢量${}^A\boldsymbol{p}$由矢量相加可得

$$ {}^A\boldsymbol{p}={}^B\boldsymbol{p}+{}_B^A\boldsymbol{p} \tag{5.11} $$

上式即为坐标平移方程。

（二）坐标旋转

设坐标系$\{B\}$与$\{A\}$有共同的坐标原点，但两者的姿态不同，如图 5.5 所示。用旋转矩阵${}_B^A\boldsymbol{R}$描述$\{B\}$相对于$\{A\}$的姿态。同一点p在两个坐标系$\{A\}$和$\{B\}$中的描述${}^A\boldsymbol{p}$和${}^B\boldsymbol{p}$具有如下变换关系：

$$ {}^A\boldsymbol{p}={}_B^A\boldsymbol{R}\,{}^B\boldsymbol{p} \tag{5.12} $$

上式即为坐标旋转方程。

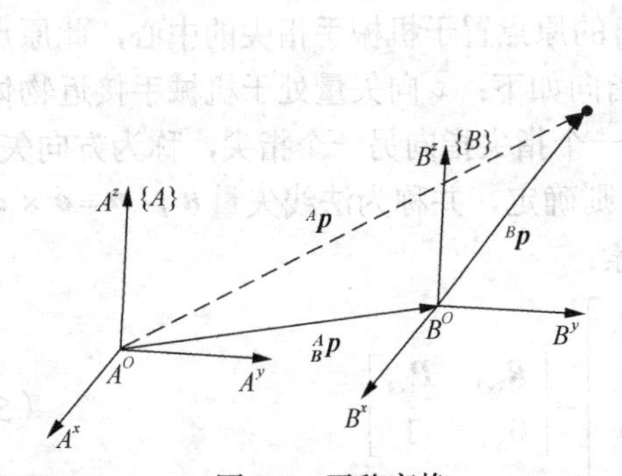

图 5.4 平移变换

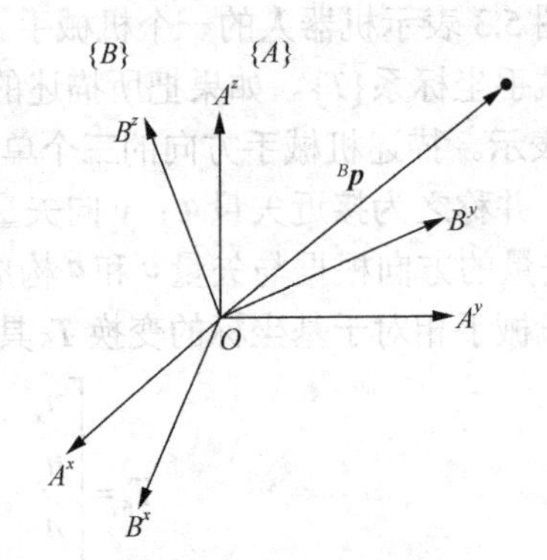

图 5.5 旋转变换

假设坐标系$\{A\}$旋转θ角得到坐标系$\{B\}$，则式（5.12）可以具体描述成

$$ \begin{bmatrix} {}^A p_x \\ {}^A p_y \\ {}^A p_z \end{bmatrix} = \begin{bmatrix} \mathrm{c}\theta & -\mathrm{s}\theta & 0 \\ \mathrm{s}\theta & \mathrm{c}\theta & 0 \\ 0 & 0 & 1 \end{bmatrix} \begin{bmatrix} {}^B p_x \\ {}^B p_y \\ {}^B p_z \end{bmatrix} \tag{5.13} $$

可以类似地用${}_A^B\boldsymbol{R}$描述坐标系$\{A\}$相对于$\{B\}$的方位。${}_B^A\boldsymbol{R}$和${}_A^B\boldsymbol{R}$都是正交矩阵，两者互逆。根据正交矩阵的性质，可得

$$ {}_A^B\boldsymbol{R}={}_B^A\boldsymbol{R}^{-1}={}_B^A\boldsymbol{R}^{\mathrm{T}} \tag{5.14} $$

（三）复合变换

设坐标系$\{B\}$与坐标系$\{A\}$的原点不重合，姿态也不相同。用位置矢量${}_B^A\boldsymbol{p}$描述$\{B\}$的坐标原点相对于$\{A\}$的位置；用旋转矩阵${}_B^A\boldsymbol{R}$描述$\{B\}$相对于$\{A\}$的姿态，如图 5.6 所示。对于任一

点 p 在两坐标系{A}和{B}中的描述 $^{A}\boldsymbol{p}$ 和 $^{B}\boldsymbol{p}$ 具有以下变换关系：

$$^{A}\boldsymbol{p}={}_{B}^{A}\boldsymbol{R}\ {}^{B}\boldsymbol{p}+{}_{B}^{A}\boldsymbol{p} \tag{5.15}$$

上式即为坐标旋转和坐标平移的复合变换。

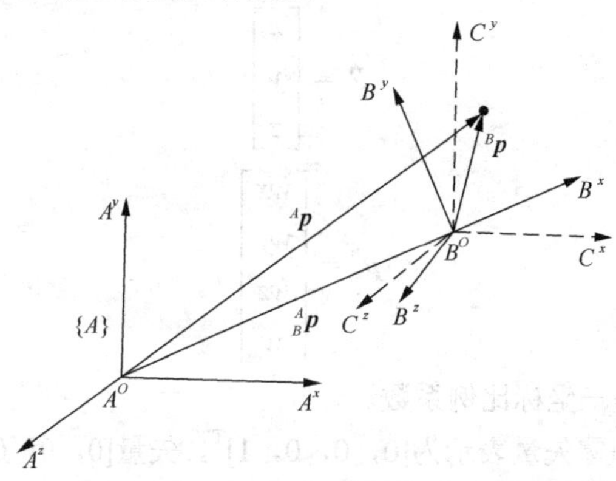

图 5.6 复合变换

如果规定一个过渡坐标系{C}，使{C}的坐标原点与{B}的原点重合，而{C}的姿态与{A}的相同。根据式（5.12）可得向过渡坐标系的旋转变换

$$^{C}\boldsymbol{p}={}_{B}^{C}\boldsymbol{R}\ {}^{B}\boldsymbol{p}={}_{B}^{A}\boldsymbol{R}\ {}^{B}\boldsymbol{p} \tag{5.16}$$

再由式（5.11）的平移变换，可得复合变换

$$^{A}\boldsymbol{p}={}^{C}\boldsymbol{p}+{}_{C}^{A}\boldsymbol{p}={}_{B}^{A}\boldsymbol{R}\ {}^{B}\boldsymbol{p}+{}_{B}^{A}\boldsymbol{p} \tag{5.17}$$

例 5.1 已知坐标系{B}的初始位姿与{A}重合，它按如下顺序完成转动和移动：（1）相对于坐标系{A}的 z 轴旋转 30°；（2）沿{A}的 x 轴移动 6 个单位；（3）沿{A}的 y 轴移动 3 个单位。求位置矢量 ${}_{B}^{A}\boldsymbol{p}$ 和旋转矩阵 ${}_{B}^{A}\boldsymbol{R}$。假设点 p 在坐标系{B}的位置矢量 $^{B}\boldsymbol{p}=[1,2,0]^{\mathrm{T}}$，求它在坐标系{A}中的描述 $^{A}\boldsymbol{p}$。

由题意可知，

$${}_{B}^{A}\boldsymbol{p}=\begin{bmatrix}6\\3\\0\end{bmatrix}$$

解：根据式（5.2）和式（5.8），可得 ${}_{B}^{A}\boldsymbol{R}$ 为

$${}_{B}^{A}\boldsymbol{R}=\boldsymbol{R}(z,30^\circ)=\begin{bmatrix}\mathrm{c}30^\circ & -\mathrm{s}30^\circ & 0\\ \mathrm{s}30^\circ & \mathrm{c}30^\circ & 0\\ 0 & 0 & 1\end{bmatrix}=\begin{bmatrix}0.866 & -0.5 & 0\\ 0.5 & 0.866 & 0\\ 0 & 0 & 1\end{bmatrix}; \tag{5.18}$$

由式（5.15）得

$$^{A}\boldsymbol{p}={}_{B}^{A}\boldsymbol{R}\ {}^{B}\boldsymbol{p}+{}_{B}^{A}\boldsymbol{p}=\begin{bmatrix}-0.134\\2.232\\0\end{bmatrix}+\begin{bmatrix}6\\3\\0\end{bmatrix}=\begin{bmatrix}5.866\\5.232\\0\end{bmatrix} \tag{5.19}$$

5.3 齐次坐标变换

齐次坐标表示法是以（$N+1$）维矢量来表达 N 维位置矢量的方法。它不仅使坐标变换的

数学表达更为方便，而且也具有坐标值缩放的实际意义。

（一）齐次坐标变换

空间某点 p 的直角坐标描述和齐次坐标描述分别为

$$\boldsymbol{p}=\begin{bmatrix}x\\y\\z\end{bmatrix} \tag{5.20}$$

$$\boldsymbol{p}'=\begin{bmatrix}wx\\wy\\wz\\w\end{bmatrix} \tag{5.21}$$

式中，w 为非零常数，是一坐标比例系数。

坐标原点的矢量，即零矢量表示为[0，0，0，1]^{T}。矢量[0，0，0，0]^{T}是没有定义的。具有形如$[a,b,c,0]^{\mathrm{T}}$的矢量表示无限远矢量，用来表示方向，即用[1，0，0，0]，[0，1，0，0]，[0，0，1，0]分别表示 x，y，z 轴的方向。

将变换式（5.15）表示成等价的齐次坐标形式为

$$\begin{bmatrix}{}^{A}\boldsymbol{p}\\1\end{bmatrix}=\begin{bmatrix}{}_{B}^{A}\boldsymbol{R} & {}_{B}^{A}\boldsymbol{p}\\0 & 1\end{bmatrix}\begin{bmatrix}{}^{B}\boldsymbol{p}\\1\end{bmatrix} \tag{5.22}$$

式中，4×1 的列矢量表示三维空间的点，称为点的齐次坐标，仍然记为 ${}^{A}\boldsymbol{p}$ 或 ${}^{B}\boldsymbol{p}$。式（5.15）和式（5.22）是等价的。实质上，式（5.22）可写成

$${}^{A}\boldsymbol{p}={}_{B}^{A}\boldsymbol{R}\ {}^{B}\boldsymbol{p}+{}_{B}^{A}\boldsymbol{p}；\ 1=1 \tag{5.23}$$

位置矢量 ${}^{A}\boldsymbol{p}$ 和 ${}^{B}\boldsymbol{p}$ 到底是 3×1 的直角坐标还是 4×1 的齐次坐标，要根据上下文关系而定。

把式（5.23）写成矩阵形式

$${}^{A}\boldsymbol{p}={}_{B}^{A}\boldsymbol{T}\ {}^{B}\boldsymbol{p} \tag{5.24}$$

式中，齐次坐标 ${}^{A}\boldsymbol{p}$ 和 ${}^{B}\boldsymbol{p}$ 是 4×1 的列矢量，与式（5.15）中的维数不同，加入了第 4 个元素 1。齐次变换矩阵 ${}_{B}^{A}\boldsymbol{T}$ 是 4×4 的方阵，表示了平移变换和旋转变换，具有形式

$${}_{B}^{A}\boldsymbol{T}=\begin{bmatrix}{}_{B}^{A}\boldsymbol{R} & {}_{B}^{A}\boldsymbol{p}\\0 & 1\end{bmatrix} \tag{5.25}$$

（二）平移齐次坐标变换

由矢量 $a\boldsymbol{i}+b\boldsymbol{j}+c\boldsymbol{k}$ 来描述空间某点，其中 $\boldsymbol{i}$，$\boldsymbol{j}$，$\boldsymbol{k}$ 为轴 x,y,z 上的单位矢量。此点也可用平移齐次坐标变换表示为

$$\mathrm{Trans}(a,b,c)=\begin{bmatrix}1&0&0&a\\0&1&0&b\\0&0&1&c\\0&0&0&1\end{bmatrix} \tag{5.26}$$

其中，Trans 表示平移变换。

对已知矢量 $\boldsymbol{u}=[x,y,z,w]^{\mathrm{T}}$ 进行平移变换所得的矢量 $\boldsymbol{v}$ 为

$$
\boldsymbol{v}=\begin{bmatrix}1&0&0&a\\0&1&0&b\\0&0&1&c\\0&0&0&1\end{bmatrix}\begin{bmatrix}x\\y\\z\\w\end{bmatrix}=\begin{bmatrix}x+aw\\y+bw\\z+cw\\w\end{bmatrix}=w\begin{bmatrix}x/w+a\\y/w+b\\z/w+c\\1\end{bmatrix} \tag{5.27}
$$

因为用非零常数乘以变换矩阵的每个元素，不改变该矩阵的特性，所以可把此变换看作矢量$(x/w)\boldsymbol{i}+(y/w)\boldsymbol{j}+(z/w)\boldsymbol{k}$与矢量$a\boldsymbol{i}+b\boldsymbol{j}+c\boldsymbol{k}$之和。

例 5.2 求矢量 $5\boldsymbol{i}+3\boldsymbol{j}+9\boldsymbol{k}$ 被矢量$4\boldsymbol{i}-3\boldsymbol{j}+8\boldsymbol{k}$平移变换所得到的点矢量。

解：由式（5.27）可得

$$
\boldsymbol{v}=\begin{bmatrix}1&0&0&4\\0&1&0&-3\\0&0&1&8\\0&0&0&1\end{bmatrix}\begin{bmatrix}5\\3\\9\\1\end{bmatrix}=\begin{bmatrix}9\\0\\17\\1\end{bmatrix} \tag{5.28}
$$

（三）旋转齐次坐标变换

对应于轴x,y,z作转角为θ的旋转变换，由式（5.6）、式（5.7）和式（5.8）中的矩阵进行增广，即可得

$$
\mathrm{Rot}(x,\theta)=\begin{bmatrix}1&0&0&0\\0&\mathrm{c}\theta&-\mathrm{s}\theta&0\\0&\mathrm{s}\theta&\mathrm{c}\theta&0\\0&0&0&1\end{bmatrix} \tag{5.29}
$$

$$
\mathrm{Rot}(y,\theta)=\begin{bmatrix}\mathrm{c}\theta&0&\mathrm{s}\theta&0\\0&1&0&0\\-\mathrm{s}\theta&0&\mathrm{c}\theta&0\\0&0&0&1\end{bmatrix} \tag{5.30}
$$

$$
\mathrm{Rot}(z,\theta)=\begin{bmatrix}\mathrm{c}\theta&-\mathrm{s}\theta&0&0\\\mathrm{s}\theta&\mathrm{c}\theta&0&0\\0&0&1&0\\0&0&0&1\end{bmatrix} \tag{5.31}
$$

式中，Rot 表示旋转变换。

例 5.3 已知点$\boldsymbol{u}=7\boldsymbol{i}+3\boldsymbol{j}+2\boldsymbol{k}$，求（1）$\boldsymbol{u}$绕$z$轴旋转 90°后的点矢量$\boldsymbol{v}$和点矢量$\boldsymbol{v}$绕$y$轴旋转 90°后的点矢量$\boldsymbol{w}$，见图 5.7（a）；（2）$\boldsymbol{u}$先绕$y$轴旋转 90°，后绕$z$轴旋转 90°的点矢量$\boldsymbol{w}_1$，见图 5.7（b）。

解：（1）由$\theta=90°$，可得$\sin\theta=1$，$\cos\theta=0$。

由式（5.31）有

$$
\mathrm{Rot}(z,90°)=\begin{bmatrix}0&-1&0&0\\1&0&0&0\\0&0&1&0\\0&0&0&1\end{bmatrix} \tag{5.32}
$$

$\boldsymbol{u}$点绕z轴旋转 90°后到$\boldsymbol{v}$点，则$\boldsymbol{v}$点坐标为

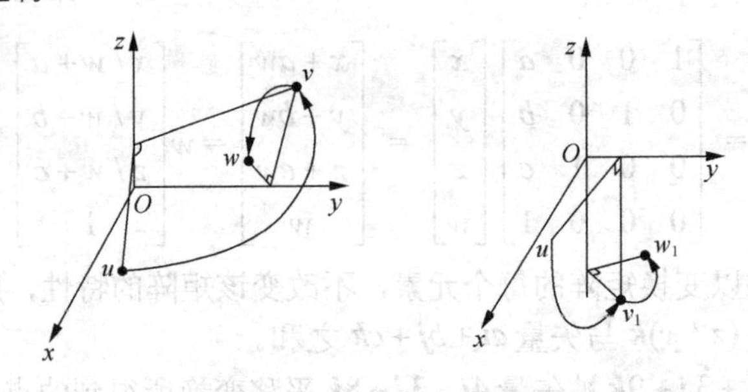

图 5.7　旋转次序对变换结果的影响

$$\boldsymbol{v}=\begin{bmatrix}0&-1&0&0\\1&0&0&0\\0&0&1&0\\0&0&0&1\end{bmatrix}\begin{bmatrix}7\\3\\2\\1\end{bmatrix}=\begin{bmatrix}-3\\7\\2\\1\end{bmatrix} \tag{5.33}$$

将 $\boldsymbol{v}$ 点绕 y 轴旋转 90° 到达 $\boldsymbol{w}$ 点，如图 5.7（a）所示。$\boldsymbol{w}$ 点位置为

$$\boldsymbol{w}=\text{Rot}(y,90^\circ)\boldsymbol{v} \tag{5.34}$$

由式（5.30）和式（5.33）可得

$$\boldsymbol{w}=\begin{bmatrix}0&0&1&0\\0&1&0&0\\-1&0&0&0\\0&0&0&1\end{bmatrix}\begin{bmatrix}-3\\7\\2\\1\end{bmatrix}=\begin{bmatrix}2\\7\\3\\1\end{bmatrix} \tag{5.35}$$

如果把上述两旋转变换 $\boldsymbol{v}=\text{Rot}(z,90^\circ)\boldsymbol{u}$ 与 $\boldsymbol{w}=\text{Rot}(y,90^\circ)\boldsymbol{v}$ 组合在一起，那么可得

$$\boldsymbol{w}=\text{Rot}(y,90^\circ)\text{Rot}(z,90^\circ)\boldsymbol{u} \tag{5.36}$$

因为

$$\text{Rot}(y,90^\circ)\text{Rot}(z,90^\circ)=\begin{bmatrix}0&0&1&0\\1&0&0&0\\0&1&0&0\\0&0&0&1\end{bmatrix} \tag{5.37}$$

所以可得

$$\boldsymbol{w}=\begin{bmatrix}0&0&1&0\\1&0&0&0\\0&1&0&0\\0&0&0&1\end{bmatrix}\begin{bmatrix}7\\3\\2\\1\end{bmatrix}=\begin{bmatrix}2\\7\\3\\1\end{bmatrix} \tag{5.38}$$

所得结果与前述相同。

（2）如果改变旋转次序，首先使 $\boldsymbol{u}$ 绕 y 轴旋转 90°，然后绕 z 轴旋转 90°，那么就会使 $\boldsymbol{u}$ 变换至与 $\boldsymbol{w}$ 不同的位置 $\boldsymbol{w}_1$，见图 5.7（b）。

$$\boldsymbol{w}_1=\text{Rot}(z,90^\circ)\text{Rot}(y,90^\circ)\,\boldsymbol{u}$$

$$=\begin{bmatrix}0 & -1 & 0 & 0\\0 & 0 & 1 & 0\\-1 & 0 & 0 & 0\\0 & 0 & 0 & 1\end{bmatrix}\begin{bmatrix}7\\3\\2\\1\end{bmatrix}=\begin{bmatrix}-3\\2\\-7\\1\end{bmatrix} \tag{5.39}$$

可见 $\boldsymbol{w}_1 \neq \boldsymbol{w}$。由此例可以得出结论：变换矩阵相乘的顺序与旋转顺序相反，即如果一点首先绕 x 轴旋转 α 角，然后绕 y 轴旋转 β 角，最后绕 z 轴旋转 γ 角，则有

$$\boldsymbol{P}=\mathrm{Rot}(z,\gamma)\mathrm{Rot}(y,\beta)\mathrm{Rot}(x,\alpha)\begin{bmatrix}x\\y\\z\\1\end{bmatrix} \tag{5.40}$$

下面举例说明把旋转齐次坐标变换与平移齐次坐标变换结合起来的情况。

例 5.4 将点 $\boldsymbol{u}=7\boldsymbol{i}+3\boldsymbol{j}+2\boldsymbol{k}$ 在图 5.7（a）旋转变换的基础上，再进行平移变换 $4\boldsymbol{i}-3\boldsymbol{j}+7\boldsymbol{k}$，求变换后的矢量 $\boldsymbol{v}$。

解： 根据式（5.26）和式（5.37）可求得

$$\mathrm{Trans}(4,-3,7)\mathrm{Rot}(y,90°)\mathrm{Rot}(z,90°)=\begin{bmatrix}0 & 0 & 1 & 4\\1 & 0 & 0 & -3\\0 & 1 & 0 & 7\\0 & 0 & 0 & 1\end{bmatrix} \tag{5.41}$$

于是有

$$\boldsymbol{v}=\mathrm{Trans}(4,-3,7)\mathrm{Rot}(y,90°)\mathrm{Rot}(z,90°)\boldsymbol{u}=\begin{bmatrix}6 & 4 & 10 & 1\end{bmatrix}^{\mathrm{T}} \tag{5.42}$$

这一变换结果如图 5.8 所示。

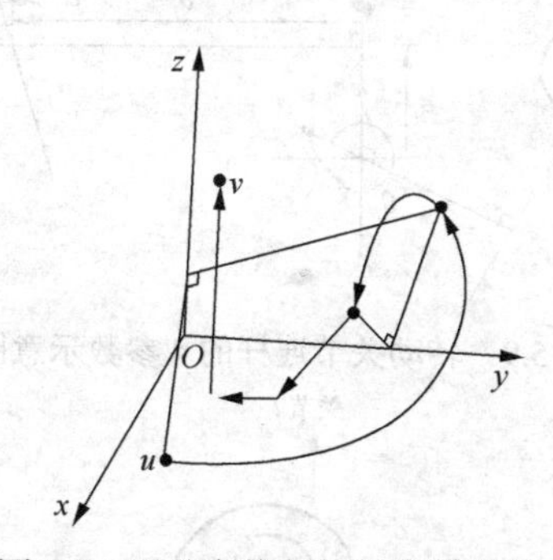

图 5.8 平移变换与旋转变换的组合

5.4 机器人正向运动学

本节将解决根据给定机器人各关节变量确定手部位姿的问题，即实现由关节空间到笛卡儿空间的变换。

5.4.1 正向运动方程的变换矩阵

为了描述相邻杆件间平移和转动的关系，Denavit 和 Hartenberg 提出了一种矩阵分析方法。D-H 方法是为每个关节处的杆件坐标系建立 4×4 齐次变换矩阵，来表示此关节处的杆件

与前一个杆件坐标系的关系。这样，通过逐次变换，用手部坐标系表示的末端执行器可被变换，并用基坐标系表示。

机器人每个杆件有 4 个参数：a_i、α_i、d_i 和 θ_i。若给出这些参数的正负号规则，则它们就可以完全确定机器人操作臂每一个杆件的位姿。这 4 个参数可分为两组：决定杆件结构的杆件参数（a_i，α_i）和决定相邻杆件相对位置的关节参数（d_i，θ_i）。

刚性杆件的 D-H 表示法利用上述 4 个参数可完全描述任何转动或移动关节，它们的定义如下。

a_i：表示从 z_{i-1} 轴和 x_i 轴的交点到第 i 坐标系原点沿 x_i 轴的偏置距离（即 z_{i-1} 和 z_i 两轴间的最小距离），称为连杆长度。

α_i：表示绕 x_i 轴（按右手规则）由 z_{i-1} 轴转向 z_i 轴的偏角，称为连杆扭角。

d_i：表示从第（$i-1$）坐标系的原点到 z_{i-1} 轴和 x_i 轴的交点沿 z_{i-1} 轴的距离，称为两连杆距离。

θ_i：表示绕 z_{i-1} 轴（按右手规则）由 x_{i-1} 轴转向 x_i 轴的关节角，称为两连杆夹角。

连杆连接主要有两种方式——转动关节和移动关节。对于转动关节，如图 5.9 所示，θ_i 为关节变量，连杆 i 的坐标系原点位于关节 i 和 $i+1$ 的公共法线与关节 $i+1$ 轴线的交点上。对于移动关节，如图 5.10 所示，d_i 为关节变量，其长度 a_i 没有意义，令其为零。移动关节的坐标系原点与下一个规定的连杆原点重合。

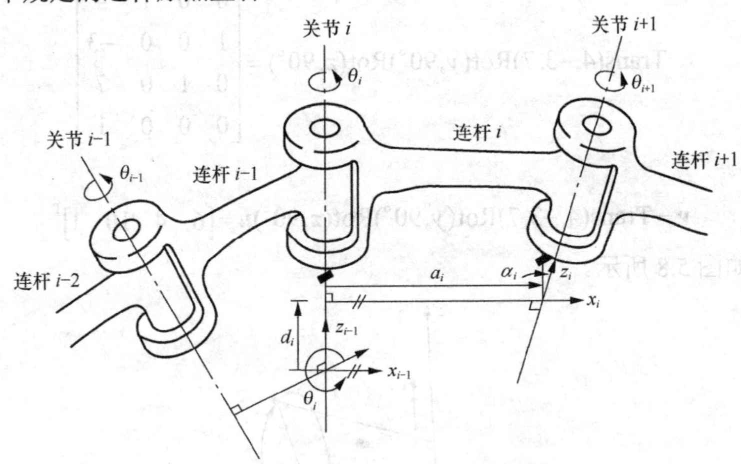

图 5.9　转动关节连杆的 4 参数示意图

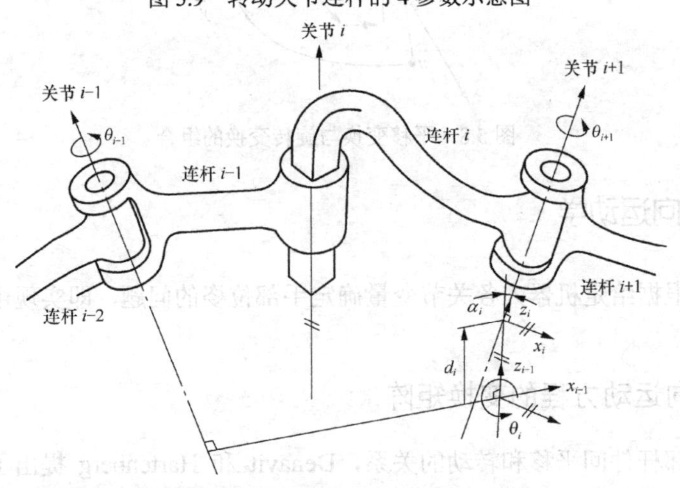

图 5.10　棱柱关节的连杆的参数示意图

确定和建立每个坐标系应根据下面 3 条规则。

（1）z_{i-1} 轴沿着第 i 关节的运动轴；

（2）x_i 轴垂直 z_{i-1} 轴并指向离开 z_{i-1} 轴的方向；

（3）y_i 轴按右手坐标系的要求建立。

按照这些规则，第 0 号坐标系在机座上的位置和方向可任选，只要 z_0 轴沿着第一关节运动轴即可。最后一个坐标系（第 n 个）可放在手的任何部位，只要 x_n 轴与 z_{n-1} 轴垂直即可。在机械手的端部，最后的位移 d_6 或旋转角度 θ_6 是相对于 z_5 而言的。选择连杆 6 的坐标系原点，使之与连杆 5 的坐标系原点重合。如果所用末端执行器的原点和轴线与连杆 6 的坐标系不一致，那么此工具与连杆 6 的相对关系可由一个齐次变换矩阵来表示。

一旦对全部连杆规定坐标系之后，就能够按照下列顺序通过两个旋转和两个平移来建立相邻两连杆 $i-1$ 与 i 之间的对应关系，见图 5.9 和图 5.10。

（1）将 x_{i-1} 轴绕 z_{i-1} 轴旋转 θ_i 角，使 x_{i-1} 轴同 x_i 轴对准；

（2）沿 z_{i-1} 轴平移一距离 d_i，使 x_{i-1} 轴和 x_i 轴重合；

（3）沿 x_i 轴平移一距离 a_i，使连杆 $i-1$ 的坐标系原点与连杆 i 的坐标系原点重合；

（4）绕 x_i 轴旋转 α_i 角，使 z_{i-1} 转到与 z_i 同一直线上。

这种关系可由表示连杆 i 对连杆 $i-1$ 相对位置的四个齐次变换来描述，并叫作 $\boldsymbol{A}_i$ 矩阵，也叫作连杆变换矩阵。此关系式为

$$\boldsymbol{A}_i=\mathrm{Rot}(z,\theta_i)\mathrm{Trans}(0,0,d_i)\mathrm{Trans}(a_i,0,0)\mathrm{Rot}(x,\alpha_i) \tag{5.43}$$

可以看出，一个 $\boldsymbol{A}_i$ 矩阵就是一个描述连杆坐标系间相对平移和旋转的齐次变换。

展开式（5.43）可得

$$A_i=\begin{bmatrix} \mathrm{c}\theta_i & -\mathrm{s}\theta_i\mathrm{c}\alpha_{i-1} & \mathrm{s}\theta_i\mathrm{s}\alpha_{i-1} & \alpha_{i-1}\mathrm{c}\theta_i \\ \mathrm{s}\theta_i & \mathrm{c}\theta_i\mathrm{c}\alpha_{i-1} & -\mathrm{c}\theta_i\mathrm{s}\alpha_{i-1} & \alpha_{i-1}\mathrm{s}\theta_i \\ 0 & \mathrm{s}\alpha_{i-1} & \mathrm{c}\alpha_{i-1} & d_i \\ 0 & 0 & 0 & 1 \end{bmatrix} \tag{5.44}$$

对于棱柱联轴节，$\boldsymbol{A}_i$ 矩阵为

$$\boldsymbol{A}_i=\begin{bmatrix} \mathrm{c}\theta_i & -\mathrm{s}\theta_i\mathrm{c}\alpha_{i-1} & \mathrm{s}\theta_i\mathrm{s}\alpha_{i-1} & 0 \\ \mathrm{s}\theta_i & \mathrm{c}\theta_i\mathrm{c}\alpha_{i-1} & -\mathrm{c}\theta_i\mathrm{s}\alpha_{i-1} & 1 \\ 0 & \mathrm{s}\alpha_{i-1} & \mathrm{c}\alpha_{i-1} & d_i \\ 0 & 0 & 0 & 1 \end{bmatrix} \tag{5.45}$$

当机械手各连杆的坐标系被规定之后，就能够列出各连杆的常量参数。对于跟在旋转关节 i 后的连杆，这些参数为 d_i，a_{i-1} 和 α_{i-1}。对于跟在移动关节 i 后的连杆来说，这些参数为 θ_i 和 a_{i-1}。然后，α 角的正弦值和余弦值也可以计算出来。这样，$\boldsymbol{A}$ 矩阵就成为关节变量 θ 的函数（对于旋转关节）或变量 d 的函数（对于移动关节）。一旦求得这些数据之后，就能够确定 6 个 $\boldsymbol{A}_i$ 变换矩阵的值。

因为可以把机器人的机械手看作是一系列由关节连接起来的连杆构成的，所以将机械手的每一连杆建立一个坐标系，并用齐次变换来描述这些坐标系间的相对位置和姿态。如果 $\boldsymbol{A}_1$ 表示第一个连杆对于基系的位置和姿态，$\boldsymbol{A}_2$ 表示第二个连杆相对于第一个连杆的位置和姿态，那么第二个连杆在基系中的位置和姿态可由下列矩阵的乘积给出

$$T_2 = A_1A_2 \tag{5.46}$$

同理，若 A_3 表示第三个连杆相对于第二个连杆的位置和姿态，则有

$$T_3 = A_1A_2A_3 \tag{5.47}$$

机械手的末端装置即为连杆 6 的坐标系，它与连杆 $i-1$ 坐标系的关系可由 ${}^{i-1}T_6$ 表示，故

$${}^{i-1}T_6 = A_iA_{i+1}\cdots A_6 \tag{5.48}$$

连杆变换通式为

$${}^{i-1}T_i = \begin{bmatrix} c\theta_i & -s\theta_i & 0 & \alpha_{i-1} \\ s\theta_i c\alpha_{i-1} & c\theta_i c\alpha_{i-1} & -s\alpha_{i-1} & -d_i s\alpha_{i-1} \\ s\theta_i s\alpha_{i-1} & c\theta_i s\alpha_{i-1} & c\alpha_{i-1} & d_i c\alpha_{i-1} \\ 0 & 0 & 0 & 1 \end{bmatrix} \tag{5.49}$$

而由式（5.48），机械手端部对基座的关系 T_6 为

$$T_6 = A_1A_2A_3A_4A_5A_6 \tag{5.50}$$

一个六连杆机械手可具有六个自由度，每个连杆含有一个自由度，并能在其运动范围内任意定位与定向。其中，三个自由度用于规定位置，而另外三个自由度用来规定姿态。所以 T_6 表示机械手的位置和姿态。

5.4.2 正向运动方程的求解

前面给出了机器人正向运动的变换矩阵。将上述系统扩展为具有 n 个关节的系统，其杆件 0，$1,\cdots,i,\cdots,n$ 通过关节 $1,\cdots,i,\cdots,n$ 相连接，则有

$$T = A_1A_2\cdots A_i\cdots A_n \tag{5.51}$$

这 n 个矩阵之积，表示了机器人手端坐标系相对于基础坐标系的位置与姿态，所以式（5.51）是机器人正向运动方程的解。

例 5.5　已知图 5.11 所示的 6 个简化转动关节所组成的 6 自由度操作机。每个转动关节的齐次矩阵的参数如表 5.1 所示。求解机器人正向运动问题。

表 5.1　6 关节操作机齐次矩阵中的参数

参数＼连杆	1	2	3	4	5	6
α_i	90°	0°	0°	−90°	90°	0°
a_i	0	a_2	a_3	a_4	a_5	a_6
θ_i	θ_1	θ_2	θ_3	θ_4	θ_5	θ_6
d_i	0	0	0	0	0	0

解：简化符号，令 $s_i = \sin\theta_i$，$c_i = \cos\theta_i$，可得

$$A_1 = \begin{bmatrix} c_1 & 0 & s_1 & 0 \\ s_1 & 0 & -c_1 & 0 \\ 0 & 1 & 0 & 0 \\ 0 & 0 & 0 & 1 \end{bmatrix}, A_2 = \begin{bmatrix} c_2 & -s_2 & 0 & c_2a_2 \\ s_2 & c_2 & 0 & s_2a_2 \\ 0 & 0 & 1 & 0 \\ 0 & 0 & 0 & 1 \end{bmatrix} \tag{5.52}$$

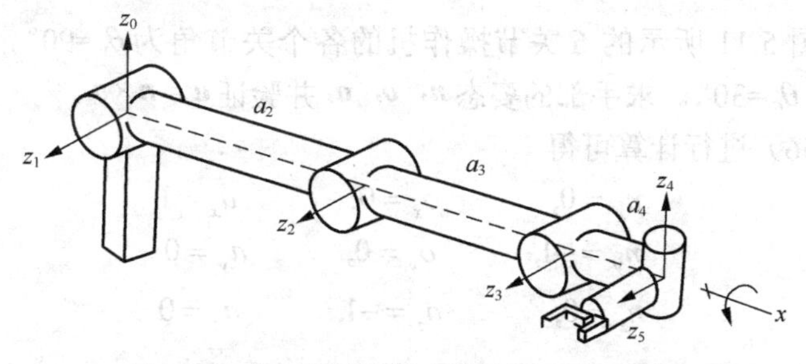

图 5.11 由 6 个简化转动关节组成的操作机

$$A_3=\begin{bmatrix} c_3 & -s_3 & 0 & c_3a_3 \\ s_3 & c_3 & 0 & s_3a_3 \\ 0 & 0 & 1 & 0 \\ 0 & 0 & 0 & 1 \end{bmatrix},\ A_4=\begin{bmatrix} c_4 & 0 & -s_4 & c_4a_4 \\ s_4 & 0 & c_4 & s_4a_4 \\ 0 & -1 & 0 & 0 \\ 0 & 0 & 0 & 1 \end{bmatrix} \tag{5.53}$$

$$A_5=\begin{bmatrix} c_5 & 0 & s_5 & 0 \\ s_5 & 0 & -c_5 & 0 \\ 0 & 1 & 0 & 0 \\ 0 & 0 & 0 & 1 \end{bmatrix},\ A_6=\begin{bmatrix} c_6 & -s_6 & 0 & 0 \\ s_6 & c_6 & 0 & 0 \\ 0 & 0 & 1 & 0 \\ 0 & 0 & 0 & 1 \end{bmatrix} \tag{5.54}$$

最后可计算总的齐次矩阵

$$T_6=A_1A_2A_3A_4A_5A_6=\begin{bmatrix} n_x & o_x & a_x & p_x \\ n_y & o_y & a_y & p_y \\ n_z & o_z & a_z & p_z \\ 0 & 0 & 0 & 1 \end{bmatrix} \tag{5.55}$$

令 $s_{23}=\sin(\theta_2+\theta_3)$，$c_{23}=\cos(\theta_2+\theta_3)$，$s_{234}=\sin(\theta_2+\theta_3+\theta_4)$，$c_{234}=\cos(\theta_2+\theta_3+\theta_4)$，最后可得

$$\left.\begin{aligned}
n_x &= c_1(c_{234}c_5c_6 - s_{234}s_6) - s_1s_5s_6 \\
n_y &= s_1(c_{234}c_5c_6 - s_{234}s_6) + c_1s_5c_6 \\
n_z &= s_{234}c_5c_6 - c_{234}s_6 \\
o_x &= -c_1(c_{234}c_5s_6 + s_{234}c_6) + s_1s_5s_6 \\
o_y &= -s_1(c_{234}c_5s_6 + s_{234}c_6) - c_1s_5s_6 \\
o_z &= -s_{234}c_5s_6 - c_{234}c_6 \\
a_x &= c_1c_{234}s_5 + s_1c_5 \\
a_y &= s_1c_{234}s_5 - c_1c_5 \\
a_z &= s_{234}s_5 \\
p_x &= c_1(c_{234}a_4 + c_{23}a_3 + c_2a_2) \\
p_y &= s_1(c_{234}a_4 + c_{23}a_3 + c_2a_2) \\
p_z &= s_{234}a_4 + s_{23}a_3 + s_2a_2
\end{aligned}\right\} \tag{5.56}$$

例 5.6 已知图 5.11 所示的 6 关节操作机的各个关节角为 θ_1=90°，θ_2=0°，θ_3=60°，θ_4=90°，θ_5=0°，θ_6=30°。求手部的姿态 $\boldsymbol{n}$，$\boldsymbol{o}$，$\boldsymbol{a}$，并验证 $\boldsymbol{a}=\boldsymbol{n}\times\boldsymbol{o}$。

解：由式（5.56）进行计算可得

$$\begin{aligned} &n_x=0, && o_x=0, && a_x=1 \\ &n_y=-1, && o_y=0, && a_y=0 \\ &n_z=0, && o_z=-1, && a_z=0 \end{aligned} \tag{5.57}$$

再做以下验证计算：

$$\begin{aligned} a_x&=n_y o_z-o_y n_z=(-1)(-1)-(0)(0)=1 \\ a_y&=o_x n_z-n_x o_z=(0)(0)-(0)(-1)=0 \\ a_z&=n_x o_y-n_y o_x=(0)(0)-(-1)(0)=0 \end{aligned} \tag{5.58}$$

显然 $\boldsymbol{a}=\boldsymbol{n}\times\boldsymbol{o}$。

例 5.7 已知 PUMA560 机器人结构如图 5.12 所示，连杆的 D-H 坐标变换矩阵参数如表 5.2 所示。其中，a_2=431.8mm，a_3=20.32mm，d_2=149.09mm，d_4=433.07mm。求解机器人正向运动方程。

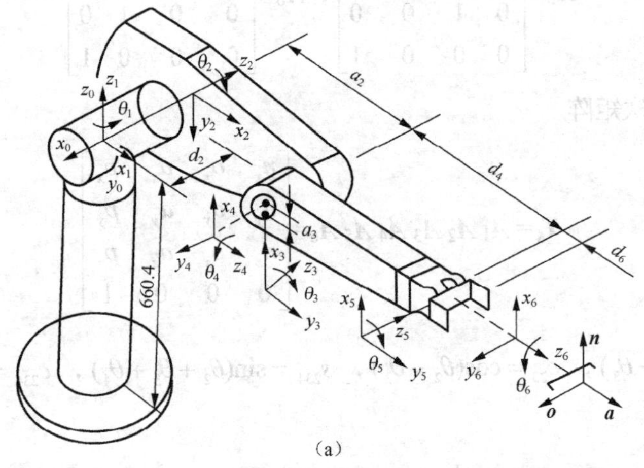

（a）

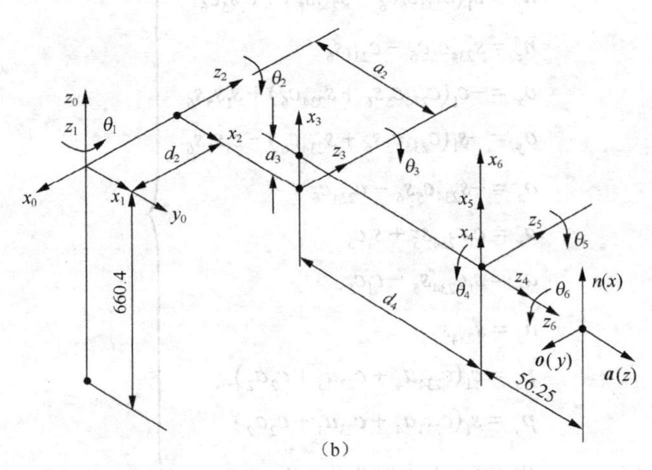

（b）

图 5.12 PUMA560 机器人结构示意图

表 5.2　　　　PUMA560 机器人的连杆参数

参数 \ 连杆	1	2	3	4	5	6
变量 θ_i	θ_1	θ_2	θ_3	θ_4	θ_5	θ_6
a_i	0	a_2	a_3	0	0	0
α_i	−90°	0°	90°	−90°	90°	0
d_i	0	d_2	0	d_4	0	d_6

解：各连杆变换矩阵为

$$\boldsymbol{A}_1=\begin{bmatrix} c\theta_1 & -s\theta_1 & 0 & 0 \\ s\theta_1 & c\theta_1 & 0 & 0 \\ 0 & 0 & 1 & 0 \\ 0 & 0 & 0 & 1 \end{bmatrix},\ \boldsymbol{A}_2=\begin{bmatrix} c\theta_2 & -s\theta_2 & 0 & 0 \\ 0 & 0 & 1 & d_2 \\ -s\theta_2 & -c\theta_2 & 0 & 0 \\ 0 & 0 & 0 & 1 \end{bmatrix}$$

$$\boldsymbol{A}_3=\begin{bmatrix} c\theta_3 & -s\theta_3 & 0 & a_2 \\ s\theta_3 & c\theta_3 & 0 & 0 \\ 0 & 0 & 1 & 0 \\ 0 & 0 & 0 & 1 \end{bmatrix},\ \boldsymbol{A}_4=\begin{bmatrix} c\theta_4 & -s\theta_4 & 0 & a_3 \\ 0 & 0 & 1 & d_4 \\ -s\theta_4 & -c\theta_4 & 0 & 0 \\ 0 & 0 & 0 & 1 \end{bmatrix} \tag{5.59}$$

$$\boldsymbol{A}_5=\begin{bmatrix} c\theta_5 & -s\theta_5 & 0 & 0 \\ 0 & 0 & -1 & 0 \\ s\theta_5 & c\theta_5 & 0 & 0 \\ 0 & 0 & 0 & 1 \end{bmatrix},\ \boldsymbol{A}_6=\begin{bmatrix} c\theta_6 & -s\theta_6 & 0 & 0 \\ 0 & 0 & 1 & 0 \\ -s\theta_6 & -c\theta_6 & 0 & 0 \\ 0 & 0 & 0 & 1 \end{bmatrix}$$

各连杆变换矩阵相乘，可得机械手的变换矩阵

$$^0\boldsymbol{T}_6=\boldsymbol{A}_1\boldsymbol{A}_2\boldsymbol{A}_3\boldsymbol{A}_4\boldsymbol{A}_5\boldsymbol{A}_6 \tag{5.60}$$

要求解此运动方程，需先计算某些中间结果：

$$^4\boldsymbol{T}_6={}^4\boldsymbol{A}_5{}^5\boldsymbol{A}_6=\begin{bmatrix} c_5c_6 & -c_5c_6 & -s_5 & 0 \\ s_6 & c_6 & 0 & 0 \\ s_5s_6 & -s_5s_6 & c_5 & 0 \\ 0 & 0 & 0 & 1 \end{bmatrix} \tag{5.61}$$

$$^3\boldsymbol{T}_6={}^3\boldsymbol{A}_4{}^4\boldsymbol{T}_6=\begin{bmatrix} c_4c_5c_6-s_4s_6 & -c_4c_5c_6-s_4s_6 & -c_4s_5 & a_3 \\ s_5s_6 & -s_5s_6 & c_5 & d_4 \\ -s_4s_5s_6-c_4s_6 & s_4c_5s_6-c_4c_6 & s_4s_5 & 0 \\ 0 & 0 & 0 & 1 \end{bmatrix} \tag{5.62}$$

其中, s_4,s_5,s_6,c_4,c_5,c_6 分别表示 $\sin\theta_4,\sin\theta_5,\sin\theta_6,\cos\theta_4,\cos\theta_5,\cos\theta_6$。

将 $^1\boldsymbol{A}_2$ 和 $^2\boldsymbol{A}_3$ 相乘，可得 $^1\boldsymbol{T}_3$

$$^1\boldsymbol{T}_3={}^1\boldsymbol{A}_2{}^2\boldsymbol{A}_3=\begin{bmatrix} c_{23} & -s_{23} & 0 & a_2c_2 \\ 0 & 0 & 1 & d_2 \\ -s_{23} & -c_{23} & 0 & -a_2s_2 \\ 0 & 0 & 0 & 1 \end{bmatrix} \tag{5.63}$$

式中，$c_{23}=\cos(\theta_2+\theta_3)=c_2c_3-s_2s_3$；$s_{23}=\sin(\theta_2+\theta_3)=c_2s_3+s_2c_3$。

再将式（5.62）与式（5.63）相乘，可得

$$ {}^1\boldsymbol{T}_6={}^1\boldsymbol{T}_3\,{}^3\boldsymbol{T}_6=\begin{bmatrix} {}^1n_x & {}^1o_x & {}^1a_x & {}^1p_x \\ {}^1n_y & {}^1o_y & {}^1a_y & {}^1p_y \\ {}^1n_z & {}^1o_z & {}^1a_z & {}^1p_z \\ 0 & 0 & 0 & 1 \end{bmatrix} \tag{5.64} $$

$$ \left.\begin{aligned} {}^1n_x &= c_{23}\left(c_4c_5c_6-s_4s_6\right)-s_{23}s_5c_6 \\ {}^1n_y &= -s_4c_5c_6-c_4s_6 \\ {}^1n_z &= -s_{23}\left(c_4c_5c_6-s_4s_6\right)-c_{23}s_5c_6 \\ {}^1o_x &= -c_{23}\left(c_4c_5s_6+s_4c_6\right)+s_{23}s_5s_6 \\ {}^1o_y &= s_4c_5s_6-c_4c_6 \\ {}^1o_z &= s_{23}\left(c_4c_5s_6+s_4c_6\right)+c_{23}s_5s_6 \\ {}^1a_x &= -c_{23}c_4s_5-s_{23}c_5 \\ {}^1a_y &= s_4s_5 \\ {}^1a_z &= s_{23}c_4s_5-c_{23}c_5 \\ {}^1p_x &= a_2c_2+a_3c_{23}-d_4s_{23} \\ {}^1p_y &= d_2 \\ {}^1p_z &= -a_3s_{23}-a_2s_2-d_4c_{23} \end{aligned}\right\} \tag{5.65} $$

式中，c_2表示$\cos\theta_2$,其余类推。

$$ {}^0\boldsymbol{T}_6={}^0\boldsymbol{T}_1\,{}^1\boldsymbol{T}_6=\begin{bmatrix} n_x & o_x & a_x & p_x \\ n_y & o_y & a_y & p_y \\ n_z & o_z & a_z & p_z \\ 0 & 0 & 0 & 1 \end{bmatrix} \tag{5.66} $$

$$ \left.\begin{aligned} n_x &= c_1\left[c_{23}\left(c_4c_5c_6-s_4s_6\right)-s_{23}s_5c_6\right]+s_1\left(s_4c_5c_6+c_4s_6\right) \\ n_y &= s_1\left[c_{23}\left(c_4c_5c_6-s_4s_6\right)-s_{23}s_5c_6\right]-c_1\left(s_4c_5c_6+c_4s_6\right) \\ n_z &= -s_{23}\left(c_4c_5c_6-s_4s_6\right)-c_{23}s_5c_6 \\ o_x &= c_1\left[c_{23}\left(-c_4c_5c_6-s_4s_6\right)+s_{23}s_5s_6\right]+s_1\left(c_4c_6-s_4c_5s_6\right) \\ o_y &= s_1\left[c_{23}\left(-c_4c_5c_6-s_4s_6\right)+s_{23}s_5c_6\right]-c_1\left(c_4c_6-s_4c_5c_6\right) \\ o_z &= -s_{23}\left(-c_4c_5s_6-s_4c_6\right)+c_{23}s_5s_6 \\ a_x &= -c_1\left(c_{23}c_4s_5+s_{23}c_5\right)-c_1s_4s_5 \\ a_y &= -s_1\left(c_{23}c_4s_5+s_{23}c_5\right)+c_1s_4s_5 \\ a_z &= s_{23}c_4s_5-c_{23}c_5 \\ p_x &= c_1\left[a_2c_2+a_3c_{23}-d_4s_{23}\right]-d_2s_1 \\ p_y &= s_1\left[a_2c_2+a_3c_{23}-d_4s_{23}\right]+d_2c_1 \\ p_z &= -a_3s_{23}-a_2s_2-d_4c_{23} \end{aligned}\right\} \tag{5.67} $$

5.5　机器人逆向运动学

机器人的逆向运动学问题是已知机器人操作臂的位置与姿态，求机器人对应于这个位置与姿态的全部关节角。

5.5.1　逆向运动学问题的多解性与可解性

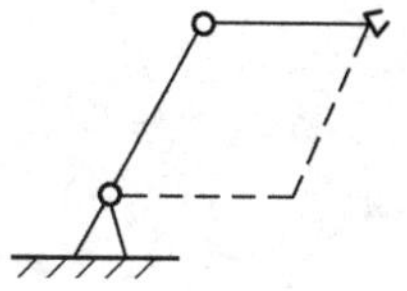

图 5.13 所示为一个二连杆机器人，对于一个给定的位置和姿态，它具有两组解。虚线和实线各代表一组解，且都能满足给定的位置与姿态。这就是多解性。多解性是由于解反三角函数方程产生的。

图 5.13　二连杆机器人

然而，对于一个实际工作中的机器人，只有一组解与实际情况相对应。因此，必须做出判断，以选择合适的解。通常，采用如下方法去剔除多余的解。

1. 根据关节运动空间限制来选择合适的解

例如，求得某关节角的两个解为

$$\theta_{i1}=40^\circ，\ \theta_{i2}=40^\circ+180^\circ=220^\circ \tag{5.68}$$

若该机器人第三关节运动空间为 $\pm 100^\circ$，显然应选择 $\theta_i=\theta_{i1}=40^\circ$。

2. 选择一个最接近的解

为使机器人运动连续与平稳，当它具有多解时，应选择最接近上一时刻的解。

例如，求得某关节角的两个解仍为

$$\theta_{i1}=40^\circ，\ \theta_{i2}=220^\circ \tag{5.69}$$

若该关节运动空间为 $\pm 250^\circ$，其前一采样时刻 $\theta_i(n-1)=160^\circ$，则

$$\begin{aligned}\Delta\theta_{i1}&=\theta_{i1}-\theta_i(n-1)=40^\circ-160^\circ=-120^\circ\\ \Delta\theta_{i2}&=\theta_{i2}-\theta_i(n-1)=220^\circ-160^\circ=60^\circ\end{aligned} \tag{5.70}$$

$\Delta\theta_{i2}$ 更接近前一时刻解，故应选择 $\theta_i=\theta_{i2}=220^\circ$。

3. 根据避障要求来选择合适的解

如图 5.14 所示，机器人原在 A 点，希望它到达 B 点。一个好的选择应取关节运动量最小的接近解。当无障碍物时，应选择上面虚线所示的解；但有障碍物时，选择接近解必然会发生碰撞，这就迫使取更远解，如图 5.14 下面虚线所示的解。

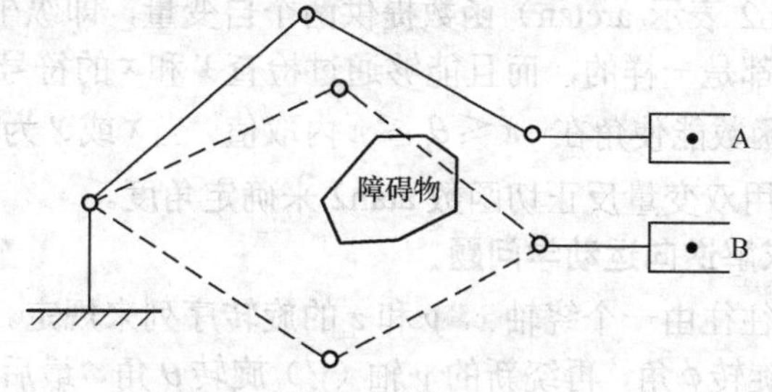

图 5.14　满足避障要求的解

5.5.2　逆向运动方程的求解

求解运动方程时，从 $\boldsymbol{T}_6$ 开始求解关节位置。使 $\boldsymbol{T}_6$ 的符号表达式的各元素等于 $\boldsymbol{T}_6$ 的一般

形式，并据此确定θ_1。其他5个关节参数不可能从$\boldsymbol{T}_6$求得，因为所求得的运动方程过于复杂而无法求解它们。一旦求得θ_1之后，可由$\boldsymbol{A}_1^{-1}$左乘$\boldsymbol{T}_6$的一般形式，得

$$\boldsymbol{A}_1^{-1}\boldsymbol{T}_6={}^1\boldsymbol{T}_6 \tag{5.71}$$

式中，左边为θ_1和$\boldsymbol{T}_6$各元素的函数。此式可用来求解其他各关节变量，如θ_2等。

不断地用A的逆矩阵左乘上式，可得下列另4个矩阵方程式

$$\boldsymbol{A}_2^{-1}\boldsymbol{A}_1^{-1}\boldsymbol{T}_6={}^2\boldsymbol{T}_6 \tag{5.72}$$

$$\boldsymbol{A}_3^{-1}\boldsymbol{A}_2^{-1}\boldsymbol{A}_1^{-1}\boldsymbol{T}_6={}^3\boldsymbol{T}_6 \tag{5.73}$$

$$\boldsymbol{A}_4^{-1}\boldsymbol{A}_3^{-1}\boldsymbol{A}_2^{-1}\boldsymbol{A}_1^{-1}\boldsymbol{T}_6={}^4\boldsymbol{T}_6 \tag{5.74}$$

$$\boldsymbol{A}_5^{-1}\boldsymbol{A}_4^{-1}\boldsymbol{A}_3^{-1}\boldsymbol{A}_2^{-1}\boldsymbol{A}_1^{-1}\boldsymbol{T}_6={}^5\boldsymbol{T}_6 \tag{5.75}$$

式（5.72）～式（5.75）中各方程的左式为$\boldsymbol{T}_6$和前i–1个关节变量的函数。可用这些方程来确定各关节的位置。

求解运动方程，即求得机械手各关节坐标，这对机械手的控制是至关重要的。根据$\boldsymbol{T}_6$可以知道机器人的机械手要移动到什么地方，而且我们需要获得各关节的坐标值，以便进行这一移动。求解各关节的坐标，需要有直觉知识，这是将要遇到的一个最困难的问题。

下面我们分别介绍解析法和欧拉变换法求解运动方程的方法。

（一）解析法求解逆向运动学问题

已知机器人的位置与姿态表达式为

$$\boldsymbol{T}=\begin{bmatrix} n_x & o_x & a_x & p_x \\ n_y & o_y & a_y & p_y \\ n_z & o_z & a_z & p_z \\ 0 & 0 & 0 & 1 \end{bmatrix}=\boldsymbol{A}_1\boldsymbol{A}_2\cdots\boldsymbol{A}_i\cdots\boldsymbol{A}_n \tag{5.76}$$

显然，可得到n个简单方程式，正是这些方程式产生了所要求的解。对于解析法，不是对12个方程式联立求解，而是用一个有规律的方法得到，在每一个方程式中用一系列变换矩阵的逆（$\boldsymbol{A}_i^{-1}$）左乘，然后考查方程式右端的元素，找出那些为零或常数的元素，并令这些元素与左端元素相等，以产生一个有效方程式，然后求解这个三角函数方程式。

此时，不能用反余弦arccos来求关节角，这是因为用反余弦函数得到一个角度时，不仅符号是不确定的，而且角的精度取决于该角，即$\cos\theta=\cos(-\theta)$和$\mathrm{d}\cos\theta/\mathrm{d}\theta\big|_{0°,180°}=0$。

因为atan2（令atan2表示arctan）函数提供两个自变量，即纵坐标y和横坐标x，且它的精度在整个定义域内都是一样的，而且能够通过检查y和x的符号来确定该角θ_i所在的象限，如图5.15所示。该函数能使角在$-\pi\leqslant\theta_i\leqslant\pi$内取值，当$x$或$y$为零时，也有确定的意义。因此，在求解时总是采用双变量反正切函数atan2来确定角度。

（二）欧拉变换法求解逆向运动学问题

机械手的运动姿态往往由一个绕轴x，y和z的旋转序列来规定。这种转角的序列称为欧拉角。欧拉角用绕z轴旋转ϕ角，再绕新的y轴（y'）旋转θ角，最后绕新的z轴（z'）旋转φ角来描述任何可能的姿态，如图5.16所示。

在任何旋转序列下，旋转次序都是十分重要的。这一旋转序列可由基系中相反的旋转次序来解释：先绕z轴旋转φ角，再绕y轴旋转θ角，最后绕z轴旋转ϕ角。

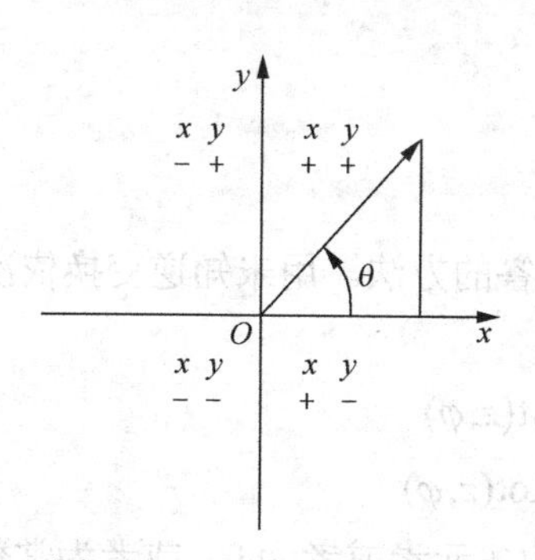

图 5.15 反正切函数 atan2

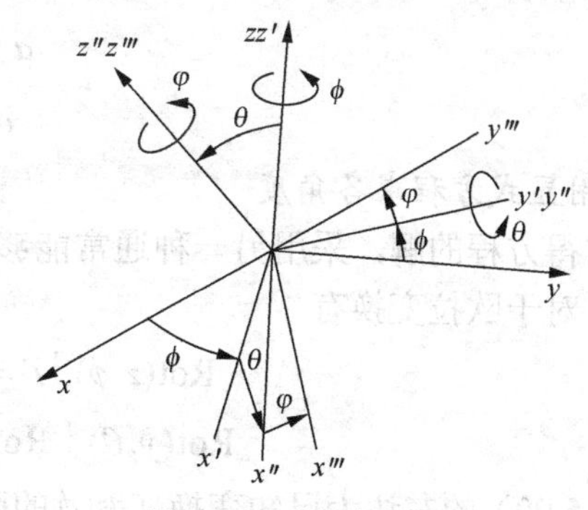

图 5.16 欧拉角的定义

欧拉变换 Euler 为（ϕ，θ，φ）=Rot（z，ϕ）Rot（y，θ）Rot（z，φ）

$$
=\begin{bmatrix} c\phi & -s\phi & 0 & 0 \\ s\phi & c\phi & 0 & 0 \\ 0 & 0 & 1 & 0 \\ 0 & 0 & 0 & 1 \end{bmatrix}\begin{bmatrix} c\theta & 0 & s\theta & 0 \\ 0 & 1 & 0 & 0 \\ -s\theta & 0 & c\theta & 0 \\ 0 & 0 & 0 & 1 \end{bmatrix}\begin{bmatrix} c\varphi & -s\varphi & 0 & 0 \\ s\varphi & c\varphi & 0 & 0 \\ 0 & 0 & 1 & 0 \\ 0 & 0 & 0 & 1 \end{bmatrix} \tag{5.77}
$$

$$
=\begin{bmatrix} c\phi c\theta c\varphi - s\phi s\varphi & -c\phi c\theta s\varphi - s\phi c\varphi & c\phi s\theta & 0 \\ s\phi c\theta c\varphi + c\phi s\varphi & -s\phi c\theta s\varphi + c\phi c\varphi & s\phi s\theta & 0 \\ -s\theta c\varphi & s\theta s\varphi & c\theta & 0 \\ 0 & 0 & 0 & 1 \end{bmatrix} \tag{5.78}
$$

1. 基本隐式方程的解

首先令

$$
\text{Euler}(\phi, \theta, \varphi) = \boldsymbol{T} \tag{5.79}
$$

已知 $\boldsymbol{T}$ 矩阵各元素的数值，如何求其所对应的 ϕ，θ 和 φ 值。

由式（5.78）和式（5.79），有

$$
\begin{bmatrix} n_x & o_x & a_x & p_x \\ n_y & o_y & a_y & p_y \\ n_z & o_z & a_z & p_z \\ 0 & 0 & 0 & 1 \end{bmatrix} = \begin{bmatrix} c\phi c\theta c\varphi - s\phi s\varphi & -c\phi c\theta s\varphi - s\phi c\varphi & c\phi s\theta & 0 \\ s\phi c\theta c\varphi + c\phi s\varphi & -s\phi c\theta s\varphi + c\phi c\varphi & s\phi s\theta & 0 \\ -s\theta c\varphi & s\theta s\varphi & c\theta & 0 \\ 0 & 0 & 0 & 1 \end{bmatrix} \tag{5.80}
$$

令矩阵方程两边各对应元素一一相等，可得 16 个方程式，其中有 12 个为隐式方程，将从这些隐式方程求得所需解答。在式（5.80）中，只有 9 个隐式方程，因为其平移坐标也是明显解。这些隐式方程如下。

$$
n_x = c\phi c\theta c\varphi - s\phi s\varphi \tag{5.81}
$$

$$
n_y = s\phi c\theta c\varphi + c\phi s\varphi \tag{5.82}
$$

$$
n_z = -s\theta c\varphi \tag{5.83}
$$

$$
o_x = -c\phi c\theta s\varphi - s\phi c\varphi \tag{5.84}
$$

$$
o_y = -s\phi c\theta s\varphi + c\phi c\varphi \tag{5.85}
$$

$$
o_z = s\theta s\varphi \tag{5.86}
$$

$$
a_x = c\phi s\theta \tag{5.87}
$$

$$a_y = s\phi s\theta \tag{5.88}$$

$$a_z = c\theta \tag{5.89}$$

2. 用显式方程求各角度

要求得方程的解，采用另一种通常能够导致显式解答的方法。用未知逆变换依次左乘已知方程，对于欧拉变换有

$$\text{Rot}(z,\phi)^{-1}T = \text{Rot}(y,\theta)\text{Rot}(z,\varphi) \tag{5.90}$$

$$\text{Rot}(y,\theta)^{-1}\ \text{Rot}(z,\phi)^{-1}T = \text{Rot}(z,\varphi) \tag{5.91}$$

式（5.90）的左边为已知变换 T 和 ϕ 的函数，而右边各元素或者为 0，或者为常数。令方程式的两边对应元素相等，对于式（5.90）即有

$$\begin{bmatrix} c\phi & s\phi & 0 & 0 \\ -s\phi & c\phi & 0 & 0 \\ 0 & 0 & 1 & 0 \\ 0 & 0 & 0 & 1 \end{bmatrix}\begin{bmatrix} n_x & o_x & a_x & p_x \\ n_y & o_y & a_y & p_y \\ n_z & o_z & a_z & p_z \\ 0 & 0 & 0 & 1 \end{bmatrix} = \begin{bmatrix} c\theta c\varphi & -c\theta s\varphi & s\theta & 0 \\ s\varphi & c\varphi & 0 & 0 \\ -s\theta c\varphi & s\theta s\varphi & c\theta & 0 \\ 0 & 0 & 0 & 1 \end{bmatrix} \tag{5.92}$$

在计算此方程左式之前，用下列形式来表示乘积：

$$\begin{bmatrix} f_{11}(n) & f_{11}(o) & f_{11}(a) & f_{11}(p) \\ f_{12}(n) & f_{12}(o) & f_{12}(a) & f_{12}(p) \\ f_{13}(n) & f_{13}(o) & f_{13}(a) & f_{13}(p) \\ 0 & 0 & 0 & 1 \end{bmatrix}$$

其中，$f_{11} = c\phi x + s\phi y$，$f_{12} = -s\phi x + c\phi y$，$f_{13} = z$，而 x, y 和 z 为 f_{11}，f_{12} 和 f_{13} 的各相应分量，例如

$$f_{11}(p) = c\phi p_x + s\phi p_y \tag{5.93}$$

$$f_{12}(a) = -s\phi a_x + c\phi a_y \tag{5.94}$$

于是，我们可把式（5.92）重写为

$$\begin{bmatrix} f_{11}(n) & f_{11}(o) & f_{11}(a) & f_{11}(p) \\ f_{12}(n) & f_{12}(o) & f_{12}(a) & f_{12}(p) \\ f_{13}(n) & f_{13}(o) & f_{13}(a) & f_{13}(p) \\ 0 & 0 & 0 & 1 \end{bmatrix} = \begin{bmatrix} c\theta c\varphi & -c\theta s\varphi & s\theta & 0 \\ s\varphi & c\varphi & 0 & 0 \\ -s\theta c\varphi & s\theta s\varphi & c\theta & 0 \\ 0 & 0 & 0 & 1 \end{bmatrix} \tag{5.95}$$

检查上式右端可见，p_x，p_y 和 p_z 均为 0。这是所期望的，因为欧拉变换不产生任何平移。此外，位于第二行、第三列的元素也为 0。所以可得 $f_{12}(a) = 0$，即

$$-s\phi a_x + c\phi a_y = 0 \tag{5.96}$$

上式两边分别加上 $s\phi a_x$，再除以 $c\phi a_x$，则有

$$\tan\phi = \frac{s\phi}{c\phi} = \frac{a_y}{a_x} \tag{5.97}$$

这样，即可以从反正切函数得到

$$\phi = \text{atan2}(a_y, a_x) \tag{5.98}$$

对式（5.96）两边分别加上 $-c\phi a_y$，然后除以 $-c\phi a_x$，则得

$$\tan\phi = \frac{s\phi}{c\phi} = \frac{-a_y}{-a_x} \tag{5.99}$$

这时可得式（5.96）的另一个解为

$$\phi = \text{atan2}(-a_y, -a_x) \tag{5.100}$$

式（5.98）与式（5.100）两解相差180°。

除非出现a_y和a_x同时为0的情况，总能得到式（5.96）的两个相差180°的解。当a_y和a_x均为0时，角度ϕ没有定义。这种情况是在机械手臂垂直向上或向下，且ϕ和φ两角又对应于同一旋转时出现的。这种情况称为退化（degeneracy）。这时，任取φ=0。

求得ϕ值之后，式（5.95）左式的所有元素也就随之确定。令左式元素与右边对应元素相等，可得$s\theta = f_{11}(a)$，$c\theta = f_{13}(a)$，或$s\theta = c\phi a_x + s\phi a_y, c\theta = a_z$。于是有

$$\theta = \text{atan2}(c\phi a_x + s\phi a_y, a_z) \tag{5.101}$$

当正弦和余弦都确定时，角度θ总是唯一确定的，而且不会出现前述角度ϕ那种退化问题。

最后求解角度φ。由式（5.95）有$s\varphi = f_{12}(n)$，$c\varphi = f_{12}(o)$，或$s\varphi = -s\phi n_x + c\varphi n_y$，$c\varphi = -s\phi o_x + c\phi o_y$，从而得到

$$\varphi = \text{atan2}(-s\phi n_x + c\phi n_y, -s\phi o_x + c\phi o_y) \tag{5.102}$$

概括地说，如果已知一个表示任意旋转的齐次变换，那么就能够确定其等价欧拉角：

$$\left.\begin{aligned} \phi &= \text{atan2}(a_y, a_x), \phi = \phi + 180^\circ \\ \theta &= \text{atan2}(c\phi a_x + s\phi a_y, a_z) \\ \phi &= \text{atan2}(-s\phi n_x + c\phi n_y, -s\phi o_x + c\phi o_y) \end{aligned}\right\} \tag{5.103}$$

例5.8 求肘关节机械手的解θ_6（参见图5.11）。

解：为了得到θ_1解，仍如前用$\boldsymbol{A}_1$的逆矩阵左乘$\boldsymbol{T}_6$方程的两端，得

$$\boldsymbol{A}_1^{-1}\boldsymbol{T}_6 = {}^1\boldsymbol{T}_6 \tag{5.104}$$

即

$$\begin{bmatrix} f_{11}(n) & f_{11}(o) & f_{11}(a) & f_{11}(p) \\ f_{12}(n) & f_{12}(o) & f_{12}(a) & f_{12}(p) \\ f_{13}(n) & f_{13}(o) & f_{13}(a) & f_{13}(p) \\ 0 & 0 & 0 & 1 \end{bmatrix} = \begin{bmatrix} c_{234}c_5c_6 - s_{234}s_6 & -c_{234}c_5c_6 & c_{234}s_5 & c_{234}a_4 + c_{23}a_3 + c_2a_2 \\ s_{234}c_5c_6 + c_{234}s_6 & -s_{234}c_5s_6 & s_{234}s_5 & s_{234}a_4 + s_{23}a_3 + s_2a_2 \\ -s_5c_6 & s_5s_6 & c_5 & 0 \\ 0 & 0 & 0 & 1 \end{bmatrix} \tag{5.105}$$

式中$s_{234} = \sin(\theta_2 + \theta_3 + \theta_4)$，$c_{234} = \cos(\theta_2 + \theta_3 + \theta_4)$，使式（5.105）对应的元素相等，可得$\theta_1$，即

$$s_1 p_x - c_1 p_y = 0 \tag{5.106}$$

$$\theta_1 = \arctan\frac{p_y}{p_x} \tag{5.107}$$

及θ_1的另一解

$$\theta_1' = \theta_1 + 180^\circ \tag{5.108}$$

然后从这两个解中，选取合适的一个作为θ_1。对于该机器人，由于θ_2、θ_3、θ_4的轴是平行的，首先求出这三个角之和θ_{234}，由$\boldsymbol{A}_4^{-1}\ \boldsymbol{A}_3^{-1}\ \boldsymbol{A}_2^{-1}\ \boldsymbol{A}_1^{-1}\ \boldsymbol{T}_6={}^4\boldsymbol{T}_6$有

$$\begin{bmatrix} f_{41}(n) & f_{41}(o) & f_{41}(a) & f_{41}(p)-c_{23}a_2-c_4a_3-a_4 \\ f_{42}(n) & f_{42}(o) & f_{42}(a) & 0 \\ f_{43}(n) & f_{43}(o) & f_{43}(a) & f_{43}(p)+s_{34}a_2+s_4a_3 \\ 0 & 0 & 0 & 1 \end{bmatrix}=\begin{bmatrix} c_5c_6 & -c_5s_6 & s_5 & 0 \\ s_5c_6 & -s_5s_6 & -c_5 & 0 \\ s_6 & c_6 & 0 & 0 \\ 0 & 0 & 0 & 1 \end{bmatrix} \quad (5.109)$$

式中，

$$f_{41}=c_{234}(c_1x+s_1y)+s_{234}z$$

$$f_{42}=-(s_1x-c_1y)$$

$$f_{43}=-s_{234}(c_1x+s_1y)+c_{234}z$$

使式（5.109）中第三行第三列两边元素相等，得θ_{234}方程

$$-s_{234}(c_1a_x+s_1a_y)+c_{234}a_z=0 \quad (5.110)$$

$$\theta_{234}=\arctan\frac{a_z}{c_1a_x+s_1a_y} \quad (5.111)$$

以及另一解$\theta'_{234}=\theta_{234}+180°$。当然，仍需要从两个解中选取一个。

从方程式（5.105）中的（1，4）和（2，4）对应元素相等（括号中数字代表元素的行数、列数，以下同），有

$$c_1p_x+s_1p_y=c_{234}a_4+c_{23}a_3+c_2a_2 \quad (5.112)$$

$$p_y=s_{234}a_4+s_{23}a_3+s_2a_2 \quad (5.113)$$

令$p_x{}'=c_1p_x+s_1p_y-c_{234}a_4$（$p_x{}'$为已知）

$p_y{}'=p_y-s_{234}a_4$（$p_y{}'$为已知）

将$p_x{}'$、$p_y{}'$代入式（5.112）、式（5.113），有

$$p_x{}'=c_{23}a_3+c_2a_2 \quad (5.114)$$

$$p_y{}'=s_{23}a_3+s_2a_2 \quad (5.115)$$

经常采用下面办法求解形如式（5.114）和式（5.115）的联立方程，两式平方相加得

$$c_3=\frac{(p'_x)^2+(p'_y)^2-a_3^2-a_2^2}{2a_2a_3} \quad (5.116)$$

首先求θ_3的正弦值，然后用正切值确定θ_3。

$$s_3=\pm(1-c_{23})^{1/2} \quad (5.117)$$

$$\theta_3=\arctan\frac{s_3}{c_3} \quad (5.118)$$

式（5.117）中两解对应关节向上或向下两种姿态。求得θ_3后，从联立方程式（5.114）、式（5.115）中得s_2、c_2 表达式

$$s_2=\frac{(c_3a_3+a_2)p'_y-s_3a_3p'_x}{(c_3a_3+a_2)^2+(s_3^2a_3^2)} \quad (5.119)$$

$$c_2=\frac{(c_3a_3+a_2)p'_x+s_3a_3p'_y}{(c_3a_3+a_2)^2+(s_3^2a_3^2)} \quad (5.120)$$

两式的分母相等，且都为正值，故得

$$\theta_2 = \arctan\frac{(c_3a_3+a_2)p'_y - s_3a_3p'_x}{(c_3a_3+a_2)p'_x + s_3a_3p'_y} \tag{5.121}$$

可以求出 θ_4 为

$$\theta_4 = \theta_{234} - \theta_3 - \theta_2 \tag{5.122}$$

从方程式（5.109）的（1，3）和（2，3）对应元素相等有

$$s_5 = c_{234}(c_1a_x + s_1a_y) + s_{234}a_z \tag{5.123}$$

$$c_5 = s_1a_x - c_1a_y \tag{5.124}$$

于是

$$\theta_5 = \arctan\frac{s_5}{c_5} \tag{5.125}$$

用 $\boldsymbol{A}_5^{-1}$ 左乘，得 $\boldsymbol{A}_5^{-1}\ \boldsymbol{A}_4^{-1}\ \boldsymbol{A}_3^{-1}\ \boldsymbol{A}_2^{-1}\ \boldsymbol{A}_1^{-1}\ \boldsymbol{T}_6 = {}^5\boldsymbol{T}_6$，即

$$\begin{bmatrix} f_{51}(n) & f_{51}(o) & 0 & 0 \\ f_{52}(n) & f_{52}(o) & 0 & 0 \\ 0 & 0 & 1 & 0 \\ 0 & 0 & 0 & 1 \end{bmatrix} = \begin{bmatrix} c_6 & -s_6 & 0 & 0 \\ s_6 & c_6 & 0 & 0 \\ 0 & 0 & 1 & 0 \\ 0 & 0 & 0 & 1 \end{bmatrix} \tag{5.126}$$

式中，$f_{51} = c_5[c_{234}(c_1x + s_1y) + s_{234}z] - s_5(s_1x - c_1y)$

$f_{52} = -s_{234}(c_1x + s_1y) + c_{234}z$

由式（5.126）中（1，2）和（2，2）对应元素相等得

$$s_6 = -c_5[c_{234}(c_1o_x + s_1o_y) + s_{234}o_z] + s_5(s_1o_x - c_1o_y) \tag{5.127}$$

$$c_6 = -s_{234}(c_1o_x + s_1o_y) + c_{234}o_z \tag{5.128}$$

因而

$$\theta_6 = \arctan\frac{s_6}{c_6} \tag{5.129}$$

例 5.9 求 PUMA560 机器人运动学逆解（机器人结构示意图和 D-H 坐标变换参数见图 5.12 和表 5.2）。

解：将 PUMA560 的运动方程写为

$${}^0\boldsymbol{T}_6 = \begin{bmatrix} n_x & o_x & a_x & p_x \\ n_y & o_y & a_y & p_y \\ n_z & o_z & a_z & p_z \\ 0 & 0 & 0 & 1 \end{bmatrix} = \boldsymbol{A}_1(\theta_1)\boldsymbol{A}_2(\theta_2)\boldsymbol{A}_3(\theta_3)\boldsymbol{A}_4(\theta_4)\boldsymbol{A}_5(\theta_5)\boldsymbol{A}_6(\theta_6) \tag{5.130}$$

在式（5.130）中，左边矩阵各元素 n，o，a 和 p 是已知的，而右边的 6 个矩阵是未知的。用未知的连杆逆变换左乘方程（5.130）的两边，把关节变量分离出来，从而求解。具体步骤如下。

（1）求 θ_1。

用逆变换 $\boldsymbol{A}_1^{-1}(\theta_1)$ 左乘方程（5.130）两边，得

$$A_1^{-1}(\theta_1){}^0T_6 = A_2(\theta_2)A_3(\theta_3)A_4(\theta_4)A_5(\theta_5)A_6(\theta_6) \tag{5.131}$$

$$\begin{bmatrix} c_1 & s_1 & 0 & 0 \\ -s_1 & c_1 & 0 & 0 \\ 0 & 0 & 1 & 0 \\ 0 & 0 & 0 & 1 \end{bmatrix}\begin{bmatrix} n_x & o_x & a_x & p_x \\ n_y & o_y & a_y & p_y \\ n_z & o_z & a_z & p_z \\ 0 & 0 & 0 & 1 \end{bmatrix} = {}^1T_6 \tag{5.132}$$

式（5.132）中，${}^1T_6$ 见式（5.64）和式（5.65）。

令矩阵方程（5.132）两端的元素（2，4）对应相等，可得

$$-s_1p_x + c_1p_y = d_2 \tag{5.133}$$

利用三角代换

$$p_x = \rho\cos\varphi，\ p_y = \rho\sin\varphi \tag{5.134}$$

式中，$\rho = \sqrt{p_x^2 + p_y^2}$，$\varphi = \operatorname{atan2}(p_y, p_x)$。把代换式（5.134）代入式（5.133），得到 θ_1 的解

$$\left.\begin{aligned} &\sin(\varphi - \theta_1) = d_2/\rho; \qquad \cos(\varphi - \theta_1) = \pm\sqrt{1-(d_2/\rho)^2} \\ &\varphi - \theta_1 = \operatorname{atan2}\left[\frac{d_2}{\rho}, \pm\sqrt{1-\left(\frac{d_2}{\rho}\right)^2}\right] \\ &\theta_1 = \operatorname{atan2}(p_y, p_x) - \operatorname{atan2}(d_2, \pm\sqrt{p_x^2 + p_y^2 - d_2^2}) \end{aligned}\right\} \tag{5.135}$$

式中，正、负号分别对应于 θ_1 的两个可能解。

（2）求 θ_3。

在选定 θ_1 的一个解之后，再令矩阵方程（5.132）两端的元素（1，4）和（3，4）分别对应相等，即得两方程

$$\left.\begin{aligned} c_1p_x + s_1p_y &= a_3c_{23} - d_4s_{23} + a_2c_2 \\ -p_z &= a_3s_{23} + d_4c_{23} + a_2s_2 \end{aligned}\right\} \tag{5.136}$$

式（5.133）与式（5.136）的平方和为

$$a_3c_3 - d_4s_3 = k \tag{5.137}$$

式中，$k = \dfrac{p_x^2 + p_y^2 + p_z^2 - a_2^2 - a_3^2 - d_2^2 - d_4^2}{2a_2}$

式（5.137）中已经消去 θ_2，且式（5.133）与式（5.137）具有相同形式，因而可由三角代换求解 θ_3：

$$\theta_3 = \operatorname{atan2}(a_3, d_4) - \operatorname{atan2}(k, \pm\sqrt{a_3^2 + d_4^2 - k^2}) \tag{5.138}$$

式中，正、负号分别对应 θ_3 的两个可能解。

（3）求 θ_2。

为求解 θ_2，在矩阵方程（5.130）两边左乘逆变换 A_3^{-1}，可得

$$A_3^{-1}(\theta_1,\theta_2,\theta_3){}^0T_6 = A_4(\theta_4)A_5(\theta_5)A_6(\theta_6) \tag{5.139}$$

$$\begin{bmatrix} c_1c_{23} & s_1c_{23} & -s_{23} & -a_2c_3 \\ -c_1s_{23} & -s_1s_{23} & -c_{23} & a_2s_3 \\ -s_1 & c_1 & 0 & -d_2 \\ 0 & 0 & 0 & 1 \end{bmatrix}\begin{bmatrix} n_x & o_x & a_x & p_x \\ n_y & o_y & a_y & p_y \\ n_z & o_z & a_z & p_z \\ 0 & 0 & 0 & 1 \end{bmatrix} = {}^3\boldsymbol{T}_6 \tag{5.140}$$

令矩阵方程（5.140）两边的元素（1，4）和（2，4）分别对应相等可得

$$\left.\begin{aligned} c_1c_{23}p_x + s_1c_{23}p_y - s_{23}p_z - a_2c_3 = a_3 \\ -c_1s_{23}p_x - s_1s_{23}p_y - c_{23}p_z + a_2s_3 = d_4 \end{aligned}\right\}$$

联立求解得

$$\begin{cases} s_{23} = \dfrac{(-a_3 - a_2c_3)p_z + (c_1p_x + s_1p_y)(a_2s_3 - d_4)}{p_z^2 + (c_1p_x + s_1p_y)^2} \\ c_{23} = \dfrac{(-d_4 + a_2s_3)p_z - (c_1p_x + s_1p_y)(-a_2c_3 - a_3)}{p_z^2 + (c_1p_x + s_1p_y)^2} \end{cases}$$

s_{23}和c_{23}表达式的分母相等，且为正。于是

$$\theta_{23} = \theta_2 + \theta_3 = \text{atan2}[-(a_3 + a_2c_3)p_z + (c_1p_x + s_1p_y)(a_2s_3 - d_4), (-d_4 + a_2s_3)p_z + (c_1p_x + s_1p_y)(a_2c_3 + a_3)] \tag{5.141}$$

根据θ_1和θ_3解的四种可能组合，由式（5.141）可以得到相应的4种可能值θ_{23}，于是可得到θ_2的4种可能解

$$\theta_2 = \theta_{23} - \theta_3$$

式中，θ_2取与θ_3相对应的值。

（4）求θ_4。

因为式（5.140）的左边均为已知，令两边元素（1，3）和（3，3）分别对应相等，则可得

$$\begin{cases} a_xc_1c_{23} + a_ys_1c_{23} - a_zs_{23} = -c_4s_5 \\ -a_xs_1 + a_yc_1 = s_4s_5 \end{cases} \tag{5.142}$$

只要$s_5 \neq 0$，便可求出θ_4，即

$$\theta_4 = \text{atan2}(-a_xs_1 + a_yc_1, -a_xc_1c_{23} - a_ys_1c_{23} + a_zs_{23}) \tag{5.143}$$

当$s_5 = 0$时，机械手处于奇异形位。此时，关节轴4和6重合，只能解出θ_4与θ_6的和或差。奇异形位可以由式（5.143）中atan2的两个变量是否都接近零来判别。若都接近零，则为奇异形位；否则，不是奇异形位。在奇异形位时，可任意选取θ_4的值，再计算相应的θ_6值。

（5）求θ_5。

根据求出的θ_4，可进一步解出θ_5，将式（5.130）两端左乘逆变换$\boldsymbol{A}_4^{-1}(\theta_1,\theta_2,\theta_3,\theta_4)$，得

$$\boldsymbol{A}_4^{-1}(\theta_1,\theta_2,\theta_3,\theta_4)\,{}^0\boldsymbol{T}_6 = \boldsymbol{A}_5(\theta_5)\boldsymbol{A}_6(\theta_6) \tag{5.144}$$

因式（5.144）的左边θ_1，θ_2，θ_3和θ_4均已解出，逆变换$\boldsymbol{A}_4^{-1}(\theta_1,\theta_2,\theta_3,\theta_4)$为

$$\begin{bmatrix} c_1c_{23}c_4 + s_1s_4 & s_1c_{23}c_4 - c_1s_4 & -s_{23}c_4 & -a_2c_3c_4 + d_2s_4 - a_3c_4 \\ -c_1c_{23}c_4 + s_1s_4 & -s_1c_{23}c_4 - c_1s_4 & s_{23}s_4 & a_2c_3s_4 + d_2c_4 + a_3s_4 \\ -c_1s_{23} & -s_1s_{23} & -c_{23} & a_2s_3 - d_4 \\ 0 & 0 & 0 & 1 \end{bmatrix} \tag{5.145}$$

根据式（5.144）矩阵两边元素（1，3）和（3，3）分别对应相等，可得

$$\left.\begin{aligned} & a_x(c_1c_{23}c_4+s_1s_4)+a_y(s_1c_{23}c_4-c_1s_4)-a_z(s_{23}c_4)=-s_5 \\ & a_x(-c_1s_{23})+a_y(-s_1s_{23})+a_z(-c_{23})=c_5 \end{aligned}\right\} \tag{5.146}$$

由此得到θ_5的封闭解

$$\theta_5=\operatorname{atan2}(s_5,c_5) \tag{5.147}$$

（6）求θ_6。

将式（5.130）改写为

$$\boldsymbol{A}_5^{-1}(\theta_1,\theta_2,\cdots,\theta_5)\,{}^0\boldsymbol{T}_6=\boldsymbol{A}_6(\theta_6) \tag{5.148}$$

令矩阵方程（5.148）两边元素（1，3）和（3，3）分别对应相等，可得

$$\begin{aligned} & -n_x(c_1c_{23}s_4-s_1c_4)-n_y(s_1c_{23}s_4+c_1c_4)+n_z(s_{23}s_4)=s_6 \\ & n_x[(c_1c_{23}c_4+s_1s_4)c_5-c_1s_{23}s_5]+n_y[(s_1c_{23}c_4-c_1s_4)c_5-s_1s_{23}s_5]- \\ & n_z(s_{23}c_4c_5+c_{23}s_5)=c_6 \end{aligned} \tag{5.149}$$

从而可求出θ_6的封闭解

$$\theta_6=\operatorname{atan2}(s_6,c_6) \tag{5.150}$$

PUMA560的运动反解可能存在8种解。但是，由于结构的限制，如各关节变量不能在全部360°范围内运动，有些解不能实现。在机器人存在多种解的情况下，应选取其中最满意的一组解，以满足机器人的工作要求。

5.6 机器人的雅可比矩阵

速度运动学问题之所以重要，原因是机械手不仅需要达到某个（或一系列的）位置，而且常常需要它按给定的速度达到这些位置。本节将首先引入微分运动的概念，然后引入雅可比矩阵。

5.6.1 微分运动

根据速度的定义可知，物体的运动速度可定义为其微分运动与微分采样时间之比。机械手运动过程中的微分关系是很重要的。当用摄像机来观察机械手的末端执行装置时，需要把对于一个坐标系的微分变化变换为对于另一坐标系的微分变化。假如说，把摄像机的坐标系建立在$\boldsymbol{T}_6$上。当已知对$\boldsymbol{T}_6$的微分变化时，要求应用微分变化求相应各关节坐标的变化。

机械手的变换包括平移变换、旋转变换、比例变换和投影变换等。在此，仅讨论平移变换和旋转变换。这样，就可以把导数项表示为微分平移和微分旋转。

用基坐标系的微分平移和旋转来表示微分变化。

已知坐标系$\{T\}$，$\boldsymbol{T}$+d$\boldsymbol{T}$可表示为

$$\boldsymbol{T}+\mathrm{d}\boldsymbol{T}=\mathrm{Trans}\,(d_x,d_y,d_z)\,\mathrm{Rot}\,(\boldsymbol{f},\ \mathrm{d}\theta)\,\boldsymbol{T} \tag{5.151}$$

式中，Trans（d_x,d_y,d_z）表示基系中微分平移d_x,d_y,d_z的变换；Rot（$\boldsymbol{f}$，dθ）表示基系中绕矢量f的微分旋转dθ的变换。由上式可得d$\boldsymbol{T}$的表达式为

$$\mathrm{d}\boldsymbol{T}=[\text{Trans}\,(d_x,d_y,d_z)\,\text{Rot}\,(\boldsymbol{f},\ \mathrm{d}\theta)-\boldsymbol{I}]\boldsymbol{T} \tag{5.152}$$

用对于给定坐标系 $\{\boldsymbol{T}\}$ 的微分平移和旋转来表示微分变化：

$$\boldsymbol{T}+\mathrm{d}\boldsymbol{T}=\boldsymbol{T}\text{Trans}\,(d_x,d_y,d_z)\,\text{Rot}\,(\boldsymbol{f},\ \mathrm{d}\theta) \tag{5.153}$$

式中，Trans（d_x,d_y,d_z）表示对于坐标系 $\{\boldsymbol{T}\}$ 的微分平移变换；Rot（$\boldsymbol{f}$，dθ）表示对坐标系 $\{\boldsymbol{T}\}$ 中绕矢量 $\boldsymbol{f}$ 的微分旋转 dθ。则有

$$\mathrm{d}\boldsymbol{T}=\boldsymbol{T}[\text{Trans}\,(d_x,d_y,d_z)\,\text{Rot}\,(\boldsymbol{f},\ \mathrm{d}\theta)-\boldsymbol{I}] \tag{5.154}$$

式（5.152）和式（5.154）中有一共同的项 Trans（d_x,d_y,d_z）Rot（$\boldsymbol{f}$，dθ）$-\boldsymbol{I}$。当微分运动是对基系进行时，记为 $\boldsymbol{\Delta}$；而当运动是对于坐标系 $\{\boldsymbol{T}\}$ 进行时，记为 ${}^{T}\boldsymbol{\Delta}$。于是，当对基系进行微分变化时，$\mathrm{d}\boldsymbol{T}=\boldsymbol{\Delta}\boldsymbol{T}$；而当对坐标系 $\{\boldsymbol{T}\}$ 进行微分变化时，$\mathrm{d}\boldsymbol{T}=\boldsymbol{T}\,{}^{T}\boldsymbol{\Delta}$。

表示微分平移的齐次变换为

$$\text{Trans}\,(d_x,d_y,d_z)=\begin{bmatrix}1&0&0&d_x\\0&1&0&d_y\\0&0&1&d_z\\0&0&0&1\end{bmatrix} \tag{5.155}$$

这时，Trans 的变量是由微分变化 $d_x\boldsymbol{i}+d_y\boldsymbol{j}+d_z\boldsymbol{k}$ 表示的微分矢量 $\boldsymbol{d}$。对于通用旋转变换，有下式

$$\text{Rot}(\boldsymbol{f},\theta)=\begin{bmatrix}f_xf_x\text{vers}\theta+c\theta & f_yf_x\text{vers}\theta-f_zs\theta & f_zf_x\text{vers}\theta+f_ys\theta & 0\\ f_xf_y\text{vers}\theta+f_zs\theta & f_yf_y\text{vers}\theta+c\theta & f_zf_y\text{vers}\theta-f_xs\theta & 0\\ f_xf_z\text{vers}\theta-f_ys\theta & f_yf_z\text{vers}\theta+f_xs\theta & f_zf_z\text{vers}\theta+c\theta & 0\\ 0&0&0&1\end{bmatrix} \tag{5.156}$$

对于微分变化 dθ，其相应的正弦函数、余弦函数和正交函数为

$$\lim_{\theta\to 0}\sin\theta=\mathrm{d}\theta,\ \lim_{\theta\to 0}\cos\theta=1,\ \lim_{\theta\to 0}\text{vers}\,\theta=0 \tag{5.157}$$

把式（5.157）代入式（5.156），可把微分旋转齐次变换表示为

$$\text{Rot}(\boldsymbol{f},\mathrm{d}\theta)=\begin{bmatrix}1&-f_z\mathrm{d}\theta&f_y\mathrm{d}\theta&0\\ f_z\mathrm{d}\theta&1&-f_x\mathrm{d}\theta&0\\ -f_y\mathrm{d}\theta&f_x\mathrm{d}\theta&1&0\\0&0&0&1\end{bmatrix} \tag{5.158}$$

绕矢量 $\boldsymbol{f}$ 的微分旋转 dθ 等价于分别绕三个轴 x、y 和 z 的微分旋转 δ_x，δ_y 和 δ_z，即 $f_x\mathrm{d}\theta=\delta_x$，$f_y\mathrm{d}\theta=\delta_y$，$f_z\mathrm{d}\theta=\delta_z$，代入式（5.158）得

$$\text{Rot}(\boldsymbol{f},\mathrm{d}\theta)=\text{Rot}(\boldsymbol{f},\boldsymbol{\delta})=\begin{bmatrix}1&-\delta_z&\delta_y&0\\ \delta_z&1&-\delta_x&0\\ -\delta_y&\delta_x&1&0\\0&0&0&1\end{bmatrix} \tag{5.159}$$

代入 $\boldsymbol{\Delta}=$ Trans（d_x,d_y,d_z）Rot（$\boldsymbol{f}$，dθ）$-\boldsymbol{I}$，可得

$$\boldsymbol{\Delta}=\begin{bmatrix}1&0&0&d_x\\0&1&0&d_y\\0&0&1&d_z\\0&0&0&1\end{bmatrix}\begin{bmatrix}1&-\delta_z&\delta_y&0\\\delta_z&1&-\delta_x&0\\-\delta_y&\delta_x&1&0\\0&0&0&1\end{bmatrix}-\begin{bmatrix}1&0&0&0\\0&1&0&0\\0&0&1&0\\0&0&0&1\end{bmatrix} \tag{5.160}$$

化简得

$$\boldsymbol{\Delta}=\begin{bmatrix}0&-\delta_z&\delta_y&d_x\\\delta_z&0&-\delta_x&d_y\\-\delta_y&\delta_x&0&d_z\\0&0&0&0\end{bmatrix} \tag{5.161}$$

类似地，可得 ${}^T\Delta$的表达式为

$${}^T\boldsymbol{\Delta}=\begin{bmatrix}0&-{}^T\delta_z&{}^T\delta_y&{}^Td_x\\{}^T\delta_z&0&-{}^T\delta_x&{}^Td_y\\-{}^T\delta_y&{}^T\delta_x&0&{}^Td_z\\0&0&0&0\end{bmatrix} \tag{5.162}$$

于是，可把微分平移和旋转变换$\boldsymbol{\Delta}$看成是由微分平移矢量$\boldsymbol{d}$和微分旋转矢量$\boldsymbol{\delta}$构成的，它们分别为$\boldsymbol{d}=d_x\boldsymbol{i}+d_y\boldsymbol{j}+d_z\boldsymbol{k}$和$\boldsymbol{\delta}=\delta_x\boldsymbol{i}+\delta_y\boldsymbol{j}+\delta_z\boldsymbol{k}$。用列矢量$\boldsymbol{D}$来包含上述两矢量，并称其为刚体或坐标系的微分运动矢量：

$$\boldsymbol{D}=\begin{bmatrix}d_x\\d_y\\d_z\\\delta_x\\\delta_y\\\delta_z\end{bmatrix},\quad 或\boldsymbol{D}=\begin{bmatrix}\boldsymbol{d}\\\boldsymbol{\delta}\end{bmatrix} \tag{5.163}$$

同理，有下列各式：

$${}^T\boldsymbol{d}={}^Td_x\boldsymbol{i}+{}^Td_y\boldsymbol{j}+{}^Td_z\boldsymbol{k}\qquad {}^T\boldsymbol{\delta}={}^T\delta_x\boldsymbol{i}+{}^T\delta_y\boldsymbol{j}+{}^T\delta_z\boldsymbol{k} \tag{5.164}$$

$${}^T\boldsymbol{D}=\begin{bmatrix}{}^Td_x\\{}^Td_y\\{}^Td_z\\{}^T\delta_x\\{}^T\delta_y\\{}^T\delta_z\end{bmatrix},\quad 或{}^T\boldsymbol{D}=\begin{bmatrix}{}^T\boldsymbol{d}\\{}^T\boldsymbol{\delta}\end{bmatrix} \tag{5.165}$$

定理 微分转动与转动次序无关。

证明：按以下次序进行微分转动，有

$$\mathrm{Rot}(x,\delta_x)\mathrm{Rot}(y,\delta_y)=\begin{bmatrix}1&0&0&0\\0&1&-\delta_x&0\\0&\delta_x&1&0\\0&0&0&1\end{bmatrix}\begin{bmatrix}1&0&\delta_y&0\\0&1&0&0\\-\delta_y&0&1&0\\0&0&0&1\end{bmatrix}$$

$$=\begin{bmatrix} 1 & 0 & \delta_y & 0 \\ \delta_x\delta_y & 1 & -\delta_x & 0 \\ -\delta_y & \delta_x & 1 & 0 \\ 0 & 0 & 0 & 1 \end{bmatrix} \tag{5.166}$$

改变上述两次微分转动的次序可得

$$\mathrm{Rot}(y,\delta_y)\mathrm{Rot}(x,\delta_x)=\begin{bmatrix} 1 & \delta_x\delta_y & \delta_y & 0 \\ 0 & 1 & -\delta_x & 0 \\ -\delta_y & \delta_x & 1 & 0 \\ 0 & 0 & 0 & 1 \end{bmatrix} \tag{5.167}$$

对于式（5.166）与式（5.167），略去二阶小量后可得

$$\mathrm{Rot}(x,\delta_x)\mathrm{Rot}(y,\delta_y)=\mathrm{Rot}(y,\delta_y)\mathrm{Rot}(x,\delta_x) \tag{5.168}$$

将上述证明推广至一般，便可得出结论：微分转动具有可交换性。

5.6.2 雅可比矩阵

上面我们分析了机器人机械手的微分运动。在此基础上，我们将研究机器人操作空间速度与关节空间速度间的线性映射关系。

（一）雅可比矩阵的定义

机械手的操作速度与关节速度的线性变换定义为机械手的雅可比矩阵，可将它视为从关节空间向操作空间运动速度的传动比。

令机械手的运动方程为

$$P=\boldsymbol{\Phi}(q_1,q_2,\cdots,q_n) \tag{5.169}$$

式中，$\boldsymbol{P}$ 代表操作空间；q_i 为关节空间。

将式（5.169）对时间 t 求导，即

$$\frac{\mathrm{d}\boldsymbol{P}}{\mathrm{d}\boldsymbol{t}}=\frac{\partial\boldsymbol{\Phi}}{\partial\boldsymbol{Q}}\cdot\frac{\partial\boldsymbol{Q}}{\partial t} \tag{5.170}$$

或

$$\boldsymbol{P}'=\boldsymbol{J}\boldsymbol{Q}' \tag{5.171}$$

式中，

$$\mathrm{d}\boldsymbol{P}=\begin{bmatrix} \mathrm{d}x_x \\ \mathrm{d}x_y \\ \mathrm{d}x_z \\ \mathrm{d}\varPhi_x \\ \mathrm{d}\varPhi_y \\ \mathrm{d}\varPhi_z \end{bmatrix}_{6\times1},\quad \boldsymbol{Q}=\begin{bmatrix} q_1 \\ q_2 \\ \vdots \\ q_n \end{bmatrix}_{n\times1} \tag{5.172}$$

其中 $\mathrm{d}x_x,\mathrm{d}x_y,\mathrm{d}x_z$ 分别表示机械手沿 x、y、z 轴的线速度；$\mathrm{d}\varPhi_x,\mathrm{d}\varPhi_y,\mathrm{d}\varPhi_z$ 分别表示机械手沿 x、y、z 轴的角速度。

$$J=\frac{\partial \boldsymbol{\Phi}}{\partial \boldsymbol{Q}}=\begin{bmatrix}\frac{\partial p_1}{\partial q_1} & \cdots & \frac{\partial p_1}{\partial q_n}\\ \vdots & & \vdots\\ \frac{\partial p_6}{\partial q_1} & \cdots & \frac{\partial p_6}{\partial q_n}\end{bmatrix}_{6\times n} \tag{5.173}$$

式（5.173）即为雅可比矩阵。

显然，式（5.173）建立了关节角速度和机械手速度的关系。

（二）雅可比矩阵的求解

由式（5.173）知，雅可比矩阵是 $6\times n$ 维偏导数矩阵，我们将根据它的物理概念来求解。$\boldsymbol{J}$ 的 6 行中，前三行代表了线速度的传递比，后三行是角速度的传递比，$\boldsymbol{J}$ 共有 n 列，第 i 列代表了第 i 个关节角对线速度和角速度传递比的贡献。因此，可以把 $\boldsymbol{J}$ 写成如下分块矩阵：

$$\boldsymbol{J}=\begin{bmatrix}\boldsymbol{J}_{Ln}\\ \boldsymbol{J}_{An}\end{bmatrix}=\begin{bmatrix}\boldsymbol{J}_{L1} & \boldsymbol{J}_{L2} & \cdots & \boldsymbol{J}_{Ln}\\ \boldsymbol{J}_{A1} & \boldsymbol{J}_{A2} & \cdots & \boldsymbol{J}_{An}\end{bmatrix}_{6\times n} \tag{5.174}$$

式中，$\boldsymbol{J}_{Li}$ 为第 i 关节变量引起的三维线速度的传递比，即

$$\boldsymbol{J}_{Li}=\begin{bmatrix}\frac{\partial p_1}{\partial q_i}\\ \frac{\partial p_2}{\partial q_i}\\ \frac{\partial p_3}{\partial q_i}\end{bmatrix}_{3\times 1} \tag{5.175}$$

$\boldsymbol{J}_{Ai}$ 为第 i 关节变量引起的三维角速度的传递比，即

$$\boldsymbol{J}_{Ai}=\begin{bmatrix}\frac{\partial p_4}{\partial q_i}\\ \frac{\partial p_5}{\partial q_i}\\ \frac{\partial p_6}{\partial q_i}\end{bmatrix}_{3\times 1} \tag{5.176}$$

这样，每一列都表示了该列序号关节角对线速度和角速度传递比的作用。另外，

$$\boldsymbol{P}'=\frac{\mathrm{d}\boldsymbol{P}}{\mathrm{d}t}=\begin{bmatrix}\frac{\mathrm{d}x}{\mathrm{d}t}\\ \frac{\mathrm{d}\Phi}{\mathrm{d}t}\end{bmatrix}=\begin{bmatrix}\boldsymbol{v}\\ \boldsymbol{\omega}\end{bmatrix}_{6\times 1} \tag{5.177}$$

式中，v 为机器人末端三维线速度，$\boldsymbol{v}=\mathrm{d}\boldsymbol{x}/\mathrm{d}t$；$\omega$ 为机器人末端三维角速度，$\omega=\boldsymbol{d\Phi}/\boldsymbol{dt}$。所以有

$$\boldsymbol{P}'=\begin{bmatrix}\boldsymbol{v}\\ \boldsymbol{\omega}\end{bmatrix}=\begin{bmatrix}\boldsymbol{J}_{L1} & \boldsymbol{J}_{L2} & \cdots & \boldsymbol{J}_{Ln}\\ \boldsymbol{J}_{A1} & \boldsymbol{J}_{A2} & \cdots & \boldsymbol{J}_{An}\end{bmatrix}\begin{bmatrix}q_1'\\ \vdots\\ q_n'\end{bmatrix} \tag{5.178}$$

$$=\begin{bmatrix}\boldsymbol{J}_{L1}q_1'+\boldsymbol{J}_{L2}q_2'+\cdots+\boldsymbol{J}_{Li}q_i'+\boldsymbol{J}_{Ln}q_n'\\ \boldsymbol{J}_{A1}q_1'+\boldsymbol{J}_{A2}q_2'+\cdots+\boldsymbol{J}_{Ai}q_i'+\boldsymbol{J}_{An}q_n'\end{bmatrix} \tag{5.179}$$

由式（5.179）有

$$\begin{aligned}\boldsymbol{v}&=\boldsymbol{J}_{L1}q_1'+J_{L2}q_2'+\cdots+J_{Ln}q_n'=\boldsymbol{v}_1+\boldsymbol{v}_2+\cdots+\boldsymbol{v}_n\\&=\sum_{i=1}^{n}\boldsymbol{J}_{Li}q_i'\end{aligned} \tag{5.180}$$

$$\boldsymbol{\omega}=\boldsymbol{J}_{A1}q_1'+\boldsymbol{J}_{A2}q_2'+\cdots+\boldsymbol{J}_{An}q_n'=\sum_{i=1}^{n}\boldsymbol{J}_{Ai}q_i' \tag{5.181}$$

如果能求出$\boldsymbol{J}_{Ai}$和$\boldsymbol{J}_{Li}$，则可获得矩阵$\boldsymbol{J}$。下面将分别推导$\boldsymbol{J}_{Li}$和$\boldsymbol{J}_{Ai}$的表达式。

首先推导$\boldsymbol{J}_{Li}$的表达式。由式（5.180）知，$\boldsymbol{J}_{Li}$与机器人终端的线速度v相关联，对第i关节可分两种情况：移动关节或转动关节，分别对此两种情况给出$\boldsymbol{J}_{Li}$表达式。

（1）第i关节是移动关节，也就是说关节变量是移动量，即$q_i=d_i,q_i^{'}=d_i^{'}$（d代表线位移量）。为简化，可以设想该时刻仅第i关节运动，其余的静止不动，即$q_i^{'}=d_i^{'}\neq 0$，其余关节速度为0，从式（5.180）中，可以得到

$$\boldsymbol{v}=\boldsymbol{v}_i=\boldsymbol{J}_{Li}q_i' \tag{5.182}$$

v仍表示手端在基础坐标系（$Oxyz$）下的三维速度矢量，如图5.17所示。

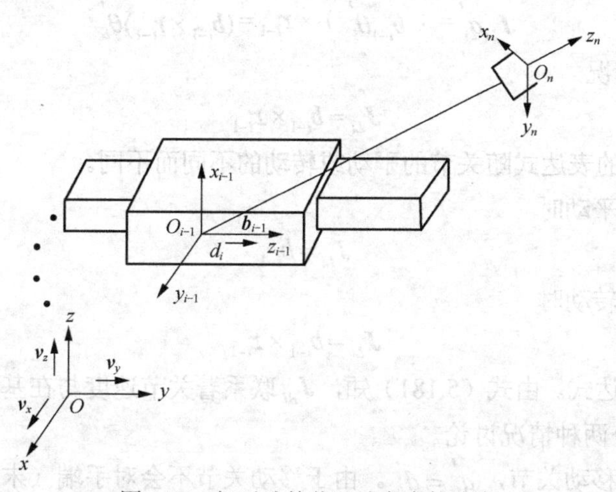

图5.17 仅平动关节运动产生的速度

在上述情况下，$\boldsymbol{v}=\boldsymbol{v}_i$是$d_i$造成的，但$d_i$是在$z_{i-1}$轴方向下度量的，设有三维矢量$b_{i-1}$，它取自$z_{i-1}$轴的方向（见图5.17），该矢量是坐标变换系数，它将d_i速度转换成基础坐标系$Oxyz$下的速度$\boldsymbol{v}$，故

$$\boldsymbol{v}=\boldsymbol{v}_i=\boldsymbol{J}_{Li}q_i'=b_{i-1}d_i' \tag{5.183}$$

由于$q_i'=d_i'$，此时$\boldsymbol{J}_{Li}=\boldsymbol{b}_{i-1}$。

（2）第i关节是转动关节，即$q_i'=\theta_i'$。仍设想仅第i关节速度不为零，其余的均为静止，如图 5.18 所示。仍采用矢量b_{i-1}将θ_i'在$O_{i-1}x_{i-1}y_{i-1}z_{i-1}$坐标下度量转换到基础坐标系下，得

$$\boldsymbol{\omega}_i=b_{i-1}\theta_i' \tag{5.184}$$

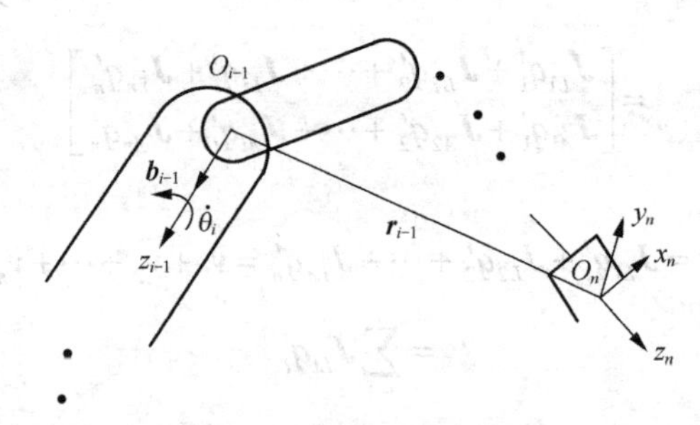

图 5.18　仅 θ_i 运动产生 ω

$\boldsymbol{\omega}_i$ 表示了关于 $Oxyz$ 坐标系下的角速度，它将使机械手产生一个线速度 $\boldsymbol{v}_i$，令 $\boldsymbol{r}_{i-1}$ 是一个三维位置矢量，它起点在 O_{i-1}，止于 O_n（见图 5.18），因此，由 $\boldsymbol{\omega}_i$ 产生的线速度为

$$\boldsymbol{v}_i=\boldsymbol{\omega}_i\times \boldsymbol{r}_{i-1} \tag{5.185}$$

而

$$\boldsymbol{v}_i=\boldsymbol{J}_{Li}\boldsymbol{q}_i \tag{5.186}$$

故有

$$\boldsymbol{J}_{Li}\boldsymbol{q}_i'=\boldsymbol{\omega}_i\times \boldsymbol{r}_{i-1} \tag{5.187}$$

把式（5.184）代入式（5.187）有

$$\boldsymbol{J}_{Li}\boldsymbol{q}_i'=(\boldsymbol{b}_{i-1}\theta_i')\times \boldsymbol{r}_{i-1}=(\boldsymbol{b}_{i-1}\times \boldsymbol{r}_{i-1})\theta_i' \tag{5.188}$$

因 $q_i'=\theta_i'$，故对此情况

$$\boldsymbol{J}_{Li}=\boldsymbol{b}_{i-1}\times \boldsymbol{r}_{i-1} \tag{5.189}$$

因此可知，$\boldsymbol{J}_{Li}$ 的表达式随关节的平动或转动的不同而不同。

当第 i 个关节为平动时

$$\boldsymbol{J}_{Li}=b_{i-1} \tag{5.190}$$

当第 i 个关节为转动时

$$\boldsymbol{J}_{Li}=b_{i-1}\times \boldsymbol{r}_{i-1} \tag{5.191}$$

下面推导 $\boldsymbol{J}_{Ai}$ 表达式。由式（5.181）知，$\boldsymbol{J}_{Ai}$ 联系着关节速度与在基础坐标系下度量的手端角速度关系，仍分两种情况讨论。

（1）第 i 关节为移动关节，$q_i'=d_i'$。由于移动关节不会对手端（末端执行器）产生角速度，所以有

$$\boldsymbol{\omega}_i=\boldsymbol{J}_{Ai}\,d_i'=\boldsymbol{0} \tag{5.192}$$

（2）第 i 关节是转动关节，$q_i=\theta_i$，$q_i'=\theta_i'$，则

$$\boldsymbol{\omega}_i=\boldsymbol{J}_{Ai}\,q_i'=b_{i-1}\theta_i' \tag{5.193}$$

故 $\boldsymbol{J}_{Ai}$ 的表达式随关节的平动或转动的不同而不同。

如果第 i 关节是移动关节，$\boldsymbol{J}_{Ai}=0$；

如果第 i 关节是转动关节，$\boldsymbol{J}_{Ai}=b_{i-1}$。

这样，可以得到总的结论：

当第 i 关节为移动关节时，

$$\begin{bmatrix} \boldsymbol{J}_{Li} \\ \boldsymbol{J}_{Ai} \end{bmatrix} = \begin{bmatrix} \boldsymbol{b}_{i-1} \\ \boldsymbol{0} \end{bmatrix} \tag{5.194}$$

当第 i 关节为转动关节时，

$$\begin{bmatrix} \boldsymbol{J}_{Li} \\ \boldsymbol{J}_{Ai} \end{bmatrix} = \begin{bmatrix} \boldsymbol{b}_{i-1} \times \boldsymbol{r}_{i-1} \\ \boldsymbol{b}_{i-1} \end{bmatrix} \tag{5.195}$$

到目前为止，已把求 $\boldsymbol{J}_{Li}$、$\boldsymbol{J}_{Ai}$ 变为求 $\boldsymbol{b}_{i-1}$ 和 $\boldsymbol{r}_{i-1}$。

如前所述，$\boldsymbol{b}_{i-1}$ 取自 $O_{i-1}\boldsymbol{x}_{i-1}y_{i-1}z_{i-1}$ 坐标系的 z_{i-1} 轴方向，并令其模为 1（见图 5.19），所以有 $\boldsymbol{b}_{i-1} = \begin{bmatrix} 0 \\ 0 \\ 1 \end{bmatrix} = \boldsymbol{b}$，这是在 $O_{i-1}\boldsymbol{x}_{i-1}y_{i-1}z_{i-1}$ 坐标系下得出的结论，但要求把 $\boldsymbol{b}_{i-1}$ 表示在基础坐标系下。显然通过坐标变换矩阵可以完成，即

$$\boldsymbol{b}_{i-1} = R_1^0(q_1)R_2^1(q_2)\cdots R_{i-1}^{i-2}(q_{i-1})\boldsymbol{b} \tag{5.196}$$

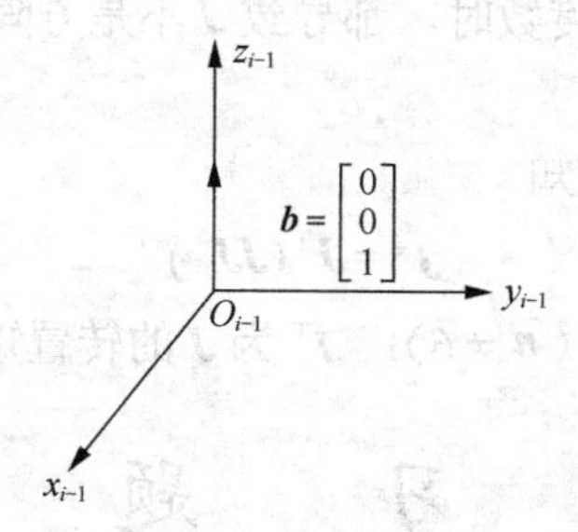

图 5.19　$\boldsymbol{b}$ 矢量

为求 r_{i-1} 项，可以参见图 5.20。图中 O、O_{i-1}、O_n 分别代表基础坐标系、i-1 坐标系、最后坐标系的原点，并令矢量 $\boldsymbol{x}$ 表示这些原点，

$$\boldsymbol{x} = \begin{bmatrix} 0 \\ 0 \\ 0 \\ 1 \end{bmatrix} \tag{5.197}$$

$\boldsymbol{x}$ 是 4×1 矢量，在各自坐标系下度量。并且令 $\boldsymbol{x}_{i-1} = \begin{bmatrix} \boldsymbol{r}_{i-1} \\ 1 \end{bmatrix}$，从图 5.20 可知

$$\boldsymbol{r}_{i-1} = OO_n - OO_{i-1} \tag{5.198}$$

所以

$$\boldsymbol{x}_{i-1} = \begin{bmatrix} \boldsymbol{r}_{i-1} \\ 1 \end{bmatrix} = A_1^0(q_1)A_2^1(q_2)\cdots A_n^{n-1}(q_n)\boldsymbol{x} - A_1^0(q_1)A_2^1(q_2)\cdots A_{i-1}^{i-2}(q_{i-1})\boldsymbol{x}$$

$$= \begin{bmatrix} p_x \\ p_y \\ p_z \\ 1 \end{bmatrix} - A_1^0(q_1)A_2^1(q_2)\cdots A_{i-1}^{i-2}(q_{i-1})\boldsymbol{x} \tag{5.199}$$

（三）雅可比矩阵的逆

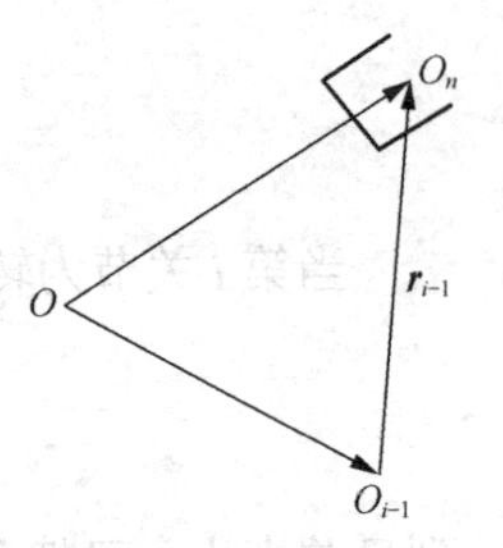

图 5.20　向量关系

对于在三维空间运动的机器人，其雅可比矩阵 $\boldsymbol{J}$ 是 6×n 维（n 为关节数目）。当 n=6 时，$\boldsymbol{J}$ 为 6×6 方阵，可以直接求其逆。

对于具有两个自由度平面运动的机器人，由于失去了 4 个自由度，其雅可比矩阵 $\boldsymbol{J}$ 是 2×2 方阵，也可以直接求其逆。

当 $\boldsymbol{J}$ 是一方阵，由矩阵理论知

$$\boldsymbol{J}^{-1}=\frac{\mathrm{Adj}(\boldsymbol{J})}{|\boldsymbol{J}|} \tag{5.200}$$

式中，Adj($\boldsymbol{J}$) 为 $\boldsymbol{J}$ 的伴随矩阵；

$|\boldsymbol{J}|$ 为 $\boldsymbol{J}$ 的行列式值，由于 $\boldsymbol{J}$ 是关节角的函数，当在某些关节角时，$|\boldsymbol{J}|$=0，称这组关节角为奇异点，当处于奇异点时，$\boldsymbol{J}^{-1}$ 不存在，因为分母为零。

实际上，为了使机器人在其运动空间里有更多更灵活的路径可供选择，经常设计成它的关节数多于自由度数，这称为冗余自由度（Redundant）。空间站上应用的机器人常属于这种情况。另外，当关节数少于自由度数时，都导致 $\boldsymbol{J}$ 不是方阵，此时，如果用到雅可比矩阵的逆就应用它的伪逆。

用 $\boldsymbol{J}^{+}$ 表示伪逆，由矩阵理论知

$$\boldsymbol{J}^{+}=\boldsymbol{J}^{\mathrm{T}}(\boldsymbol{J}\boldsymbol{J}^{\mathrm{T}})^{-1} \tag{5.201}$$

式中，$\boldsymbol{J}$ 为 6×n 维的雅可比矩阵（$n\neq 6$）；$\boldsymbol{J}^{\mathrm{T}}$ 为 $\boldsymbol{J}$ 的转置矩阵。

习　题

一、填空题

1．机器人运动学是一门研究__________的科学。它在研究中不考虑__________，而只研究运动物体的__________和位置变量对时间（或其他变量）的高阶导数。

2．机器人的雅可比矩阵是由____________________。

二、简答题

简述机器人运动学研究包含的两类问题。

三、计算题

1．已知坐标系$\{B\}$的初始位姿与$\{A\}$重合，它按如下顺序完成转动和移动：（1）相对于坐标系$\{A\}$的 z 轴旋转 60°；（2）沿$\{A\}$的 x 轴移动 3 个单位；（3）沿$\{A\}$的 y 轴移动 5 个单位。求位置矢量 ${}_{B}^{A}\boldsymbol{p}$ 和旋转矩阵 ${}_{B}^{A}\boldsymbol{R}$。假设点 p 在坐标系$\{B\}$的位置矢量 ${}^{B}\boldsymbol{p}$=[5，2，1]^{T}，求它在坐标系$\{A\}$中的描述 ${}^{A}\boldsymbol{p}$。

2．求矢量 $7\boldsymbol{i}+2\boldsymbol{j}+5\boldsymbol{k}$ 被矢量 $5\boldsymbol{i}-7\boldsymbol{j}+2\boldsymbol{k}$ 平移变换所得到的点矢量。

3．已知点 $\boldsymbol{u}=2\boldsymbol{i}+5\boldsymbol{j}+9\boldsymbol{k}$，求（1）$\boldsymbol{u}$ 绕 z 轴旋转 90° 后的点矢量 $\boldsymbol{v}$ 和点矢量 $\boldsymbol{v}$ 绕 y 轴旋转 90° 后的点矢量 $\boldsymbol{w}$；（2）$\boldsymbol{u}$ 先绕 y 轴旋转 90°，后绕 z 轴旋转 90° 的点矢量 $\boldsymbol{w}_1$。

第6章 机器人的动力学

6.1 刚体动力学

在第 5 章讨论的是机器人运动学问题，未涉及作用在各关节上的力。本章将在机器人运动学基础上研究力对具有一定质量或惯量的物体运动的影响，从而引入机器人动力学问题。

随着工业机器人向高精度、高速、重载及智能化方向发展，对机器人设计和控制方面的要求更高了，尤其是对控制方面，机器人要求动态实时控制的场合越来越多了，所以机器人的动力学分析尤为重要。对于大多数工业机器人，它们的数学模型是基于刚体动力学，所以本章研究范畴为刚体动力学。

如同运动学，动力学也有两个相反的问题。动力学正问题是已知机械手各关节的作用力或力矩，求各关节的位移、速度和加速度，即运动轨迹。动力学逆问题是已知机械手的运动轨迹，即各关节的位移、速度和加速度，求各关节所需要的驱动力或力矩。

工业机器人是复杂的动力学系统，由多个连杆和多个关节组成，具有多个输入和多个输出，存在着错综复杂的耦合关系和严重的非线性。目前，常用的方法有拉格朗日（Lagrange）和牛顿-欧拉（Newton-Euler）等方法。其中，牛顿-欧拉法是基于运动坐标系和达朗贝尔原理来建立相应的运动方程，是力的动态平衡法。当用此法时，需从运动学出发求得加速度，并消去各内作用力。对于较复杂的系统，此种分析方法十分复杂与麻烦。拉格朗日法是功能平衡法，它只需要速度而不必求内作用力。因此，这是一种简便的方法。

下面介绍拉格朗日动力学方程。

拉格朗日函数 L 被定义为系统的动能 K 和势能 P 之差，即

$$L = K - P \tag{6.1}$$

式中，K 为机器人手臂的总动能；P 为机器人手臂的总势能。

机器人系统的拉格朗日方程为

$$\tau_i = \frac{\mathrm{d}}{\mathrm{d}t}\left(\frac{\partial L}{\partial \dot{q}_i}\right) - \frac{\partial L}{\partial q_i} \quad i = 1, 2, \cdots, n \tag{6.2}$$

式中，τ_i 为在关节 i 处作用于系统以驱动杆件 i 的广义力或力矩；q_i 为机器人的广义关节变量；$\dot{q}_i$ 为广义关节变量 q_i 对时间的一阶导数。

若操作机的执行元件控制某个转动变量 θ 时，则执行元件的总力矩 $\tau_{\theta i}$ 应为

$$\tau_{\theta i}=\frac{\mathrm{d}}{\mathrm{d}t}\left(\frac{\partial L}{\partial \dot{\theta}_i}\right)-\frac{\partial L}{\partial \theta_i} \quad (6.3)$$

若操作机的执行元件控制某个移动变量 r 时，则施加在运动方向 r 上的力τ_{ri}应为

$$\tau_{ri}=\frac{\mathrm{d}}{\mathrm{d}t}\left(\frac{\partial L}{\partial \dot{r}_i}\right)-\frac{\partial L}{\partial r_i} \quad (6.4)$$

用拉格朗日法建立机器人动力学方程的步骤如下。

（1）选取坐标系，选定独立的广义关节变量q_i（$i=1,2,\cdots,n$）；

（2）选定相应的广义力F_i；

（3）求出各构件的动能和势能，构造拉格朗日函数；

（4）代入拉格朗日方程求得机器人系统的动力学方程。

例 6.1 理想条件下，分别用拉格朗日力学和牛顿力学推导图 6.1 所示的单自由度系统的力和加速度关系，假设车轮的惯量可以忽略不计。

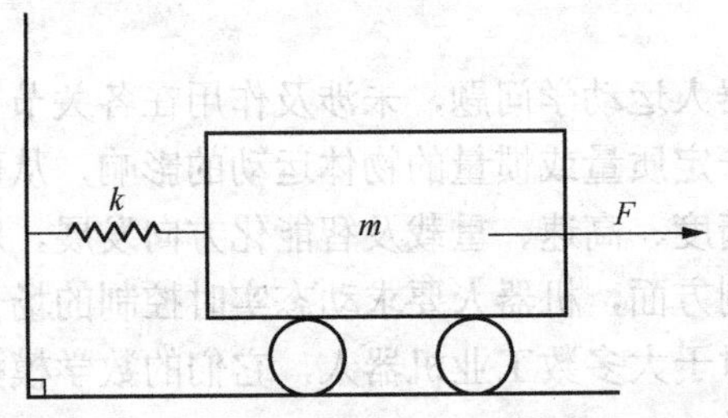

图 6.1 单自由度系统的力和加速度示意图

解：由于这是一个由小车和弹簧组成的单自由度系统，所以一个方程就可以描述系统的运动。由于是直线运动，可以得到系统的功能 K 和势能 P 为

$$K=\frac{1}{2}mv^2=\frac{1}{2}m\dot{x}^2 \quad (6.5)$$

$$P=\frac{1}{2}kx^2 \quad (6.6)$$

式中，X 为弹簧的位移，$\dot{x}$ 为 x 对时间的一阶导数。

由此可以求出拉格朗日函数

$$L=K-P=\frac{1}{2}m\dot{x}^2-\frac{1}{2}kx^2 \quad (6.7)$$

其导数为

$$\frac{\partial L}{\partial \dot{x}}=m\dot{x} \quad (6.8)$$

$$\frac{\mathrm{d}}{\mathrm{d}t}(m\dot{x})=m\ddot{x} \quad (6.9)$$

$$\frac{\partial L}{\partial x}=-kx \quad (6.10)$$

或中 $\ddot{x}$ 为 x 对时间的二阶导数。

于是求得小车的运动方程为

$$F=m\ddot{x}+kx \quad (6.11)$$

下面再用牛顿力学求解，对系统进行受力分析后，很容易就可以得到系统的受力方程为

$$\sum F = ma \tag{6.12}$$

其中，

$$F - kx = ma \tag{6.13}$$

整理之后可以得到

$$F = ma + kx \tag{6.14}$$

很容易得出这样一个结论，对于一个简单系统，用牛顿力学求解更容易。下面我们求解一个稍微复杂一点的系统。

例 6.2 理想条件下，用拉格朗日力学推导图 6.2 所示的单自由度系统的力和加速度关系，假设车轮的惯量可以忽略不计。

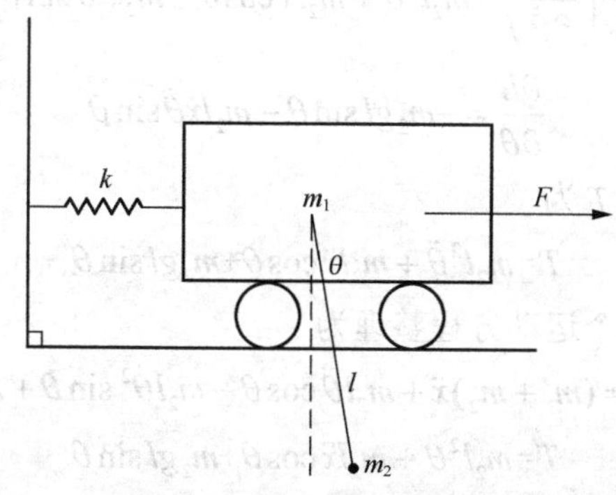

图 6.2 单自由度系统的力和加速度示意图

解：对于这样一个系统，可以分析出其有两个自由度，分别为两个坐标参数 x 和 θ 。因此，系统的两个运动方程为小车的直线运动和单摆的角运动。其中系统的动能（包括车和摆的动能）为

$$K = K_{车} + K_{摆}$$

分别写出其动能方程为

$$K_{车} = \frac{1}{2} m_1 \dot{x}^2 \tag{6.15}$$

$$K_{摆} = \frac{1}{2} m_2 (\dot{x} + l\dot{\theta}\cos\theta)^2 + \frac{1}{2} m_2 (l\dot{\theta}\sin\theta)^2 \tag{6.16}$$

得到系统的总动能为

$$K = \frac{1}{2}(m_1 + m_2)\dot{x}^2 + \frac{1}{2} m_2 (l^2\dot{\theta}^2 + 2l\dot{\theta}\dot{x}\cos\theta) \tag{6.17}$$

同样，系统的势能（包括弹簧和摆的势能）为

$$P = \frac{1}{2} kx^2 + m_2 gl(1-\cos\theta) \tag{6.18}$$

得到拉格朗日方程为

$$L = K - P = \frac{1}{2}(m_1 + m_2)\dot{x}^2 + \frac{1}{2} m_2 (l^2\dot{\theta}^2 + 2l\dot{\theta}\dot{x}\cos\theta) - \frac{1}{2} kx^2 - m_2 gl(1-\cos\theta) \tag{6.19}$$

和直线运动有关的导数及运动方程为

$$\frac{\partial L}{\partial \dot{x}} = (m_1 + m_2)\dot{x} + m_2 l\dot{\theta}\cos\theta \tag{6.20}$$

$$\frac{\mathrm{d}}{\mathrm{d}t}\left(\frac{\partial L}{\partial \dot{x}}\right)=(m_1+m_2)\ddot{x}+m_2 l\ddot{\theta}\cos\theta-m_2 l\dot{\theta}^2\sin\theta \tag{6.21}$$

$$\frac{\partial L}{\partial x}=-kx \tag{6.22}$$

得到线性运动中所有外力之和 F 为

$$F=(m_1+m_2)\ddot{x}+m_2 l\ddot{\theta}\cos\theta-m_2 l\dot{\theta}^2\sin\theta+kx \tag{6.23}$$

对于旋转运动

$$\frac{\partial L}{\partial \dot{\theta}}=m_2 l^2\dot{\theta}+m_2 l\dot{x}\cos\theta \tag{6.24}$$

$$\frac{\mathrm{d}}{\mathrm{d}t}\left(\frac{\partial L}{\partial \dot{\theta}}\right)=m_2 l^2\ddot{\theta}+m_2 l\ddot{x}\cos\theta-m_2 l\dot{x}\dot{\theta}\sin\theta \tag{6.25}$$

$$\frac{\partial L}{\partial \theta}=-m_2 gl\sin\theta-m_2 l\dot{x}\dot{\theta}\sin\theta \tag{6.26}$$

得到转动中所有外力矩之和 T 为

$$T=m_2 l^2\ddot{\theta}+m_2 l\ddot{x}\cos\theta+m_2 gl\sin\theta \tag{6.27}$$

综上推导的结果，将两个运动方程整理为

$$F=(m_1+m_2)\ddot{x}+m_2 l\ddot{\theta}\cos\theta-m_2 l\dot{\theta}^2\sin\theta+kx \tag{6.28}$$

$$T=m_2 l^2\ddot{\theta}+m_2 l\ddot{x}\cos\theta+m_2 gl\sin\theta \tag{6.29}$$

为方便分析，将其写成矩阵的形式

$$\begin{pmatrix}F\\T\end{pmatrix}=\begin{pmatrix}m_1+m_2 & m_2 l\cos\theta\\ m_2 l\cos\theta & m_2 l^2\end{pmatrix}\begin{pmatrix}\ddot{x}\\ \ddot{\theta}\end{pmatrix}+\begin{pmatrix}0 & -m_2 l\sin\theta\\ 0 & 0\end{pmatrix}\begin{pmatrix}\dot{x}^2\\ \dot{\theta}^2\end{pmatrix}+\begin{pmatrix}kx\\ m_2 gl\sin\theta\end{pmatrix} \tag{6.30}$$

由此可以看出，对于求解复杂系统的运动方程，采用拉格朗日力学进行求解更加方便。

6.2 机器人动力学建模

6.2.1 n 自由度机器人操作臂动力学方程

下面推导 n 自由度机器人操作臂动力学方程，要用到第 5 章中讨论的齐次坐标变换矩阵。

（一）机器人操作臂的动能

拉格朗日法要求知道实际系统的动能，也就是要求知道每个关节的速度。

令 ${}^i\boldsymbol{r}_i$ 为固定在杆件 i 上的一个点在第 i 杆件坐标系中的齐次坐标，即 ${}^i\boldsymbol{r}_i=(x_i,y_i,z_i,1)^{\mathrm{T}}$，则 ${}^i\boldsymbol{r}_i$ 点在基座坐标系中的齐次坐标为 ${}^0\boldsymbol{r}_i$，有

$${}^0\boldsymbol{r}_i={}^0A_i\,{}^i\boldsymbol{r}_i \tag{6.31}$$

其中，${}^0\boldsymbol{A}_i$ 是联系第 i 坐标系和基座坐标系间的齐次坐标变换矩阵，且

$${}^0\boldsymbol{A}_i={}^0\boldsymbol{A}_1\,{}^1\boldsymbol{A}_2\cdots{}^{i-1}\boldsymbol{A}_i \tag{6.32}$$

对于刚体运动，则点 ${}^i\boldsymbol{r}_i$ 相对基座坐标系的速度可表示为

$${}^0\boldsymbol{v}_i=\boldsymbol{v}_i=\frac{\mathrm{d}}{\mathrm{d}t}({}^0\boldsymbol{r}_i)=\frac{\mathrm{d}}{\mathrm{d}t}({}^0\boldsymbol{A}_i\,{}^0\boldsymbol{r}_i)=\left[\sum_{j=1}^{i}\frac{\partial\,{}^0\boldsymbol{A}_i}{\partial q_j}\dot{q}_j\right]{}^i\boldsymbol{r}_i \tag{6.33}$$

为简化符号，定义$U_{ij}=\frac{\partial^0 \boldsymbol{A}_i}{\partial q_j}$，则

$$\boldsymbol{v}_i=\left[\sum_{j=1}^{i}\boldsymbol{U}_{ij}\dot{q}_j\right]{}^i\boldsymbol{r}_i \tag{6.34}$$

根据$\boldsymbol{v}_i$，可以求出杆件i的动能。设k_i是杆件i在基座坐标系表示的动能，$\mathrm{d}k_i$是杆件i上微元质量$\mathrm{d}m$的动能，则

$$\mathrm{d}k_i=\frac{1}{2}(\dot{x}_i^2+\dot{y}_i^2+\dot{z}_i^2)\mathrm{d}m=\frac{1}{2}T_r(\boldsymbol{v}_i\boldsymbol{v}_i^T)\mathrm{d}m \tag{6.35}$$

$$=\frac{1}{2}T_r\left[\left(\sum_{p=1}^{i}\boldsymbol{U}_{ip}\dot{q}_p\right){}^i\boldsymbol{r}_i\left(\left(\sum_{r=1}^{i}\boldsymbol{U}_{ir}\dot{q}_r\right){}^i\boldsymbol{r}_i\right)^{\mathrm{T}}\right]\mathrm{d}m \tag{6.36}$$

$$=\frac{1}{2}T_r\left[\sum_{p=1}^{i}\sum_{r=1}^{i}\boldsymbol{U}_{ip}\left({}^i\boldsymbol{r}_i\mathrm{d}m\,{}^i\boldsymbol{r}_i^{\mathrm{T}}\right)\boldsymbol{U}_{ir}^{\mathrm{T}}\dot{q}_p\dot{q}_r\right] \tag{6.37}$$

由于对杆件i上的各点来说，$\boldsymbol{U}_{ij}$是常数，且与杆件i的质量分布无关。$\dot{q}_i$也与杆件i的质量分布无关。这样，对微元质量的动能求和，并把积分号放到括号里面去，可得到杆件i的动能，即

$$k_i=\int\mathrm{d}k_i=\frac{1}{2}T_r\left[\sum_{p=1}^{i}\sum_{r=1}^{i}\boldsymbol{U}_{ip}\left(\int{}^i\boldsymbol{r}_i\,{}^i\boldsymbol{r}_i^{\mathrm{T}}\mathrm{d}m\right)\boldsymbol{U}_{ir}^{\mathrm{T}}\dot{q}_p\dot{q}_r\right] \tag{6.38}$$

上式中圆括号内的积分项是杆件i上各点的惯量，即

$$\boldsymbol{J}_i=\int{}^i\boldsymbol{r}_i\,{}^i\boldsymbol{r}_i^{\mathrm{T}}\mathrm{d}m=\begin{bmatrix}\int x_i^2\mathrm{d}m & \int x_iy_i\mathrm{d}m & \int x_iz_i\mathrm{d}m & \int x_i\mathrm{d}m\\ \int x_iy_i\mathrm{d}m & \int y_i^2\mathrm{d}m & \int y_iz_i\mathrm{d}m & \int y_i\mathrm{d}m\\ \int x_iz_i\mathrm{d}m & \int y_iz_i\mathrm{d}m & \int z_i^2\mathrm{d}m & \int z_i\mathrm{d}m\\ \int x_i\mathrm{d}m & \int y_i\mathrm{d}m & \int z_i\mathrm{d}m & \int\mathrm{d}m\end{bmatrix} \tag{6.39}$$

若定义惯性张量$\boldsymbol{I}_{ij}$为

$$\boldsymbol{I}_{ij}=\int\left[\delta_{ij}\left(\sum_k x_k^2\right)-x_ix_j\right]\mathrm{d}m \tag{6.40}$$

式中，下脚标i,j,k表示第i个杆件坐标系的三根主轴，则$\boldsymbol{J}_i$可用惯性张量表示成

$$\boldsymbol{J}_i=\begin{bmatrix}\frac{-I_{xx}+I_{yy}+I_{zz}}{2} & -I_{xy} & -I_{xz} & m_i\bar{x}_i\\ -I_{xy} & \frac{I_{xx}-I_{yy}+I_{zz}}{2} & -I_{yz} & m_i\bar{y}_i\\ -I_{xz} & -I_{yz} & \frac{I_{xx}+I_{yy}-I_{zz}}{2} & m_i\bar{z}_i\\ m_i\bar{x}_i & m_i\bar{y}_i & m_i\bar{z}_i & m_i\end{bmatrix} \tag{6.41}$$

式中，${}^i\bar{\boldsymbol{r}}_i=(\bar{x}_i,\bar{y}_i,\bar{z}_i,1)^{\mathrm{T}}$是杆件$i$的质心矢量在杆件$i$坐标系中的坐标。

这样，机器人操作臂的总动能为

$$K=\sum_{i=1}^{n}K_i=\frac{1}{2}\sum_{i=1}^{n}T_r\left[\sum_{p=1}^{i}\sum_{r=1}^{i}\boldsymbol{U}_{ip}\boldsymbol{I}_i\boldsymbol{U}_{ir}^{\mathrm{T}}\dot{q}_p\dot{q}_r\right] \tag{6.42}$$

$$=\frac{1}{2}\sum_{i=1}^{n}\sum_{p=1}^{i}\sum_{r=1}^{i}\left[T_r\left(\boldsymbol{U}_{ip}\boldsymbol{J}_i\boldsymbol{U}_{ir}^{\mathrm{T}}\right)\dot{q}_p\dot{q}_r\right] \tag{6.43}$$

机器人操作臂的动能是一个标量，而且 $\boldsymbol{J}_i$ 取决于杆件 i 的质量分布，与其位置和运动速度无关，同时 $\boldsymbol{J}_i$ 是在 i 坐标系中表示的。

（二）机器人操作臂的势能

机器人的每个杆件的势能是

$$P_i=-m_i\boldsymbol{g}\,{}^0\overline{\boldsymbol{r}}_i=-m_i\boldsymbol{g}({}^0\boldsymbol{A}_i\,{}^i\overline{\boldsymbol{r}}_i)\qquad i=1,2,\cdots,n \tag{6.44}$$

对各杆件的势能求和，就得到机器人操作臂的总势能

$$P=\sum_{i=1}^{n}P_i=\sum_{i=1}^{n}-m_i\boldsymbol{g}({}^0\boldsymbol{A}_i\,{}^i\overline{\boldsymbol{r}}_i) \tag{6.45}$$

式中，$\boldsymbol{g}=(\boldsymbol{g}_x,\boldsymbol{g}_y,\boldsymbol{g}_z,0)$ 是在基座坐标系表示的重力行矢量。对于水平基座，$\boldsymbol{g}=(0,0,-|\boldsymbol{g}|,0)$ 其中 $\boldsymbol{g}$ 为重力加速度。

（三）机器人操作臂的动力学方程

由式（6.43）和式（6.45）得到的机器人操作臂的动能和势能表达式，可得到机器人操作臂的拉格朗日函数为

$$L=K-P=\frac{1}{2}\sum_{i=1}^{n}\sum_{j=1}^{i}\sum_{k=1}^{j}\left[T_r\left(\boldsymbol{U}_{ij}\boldsymbol{J}_i\boldsymbol{U}_{ik}^{\mathrm{T}}\right)\dot{q}_j\dot{q}_k\right]+\sum_{i=1}^{n}m_i\boldsymbol{g}\left({}^0\boldsymbol{A}_i\,{}^i\overline{\boldsymbol{r}}_i\right) \tag{6.46}$$

利用拉格朗日函数，可以得到关节 i 驱动器驱动操作臂的第 i 个杆件所需要的广义力矩

$$\tau_i=\frac{\mathrm{d}}{\mathrm{d}t}\left(\frac{\partial L}{\partial\dot{q}_i}\right)-\frac{\partial L}{\partial q_i} \tag{6.47}$$

$$=\sum_{j=1}^{n}\sum_{k=1}^{j}\left[T_r\left(\boldsymbol{U}_{jk}\boldsymbol{J}_j\boldsymbol{U}_{ji}^{\mathrm{T}}\right)\ddot{q}_k\right]+\sum_{j=1}^{n}\sum_{k=1}^{j}\sum_{m=1}^{j}\left[T_r\left(\boldsymbol{U}_{jkm}\boldsymbol{J}_j\boldsymbol{U}_{ji}^{\mathrm{T}}\right)\dot{q}_k\dot{q}_m\right]-\sum_{j=1}^{n}m_j\boldsymbol{g}\boldsymbol{U}_{ji}\,{}^j\overline{\boldsymbol{r}}_j$$

式中，$i=1,2,\cdots,n$; 而 $\boldsymbol{U}_{jkm}=\dfrac{\partial\boldsymbol{U}_{jk}}{\partial q_m}$。

上述方程可以写成

$$\tau_i=\sum_{j=1}^{n}D_{ij}\ddot{q}_j+I_{ai}\ddot{q}_i+\sum_{j=1}^{n}\sum_{k=1}^{n}C_{ijk}\dot{q}_j\dot{q}_k+D_i\qquad i=1,2,\cdots,n \tag{6.48}$$

或更简单的矩阵形式

$$\tau=D(q)\ddot{q}+h(q,\dot{q})+G(q)+F(q,\dot{q}) \tag{6.49}$$

其中，q、$\dot{q}$、$\ddot{q}$ 分别为关节位置、速度和加速度，τ_i 为关节驱动力矩，D_{ij} 为惯性矩阵，C_{ijk} 为离心力和哥氏力，D_i 为重力项，I_{ai} 为传动装置的等效转动惯量。

D_{ij}、C_{ijk} 和 D_i 的计算一般很复杂，但在下面一些情况下，某些系数可能等于零。

（1）操作臂的特殊运动学设计可消除关节运动之间的某些动力耦合（系数 D_{ij} 和 C_{ijk}）。

（2）某些与速度有关的动力系数只是名义上存在于 C_{ijk} 式中，实际上它们是不存在的。

例如，离心力将不会与产生它的关节的运动相互作用，即总有 $C_{iii}=0$，但它却与其他关节的运动相互作用，即可能有 $C_{jii}\neq 0$。

（3）由于运动中杆件形态的特殊变化，有些动力系数在某些特定时刻可能变为零。

6.2.2 机器人操作臂动力学方程系数的简化

拉格朗日动力学方程给出了机器人动力学的显式状态方程，可用来分析和设计高级的关节变量空间的控制策略。它既可用于解决动力学正问题，即给定力和力矩，用动力学方程求解关节的加速度，然后再积分求得速度及广义坐标；也可用于解决动力学逆问题，即给定广义坐标和它们的前两阶时间导数，求广义力和力矩。在两种情况下，可能都需要计算 D_{ij}、C_{ijk} 和 D_i。由于计算这些系数需要大量的算术运算，所以上述方程需要简化处理，否则很难用于实时控制。

D_{ij}、C_{ijk} 和 D_i 的计算公式如下。

$$D_{ij}=\sum_{p=\max i,j}^{n} Trace\left(\frac{\partial T_p}{\partial q_j}I_p\frac{\partial T_p^{\mathrm{T}}}{\partial q_i}\right) \tag{6.50}$$

$$C_{ijk}=\sum_{p=\max i,j,k}^{n} Trace\left(\frac{\partial^2 T_p}{\partial q_j \partial q_k}I_p\frac{\partial T_p^{\mathrm{T}}}{\partial q_i}\right) \tag{6.51}$$

$$D_i=\sum_{p=i}^{n}-m_p\boldsymbol{g}^{\mathrm{T}}\frac{\partial T_p}{\partial q_i}{}^p\boldsymbol{r}_p \tag{6.52}$$

对惯量项 D_{ij} 进行简化可得

$$\begin{aligned}D_{ij}=\sum_{p=\max i,j}^{n} m_p\Big\{&\left[{}^p\boldsymbol{\delta}_{ix}k_{pxx}^2\,{}^p\boldsymbol{\delta}_{jx}+{}^p\boldsymbol{\delta}_{iy}\boldsymbol{k}_{pyy}^2\,{}^p\boldsymbol{\delta}_{jy}+{}^p\boldsymbol{\delta}_{iz}k_{pzz}^2\,{}^p\boldsymbol{\delta}_{jz}\right]\\&+{}^p\boldsymbol{d}_i\,{}^p\boldsymbol{d}_j+\left[{}^p\boldsymbol{r}_p\left({}^p\boldsymbol{d}_i\times{}^p\boldsymbol{\delta}_j+{}^p\boldsymbol{d}_j\times{}^p\boldsymbol{\delta}_i\right)\right]\Big\}\end{aligned} \tag{6.53}$$

对于旋转关节，式（6.53）中的微分平移矢量和微分旋转矢量可由下面的公式计算得出

$$\begin{aligned}{}^p d_{ix}&=-{}^{i-1}n_{px}\,{}^{i-1}n_{py}+{}^{i-1}n_{py}\,{}^{i-1}n_{px}\\{}^p d_{iy}&=-{}^{i-1}o_{px}\,{}^{i-1}n_{py}+{}^{i-1}o_{py}\,{}^{i-1}n_{px}\\{}^p d_{iz}&=-{}^{i-1}a_{px}\,{}^{i-1}n_{py}+{}^{i-1}a_{py}\,{}^{i-1}n_{px}\\{}^p\boldsymbol{\delta}_i&={}^{i-1}n_{pz}\boldsymbol{i}+{}^{i-1}o_{pz}\boldsymbol{j}+{}^{i-1}a_{pz}\boldsymbol{k}\end{aligned} \tag{6.54}$$

对于平移关节，式（6.53）中的微分平移矢量和微分旋转矢量可由下面的公式计算得出

$$\begin{aligned}{}^p\boldsymbol{d}_i&={}^{i-1}n_{pz}\boldsymbol{i}+{}^{i-1}o_{pz}\boldsymbol{j}+{}^{i-1}a_{pz}\boldsymbol{k}\\{}^p\boldsymbol{\delta}_i&=0\boldsymbol{i}+0\boldsymbol{j}+0\boldsymbol{k}\end{aligned} \tag{6.55}$$

式（6.53），第一项表示连杆 p 上质量分布的影响，第二项表示有效力矩臂在连杆 p 偏离大小的影响，最后一项是由于连杆 p 的质心不在连杆 p 坐标系原点而产生的。如果各连杆的质心偏离得很远时，上述第二项将起主要作用，从而可以忽略第一项和第三项的影响，即

$$D_{ij}=\sum_{p=\max i,j}^{n} m_p({}^p\boldsymbol{d}_i\,{}^p\boldsymbol{d}_j) \tag{6.56}$$

当 $i=j$ 时，如果为旋转关节，D_{ii} 为

$$D_{ii}=\sum_{p=i}^{n}m_p\{[n_{px}^2k_{pxx}^2+o_{py}^2k_{pyy}^2+a_{pz}^2k_{pzz}^2]+\boldsymbol{p}_p\boldsymbol{p}_p$$
$$+[2^p\boldsymbol{r}_p[(\boldsymbol{p}_p\boldsymbol{n}_p)\boldsymbol{i}+(\boldsymbol{p}_p\boldsymbol{o}_p)\boldsymbol{j}+(\boldsymbol{p}_p\boldsymbol{a}_p)\boldsymbol{k}]]\} \quad (6.57)$$

如果为移动关节，D_{ii} 可进一步简化为

$$D_{ii}=\sum_{p=i}^{n}m_p \quad (6.58)$$

重力项 D_i 可简化为

$$D_i={}^{i-1}\boldsymbol{g}\sum_{p=i}^{6}m_p\,{}^{i-1}\boldsymbol{r}_p \quad (6.59)$$

其中，对于转动关节有

$${}^{i-1}\boldsymbol{g}=\left[-\boldsymbol{g}\cdot\boldsymbol{o},\boldsymbol{g}\cdot\boldsymbol{n},0,0\right] \quad (6.60)$$

对于移动关节有

$${}^{i-1}\boldsymbol{g}=\left[0,0,0,-\boldsymbol{g}\cdot\boldsymbol{a}\right] \quad (6.61)$$

6.2.3 考虑非刚体效应的动力学模型

值得注意的是，在前面推导的动力学方程未能包含全部作用于操作臂上的力。它们只包含了刚体力学中的那些力，而没有包含摩擦力。然而，摩擦力也是一种非常重要的力，所有机构都必然受到摩擦力的影响。在目前机器人的传动机构中，例如被普遍采用的齿轮传动机构中，由于摩擦力产生的力是相当大的，在典型工况下大约为操作臂驱动力矩的 25%。

为了使动力学方程能够反映实际的工况，建立机器人的摩擦力模型是非常必要的。其中，最简单的摩擦力模型就是黏性摩擦，摩擦力矩与关节运动速度成正比，因此有

$$\tau_{fv}=v\dot{q} \quad (6.62)$$

式中，v 是黏性摩擦系数，$\dot{q}$ 为关节变量对时间的一阶导数。

另一个摩擦力模型是库仑摩擦，摩擦力矩的符号取决于关节速度，即

$$\tau_{fc}=c\,\mathrm{sgn}(\dot{q}) \quad (6.63)$$

式中，c 是库仑摩擦系数。当 $\dot{q}=0$ 时，c 值一般取为 1，通常称为静摩擦系数；当 $\dot{q}\neq 0$ 时，c 值小于 1，称为动摩擦系数。

对某个操作臂来说，采用黏性摩擦模型还是库仑摩擦模型是一个比较复杂的问题，这与润滑情况及其他影响因素有关。比较合理的模型是二者兼顾，即

$$\tau_f=\tau_{fv}+\tau_{fc}=v\dot{q}+c\,\mathrm{sgn}(\dot{q}) \quad (6.64)$$

在许多操作臂关节中，摩擦力也与关节位置有关。主要原因是齿轮失圆，齿轮的偏心将会导致摩擦力随关节位置而变化，因此一个比较复杂的摩擦力模型为

$$\tau_f=f(q,\dot{q}) \quad (6.65)$$

这样，考虑摩擦力的刚体动力学模型为

$$\tau=D(q)\ddot{q}+h(q,\dot{q})+G(q)+F(q,\dot{q}) \quad (6.66)$$

上述建立的是考虑非刚体效应的刚体动力学模型。对于柔性臂，容易产生共振和其他动态现象。这些影响因素的建模十分复杂，已经超出了本书的范围，可参考有关文献。

6.3 动力学仿真

为了对操作臂的运动进行仿真，必须采用前面建立的动力学模型，由封闭形式的动力学方程（6.66），可通过仿真求出动力学方程中的加速度

$$\ddot{q} = D^{-1}(q)(\tau - h(q,\dot{q}) - G(q) - F(q,\dot{q})) \tag{6.67}$$

然后利用数值积分方法对加速度积分，即可计算出位置和速度。

如果已知操作臂运动的初始条件为下面的形式：

$$q(0) = q_0 \tag{6.68}$$

$$\dot{q}(0) = 0 \tag{6.69}$$

采用欧拉积分方法，从$t=0$开始，取步长为Δt，进行迭代计算，则

$$\dot{q}(t+\Delta t) = \dot{q}(t) + \ddot{q}(t)\Delta t \tag{6.70}$$

$$q(t+\Delta t) = q(t) + \dot{q}(t)\Delta t + \frac{1}{2}\ddot{q}(t)\Delta t^2 \tag{6.71}$$

式中，每次迭代要用式（6.67）计算一次$\ddot{q}$。这样，通过输入已知的力矩函数，用数值积分方法即可求出操作臂的位置、速度和加速度。

数值积分步长Δt的选择，一方面要小到将连续时间离散为很小的时间增量，使得满足近似性的要求，另一方面不应当过小，否则仿真计算花费的时间过长。欧拉积分法是最简单的一种数值积分方法，其他更复杂更精确的积分方法也可用于动力学仿真。

习　题

计算题

1．用拉格朗日法推导如图6.3所示两轮小车的运动学方程。

2．计算连杆*AB*的总动能，连杆固连在滚轮上（见图6.4），滚轮质量可忽略不计。

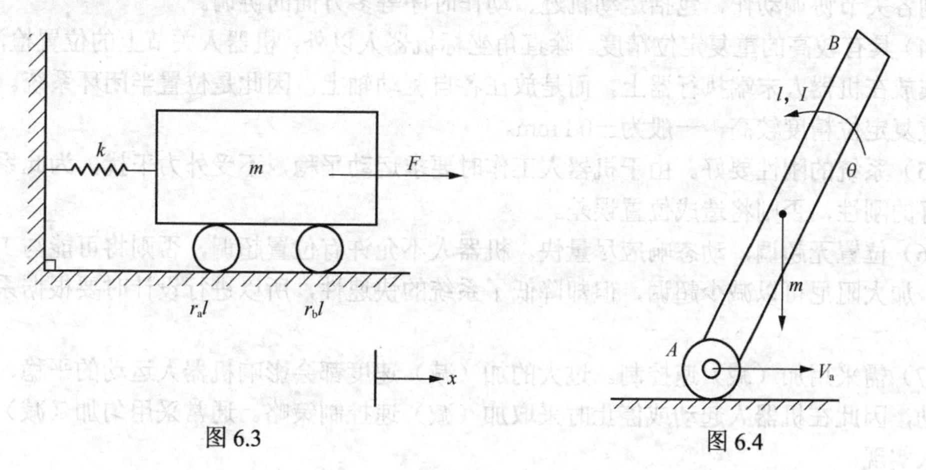

图6.3　　图6.4

第7章 工业机器人的常用控制方法

7.1 工业机器人控制的特点及分类

7.1.1 工业机器人控制的特点

工业机器人控制系统一般是以机器人的单轴或多轴协调运动为控制目的的系统，与一般的伺服系统或过程控制系统相比，工业机器人控制系统有如下特点。

（1）机器人的控制与机构运动学、动力学密切相关。根据给定的任务，应当选择不同的基准坐标系，并作适当的坐标变换，经常要求解运动学正问题和逆问题。除此之外还要考虑各关节之间惯性力、哥氏力等的耦合作用以及重力负载的影响。

（2）描述机器人状态和运动的数学模型是一个非线性模型，随着状态的变化，其参数也在变化，各变量之间还存在耦合。因此，仅仅利用位置闭环是不够的，还要利用速度闭环，甚至加速度闭环。系统中还经常采用一些控制策略，比如重力补偿、前馈、解耦或自适应控制等。

（3）机器人控制系统是一个多变量控制系统。即使一个简单的工业机器人也有3～5个自由度。每个自由度一般包含一个伺服机构，多个独立的伺服系统必须有机地协调起来。例如机器人的手部运动是所有关节运动的合成运动，要使手部按照一定的规律运动，就必须很好地控制各关节协调动作，包括运动轨迹、动作时序等多方面的协调。

（4）具有较高的重复定位精度。除直角坐标机器人以外，机器人关节上的位置检测元件，不能安放在机器人末端执行器上，而是放在各自驱动轴上，因此是位置半闭环系统。但机器人的重复定位精度较高，一般为±0.1 mm。

（5）系统的刚性要好。由于机器人工作时要求运动平稳，不受外力干扰，为此系统应具有较好的刚性，否则将造成位置误差。

（6）位置无超调，动态响应尽量快。机器人不允许有位置超调，否则将可能与工件发生碰撞。加大阻尼可以减少超调，但却降低了系统的快速性，所以进行设计时要根据系统要求权衡。

（7）需采用加（减）速控制。过大的加（减）速度都会影响机器人运动的平稳，甚至发生抖动，因此在机器人起动或停止时采取加（减）速控制策略。通常采用匀加（减）速运动指令来实现。

（8）从操作的角度来看，要求控制系统具有良好的人机界面，尽量降低对操作者的要求。因此，多数情况要求控制器的设计人员不仅要完成底层伺服控制器的设计，而且还要完成规划算法的编程。

（9）工业机器人还有一种特有的控制方式——示教再现控制方式。当要工业机器人完成某作业时，可预先移动工业机器人的手臂，来示教该作业顺序、位置以及其他信息，在执行任务时，依靠工业机器人的动作再现功能，可重复进行该作业。

总而言之，工业机器人控制系统是一个与运动学和动力学原理密切相关的、有耦合的、非线性的多变量控制系统。随着实际工作情况的不同，可以采用各种不同的控制方式。

7.1.2 工业机器人控制的分类

根据不同的分类方法，机器人控制方式可以有不同的分类。从总体上，机器人的控制方式可以分为动作控制方式和示教控制方式。按照被控对象可以分为位置控制、速度控制、力控制、力矩控制、力/位混合控制等。这里按后一种分类方法，对工业机器人控制方式作具体分析。

7.2 机器人的位置控制

工业机器人位置控制的目的，就是要使机器人各关节实现预先所规划的运动，最终保证工业机器人末端执行器沿预定的轨迹运行。

工业机器人的结构多采用串接的连杆形式，其动态特性具有高度的非线性。但在其控制系统设计中，通常把机器人的每个关节当作一个独立的伺服机构来考虑。这是因为工业机器人运动速度不高（通常小于 1.5m/s），由速度变化引起的非线性作用可以忽略。另外，由于交流伺服电机都安装有减速器，其减速比往往接近 100，那么当负载变化（例如由于机器人关节角的变化使得转动惯量发生变化）时，折算到电机轴上的负载变化值则很小（除以速比的平方），所以可以忽略负载变化的影响。而且各关节之间的耦合作用，也因减速器的存在而极大地削弱了，因此工业机器人系统就变成了一个由多关节组成的各自独立的线性系统。

下面分析以伺服电机为驱动器的独立关节的控制问题。

7.2.1 基于直流伺服电动机的单关节控制

直流伺服电动机的位置控制有两种形式，即采用位置加内部电流反馈的双环结构和位置、速度加电流反馈的三环结构。无论采用何种结构形式，都需要从直流伺服电动机数学模型入手，对系统进行分析。

图 7.1 给出了电机、齿轮和负载部件的组成示意图。直流伺服电动机输出转矩 T_m，经速比 $i=n_m/n_s$ 的齿轮箱驱动负载轴。下面研究负载轴转角 θ_s 与电动机的电枢电压 U 之间的传递函数。

电动机输出转矩为

$$T_m = K_C I \text{（N·m）} \tag{7.1}$$

式中，K_C 为电动机的转矩常数，N·m/A；I 为电枢绕组电流，A。电枢绕组电压平衡方程为

$$U - K_b \mathrm{d}\theta_m / \mathrm{d}t = L\mathrm{d}I / \mathrm{d}t + RI \tag{7.2}$$

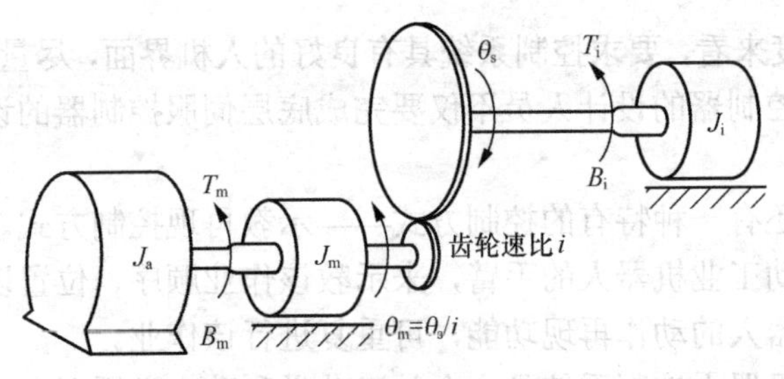

图 7.1 单关节电机负载模型

式中，θ_m 为驱动轴角位移，rad；K_b 为电动机反电动势常数 V • s / rad；L 为电枢电感，H；R 为电枢电阻，Ω。

对上述两式作拉氏变换，并整理得

$$T_m(s) = K_C \frac{U(s) - K_b s\theta_m(s)}{Ls + R} \tag{7.3}$$

驱动轴的转矩平衡方程为

$$T_m = (J_a + J_m)\mathrm{d}^2\theta_m / \mathrm{d}t^2 + B_m \mathrm{d}\theta_m / \mathrm{d}t + iT_i \tag{7.4}$$

式中，J_a 为电动机转子转动惯量，kg • m^2；J_m 为关节部分在齿轮箱驱动侧的转动惯量，kg • m^2；B_m 为驱动侧的阻尼系数，$\frac{\mathrm{N \cdot m}}{\mathrm{rad/s}}$；$T_i$ 为负载侧的总转矩，N • m。

负载轴的转矩平衡方程为

$$T_i = J_i \mathrm{d}^2\theta_s / \mathrm{d}t^2 + B_i \mathrm{d}\theta_s / \mathrm{d}t \tag{7.5}$$

式中，J_i 为负载轴的总转动惯量，kg • m^2；θ_s 为负载轴的角位移，rad；B_i 为负载轴的阻尼系数。

将上述两式作拉氏变换，有

$$T_m(s) = (J_a + J_m)s^2\theta_m(s) + B_m s\theta_m(s) + iT_i(s) \tag{7.6}$$

$$T_i(s) = (J_i s^2 + B_i s)\theta_s(s) \tag{7.7}$$

联合上述两式，并考虑到 $\theta_m(s) = \theta_s(s)/i$ 可导出

$$\frac{\theta_m(s)}{U(s)} = \frac{K_C}{s[J_{eff}Ls^2 + (J_{eff}R + B_{eff}L)s + B_{eff}R + K_C K_b]} \tag{7.8}$$

式中，J_{eff} 为电动机轴上的等效转动惯量，

$$J_{eff} = J_a + J_m + i^2 J_i;$$

B_{eff} 为电动机轴上的等效阻尼系数，$B_{eff} = B_m + i^2 B_i$。

此式描述了输入控制电压 U 与驱动轴转角 θ_m 的关系。分母括号外的 s 表示当施加电压 U 后，θ_m 是对时间 t 的积分，而方括号内的部分，则表示该系统是一个二阶速度控制系统。将其移项后可得

$$\frac{s\theta_m(s)}{U(s)} = \frac{\omega_m(s)}{U(s)} = \frac{K_C}{J_{eff}Ls^2 + (J_{eff}R + B_{eff}L)s + B_{eff}R + K_C K_b} \tag{7.9}$$

为了构成对负载轴的角位移控制器，必须进行负载轴的角位移反馈，即用某一时刻 t 所需要的角位移 θ_d 与实际角位移 θ_s 之差所产生的电压来控制该系统。

用光学编码器作实际位置传感器，可以求取位置误差，误差电压是

$$U(t)=K_{\theta}(\theta_{\mathrm{d}}-\theta_{\mathrm{s}})$$

$$U(s)=K_{\theta}[(\theta_{\mathrm{d}}(s)-\theta_{\mathrm{s}}(s)] \tag{7.10}$$

式中，K_{θ}为转换常数，V/rad。

此控制器的结构框图如图 7.2 所示。其开环传递函数为

$$\frac{\theta_{\mathrm{s}}(s)}{E(s)}=\frac{iK_{\theta}K_{\mathrm{C}}}{s[LJ_{\mathrm{eff}}s^{2}+(RJ_{\mathrm{eff}}+LB_{\mathrm{eff}})s+RB_{\mathrm{eff}}+K_{\mathrm{C}}K_{\mathrm{b}}]} \tag{7.11}$$

机器人驱动电动机的电感 L 一般很小（10mH 左右），而电阻约 1Ω，所以可以略去上式中的电感 L，得

$$\frac{\theta_{\mathrm{s}}(s)}{E(s)}=\frac{iK_{\theta}K_{\mathrm{C}}}{s(RJ_{\mathrm{eff}}s+RB_{\mathrm{eff}}+K_{\mathrm{C}}K_{\mathrm{b}})} \tag{7.12}$$

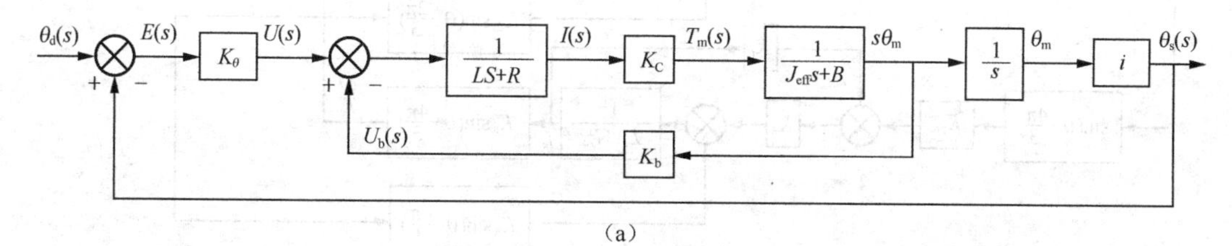

（a）

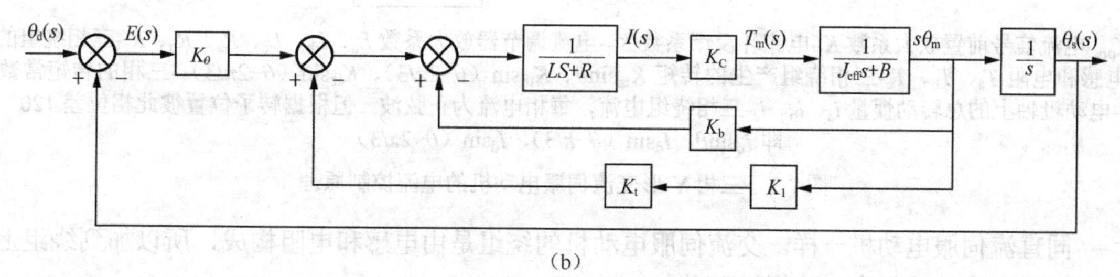

（b）

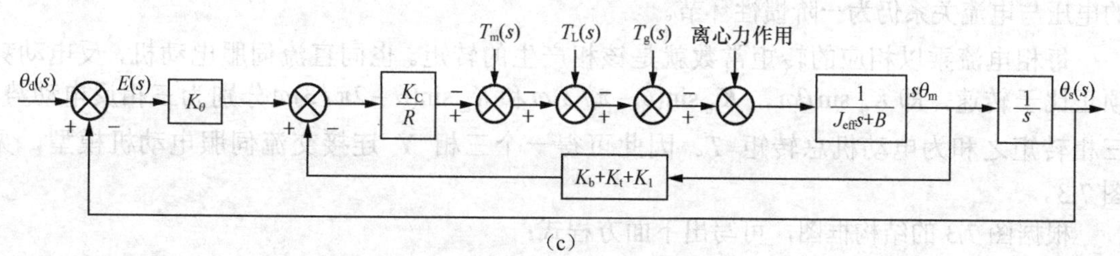

（c）

图 7.2 位置控制系统框图

图 7.2（a）的单位反馈位置控制系统的闭环传递函数是

$$\frac{\theta_{\mathrm{s}}(s)}{\theta_{\mathrm{d}}(s)}=\frac{\theta_{\mathrm{s}}/E}{1+\theta_{\mathrm{s}}/E}=\frac{iK_{\theta}K_{\mathrm{C}}}{RJ_{\mathrm{eff}}s^{2}+(RB_{\mathrm{eff}}+K_{\mathrm{C}}K_{\mathrm{b}})s+iK_{\theta}K_{\mathrm{C}}} \tag{7.13}$$

图 7.2（b）是导出的控制器的结构框图。其中 K_{t} 是测速发电机常数（V·s/rad），K_{1} 为测速发电机反馈系数。反馈电压是 $K_{\mathrm{b}}\omega_{\mathrm{m}}(t)+K_{1}K_{\mathrm{t}}\omega_{\mathrm{m}}(t)$，而不仅仅是 $K_{\mathrm{b}}\omega_{\mathrm{m}}(t)$。

在图 7.2（c）中，考虑了摩擦力矩、外负载力矩、重力矩以及向心力的作用。以任一扰动作为干扰输入，可写出干扰的输出与传递函数。利用拉氏变换中的终值定理，即可求得因干扰引起的静态误差。

7.2.2 基于交流伺服电动机的单关节控制

图 7.3 是一个三相 Y 形连接的交流伺服电动机的电流控制原理图。

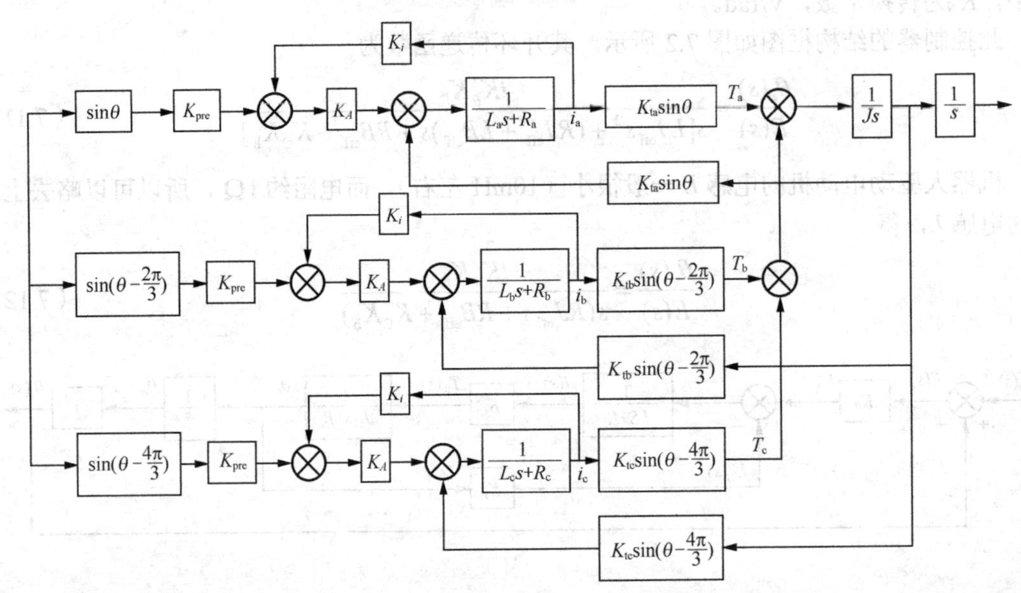

K_{pre}-电流信号前置放大系数 K_i-电流环反馈系数 K_A-电流调节器放大系数 L_a、L_b、L_c、R_a、R_b、R_c-三相绕组的电感和电阻 T_a、T_b、T_c-三相绕组产生的转矩 $K_{ta}\sin\theta$、$K_{tb}\sin(\theta-2\pi/3)$、$K_{tc}\sin(\theta-2\pi/3)$-三相的转矩常数 J-电动机轴上的总转动惯量 i_a、i_b、i_c-三相绕组电流，每相电流为正弦波，但根据转子位置彼此相位差 120°，即 $I_d\sin\theta$，$I_d\sin(\theta-\pi/3)$，$I_d\sin(\theta-2\pi/3)$

图 7.3 三相 Y 形交流伺服电动机的电流控制原理

同直流伺服电动机一样，交流伺服电动机的绕组是由电感和电阻构成，所以加到绕组上的电压与电流关系仍为一阶惯性环节。

每相电流乘以相应的转矩常数就是该相产生的转矩。也同直流伺服电动机，反电动势项正比于转速，即 $K_{ta}\sin\theta\omega$，$K_{tb}\sin(\theta-\pi/3)\omega$ 和 $K_{tc}\sin(\theta-2\pi/3)\omega$ 分别为三相反电动势。三相转矩之和为电动机总转矩 T。因此可得一个三相 Y 连接交流伺服电动机模型，见图 7.3。

根据图 7.3 的结构框图，可写出下面方程式：

$$
\begin{aligned}
T &= T_a + T_b + T_c \\
&= \{I_d \sin\theta K_{pre} - K_i i_a)K_A - \omega K_{ta}\sin\theta\}\left[\frac{K_{ta}\sin\theta}{L_a s + R_a}\right] + \{[I_d\sin(\theta-2\pi/3)K_{pre} - K_i i_b]K_A - \\
&\quad \omega K_{tb}\sin(\theta-2\pi/3)\}\left[\frac{K_{tb}\sin(\theta-2\pi/3)}{L_b s + R_b}\right] + \{[I_d\sin(\theta-4\pi/3)K_{pre} - K_i i_c]K_A - \omega K_{tc} \\
&\quad \sin(\theta-4\pi/3)\}[\frac{K_{tc}\sin(\theta-4\pi/3)}{L_c s + R_c}]
\end{aligned} \tag{7.14}
$$

在电机制造时，总是保证各相参数相等，即

$$K_{ta} = K_{tb} = K_{tc} = K_{tp}$$

$$L_a = L_b = L_c = L_p$$
$$R_a = R_b = R_c = R_p \tag{7.15}$$

这样，可以把图 7.3 转换成等效的直流伺服电动机电流控制系统，其结构如图 7.4 所示。可以根据图 7.4 来分析交流电动机的电流控制系统。但关节角控制系统是位置系统，可以在此基础上，外面加上一个位置负反馈环或速度、位置负反馈环，如图 7.5 所示。为简单起见，令 $f = K_v + K_{tp} / (K_{pre}K_A)$，表示速度反馈系数，把上述系统转换成等效的单位反馈系统，得到图 7.6。

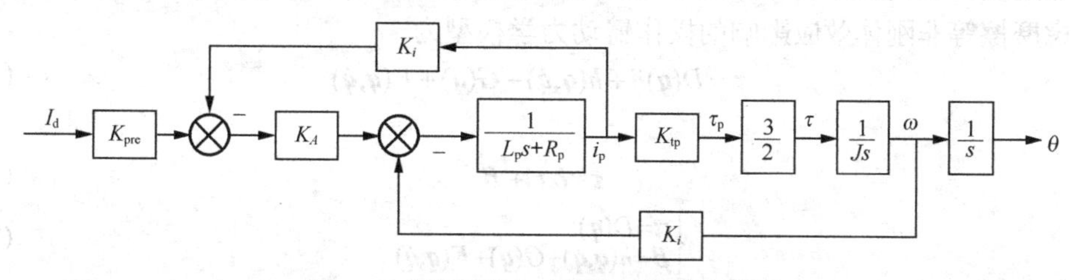

图 7.4　交流伺服电动机的等效结构框图

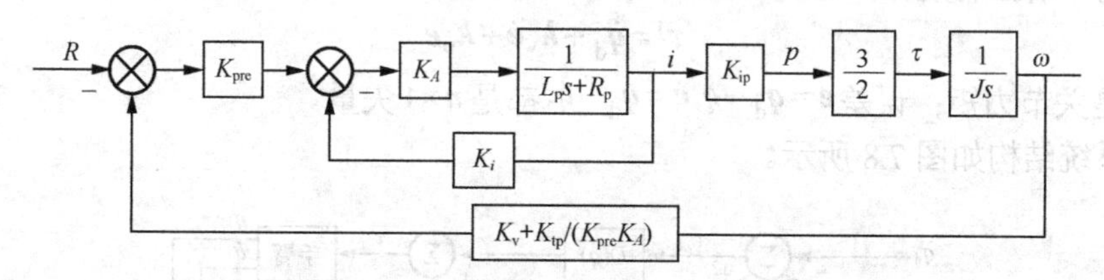

图 7.5　交流电动机的速度控制框图

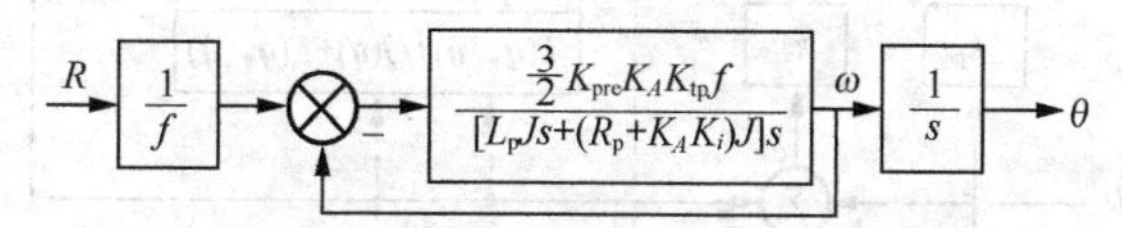

图 7.6　交流电动机的单位速度反馈控制框图

针对上述结构框图，给出某机器人关节参数如下。

电动机最大转矩为 230N・m，其余参数为

K_p——位置增益，$K_p = 4$；

K_v——速度反馈系数，K_v=0.54；

K_{pre}——前置放大器增益，$K_{pre} = 88$；

K_i——电流反馈增益，K_i=2.2；

K_A——功率放大增益，$K_A = 6$；

K_{tp}——转矩常数，K_{tp}=3.41N・m/A；

L_p——绕组电感，L_p=0.03837H；

R_p——绕组电阻，R_p= 5.09Ω；

J——电动机轴上总转动惯量，J=0.39kg・m^2。

利用这些参数，根据上述模型可以分析该关节的动态特性。

从图 7.6 可以得到的位置控制框图，如图 7.7 所示。

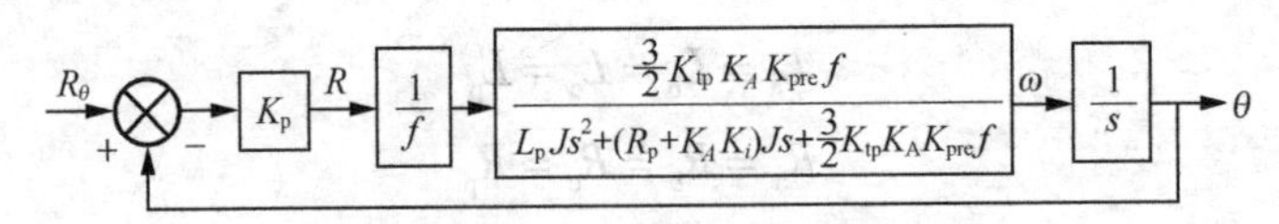

图 7.7　交流电动机的位置控制框图

7.2.3　操作臂的多关节控制

操作臂的多关节控制是个多输入多输出（MIMO）系统。因此，需要用矢量表示位置、速度和加速度，控制规律所计算的则是关节驱动信号矢量。

考虑摩擦等非刚体效应影响的操作臂动力学模型为

$$\boldsymbol{\tau}=D(\boldsymbol{q})\ddot{\boldsymbol{q}}+h(\boldsymbol{q},\dot{\boldsymbol{q}})+G(\boldsymbol{q})+F(\boldsymbol{q},\dot{\boldsymbol{q}}) \tag{7.16}$$

令

$$\boldsymbol{\tau}=\boldsymbol{\alpha}\boldsymbol{\tau}'+\boldsymbol{\beta}, \tag{7.17}$$

$$\begin{cases}\boldsymbol{\alpha}=D(\boldsymbol{q});\\ \boldsymbol{\beta}=h(\boldsymbol{q},\dot{\boldsymbol{q}})+G(\boldsymbol{q})+F(\boldsymbol{q},\dot{\boldsymbol{q}})\end{cases} \tag{7.18}$$

采用基于伺服的控制规律，有

$$\boldsymbol{\tau}'=\ddot{\boldsymbol{q}}_{\mathrm{d}}+\boldsymbol{k}_{\mathrm{v}}\dot{\boldsymbol{e}}+\boldsymbol{k}_{\mathrm{p}}\boldsymbol{e} \tag{7.19}$$

式中，$\boldsymbol{\tau}'$ 是关节力矩；误差 $\boldsymbol{e}=\boldsymbol{q}_{\mathrm{d}}-\boldsymbol{q},\dot{\boldsymbol{e}}=\dot{\boldsymbol{q}}_{\mathrm{d}}-\dot{\boldsymbol{q}}$，都是 $n\times 1$ 矢量。

控制系统结构如图 7.8 所示。

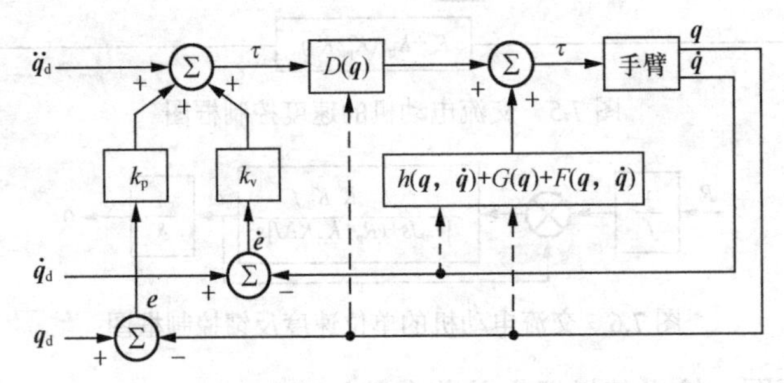

图 7.8　基于动力学模型的控制系统框图

由式（7.16）～式（7.19）便可得出表示闭环系统的误差方程

$$\ddot{\boldsymbol{e}}+k_{vi}\dot{\boldsymbol{e}}+k_{\mathrm{p}}\boldsymbol{e}=0 \tag{7.20}$$

由于增益矩阵 $\boldsymbol{k}_{\mathrm{v}}$ 和 $\boldsymbol{k}_{\mathrm{p}}$ 是对角形，因而上式是解耦的，并可写成 n 个单关节的形式

$$\ddot{\boldsymbol{e}}_i+k_{vi}\dot{\boldsymbol{e}}_i+\boldsymbol{k}_{\mathrm{p}i}\boldsymbol{e}_i=0\ (i=1,2,\ldots,n) \tag{7.21}$$

实际上由于系统动态模型不准确等原因，式（7.20）所表示的是理想情况。

7.3　机器人的力控制

工业机器人在进行喷漆、点焊、搬运等作业时，其末端执行器（喷枪、焊枪、手爪等）始终不与工件相接触，因此只需对机器人进行位置控制。然而，当机器人在进行装配、加工、抛光等作业时，要求机器人末端执行器与工件接触时保持一定大小的力。这时，如果只对机器人实施位置控制，有可能由于机器人的位姿误差或工件放置的偏差，会造成机器人与工件之间没有接触或损坏工件。对于这类作业，一种比较好的控制方案是：除了在一些自由度方向进行位置控制外，还需要在另一些自由度方向控制机器人末端执行器与工件之间的接触力，从而保证二者之间的正确接触。

由于力是在两物体相互作用后才产生，因此力控制是将环境考虑在内的控制问题。为了对机器人实施力控制，需要分析机器人末端执行器与环境的约束状态，并根据约束条件制定控制策略。此外，还需要在机器人末端安装力传感器，用来检测机器人与环境的接触力。控制系统根据预先制定的控制策略对这些力信息作出处理后，控制机器人在不确定环境下进行与该环境相适应的操作，从而使机器人完成复杂的作业任务。

7.3.1 质量—弹簧系统的力控制

如图 7.9 所示，当工业机器人手爪与环境相接触时，会产生相互作用的力。一般情况下，在考虑接触力时，必须设计某种环境模型。为使概念明确，用类似于位置控制的简化方法，假设系统是刚性的，质量为 m，而环境刚度为 k_e，采用简单的质量—弹簧模型来表示受控物体与环境之间的接触作用，如图 7.10 所示。

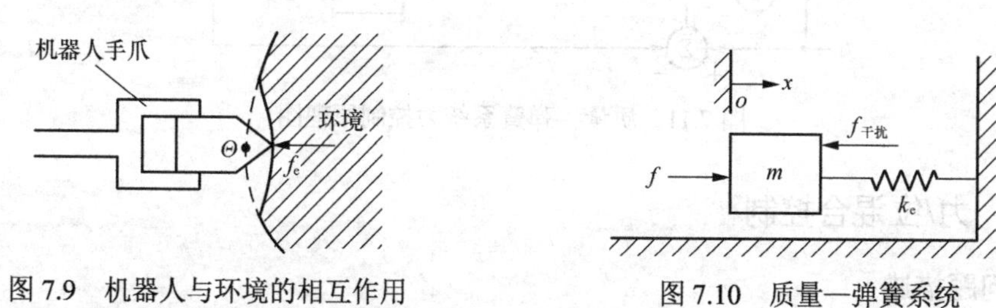

图 7.9 机器人与环境的相互作用　　图 7.10 质量—弹簧系统

下面讨论这个质量—弹簧系统的力控制问题。

$f_{干扰}$ 表示未知的干扰力，为摩擦力或机械传动的阻力；f_e 表示作用在弹簧上的力，即希望作用在环境上的力，且

$$f_e = k_e x \tag{7.22}$$

描述这一物理系统的方程为

$$f = m\ddot{x} + k_e x + f_{干扰} \tag{7.23}$$

如果用作用在环境上的控制变量 f_e 表示，则有

$$f = mk_e^{-1}\ddot{f}_e + f_e + f_{干扰} \tag{7.24}$$

利用控制规律分解的方法，令

$$\begin{cases} \alpha = mk_e^{-1} \\ \beta = f_e + f_{干扰} \end{cases} \tag{7.25}$$

从而得到伺服规则，即

$$f = mk_e^{-1}[\ddot{f}_d + k_{vf}\dot{e}_f + k_{pf}e_f] + f_e + f_{干扰} \tag{7.26}$$

式中 $e_f = f_d - f_e$，f_d 是期望力，f_e 是用力传感器检测到的环境作用力，k_{vf} 及 k_{pf} 是力控制系统增益系数。

联立式（7.24）和式（7.26），则有闭环系统误差方程

$$\ddot{e}_f + k_{vf}\dot{e}_f + k_{pf}e_f = 0 \tag{7.27}$$

但是，影响 $f_{干扰}$ 的因素很多，难以预测，因而由式（7.26）表示的伺服规则并不可行。当然，在制定伺服规则时，可去掉 $f_{干扰}$ 这一项，得到简化的伺服规则

$$f = mk_e^{-1}[\ddot{f}_d + k_{vf}\dot{e}_f + k_{pf}e_f] + f_e \tag{7.28}$$

当环境刚度 k_e 很大时，可用期望力 f_d 取代式（7.26）中 $f_e+f_{干扰}$ 这一项。此时，伺服规则变为

$$f = mk_e^{-1}[\ddot{f}_d + k_{vf}\dot{e}_f + k_{pf}e_f] + f_d \tag{7.29}$$

图 7.11 所示的是利用该伺服规则画出的力控制系统原理图。

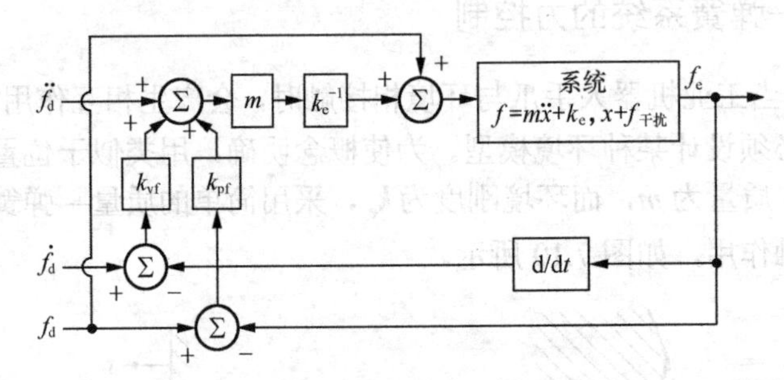

图 7.11　质量—弹簧系统力控制原理图

7.3.2　力/位混合控制

（一）问题描述

图 7.12 所示为接触状态的两个极端情况。在图 7.12（a）中，操作臂在自由空间移动。在这种情况下，自然约束都是力约束——所有的约束力都为零。具有 6 自由度的操作臂可以在 6 个自由度方向上运动，但是不能在任何方向上施加力。图 7.12（b）所示为操作臂末端执行器紧贴墙面运动的极端情况。在这种情况下，因为操作臂不能自由改变位置，所以它有 6 个自然位置约束。然而，操作臂可以在这 6 个自由度上对目标自由施加力和力矩。

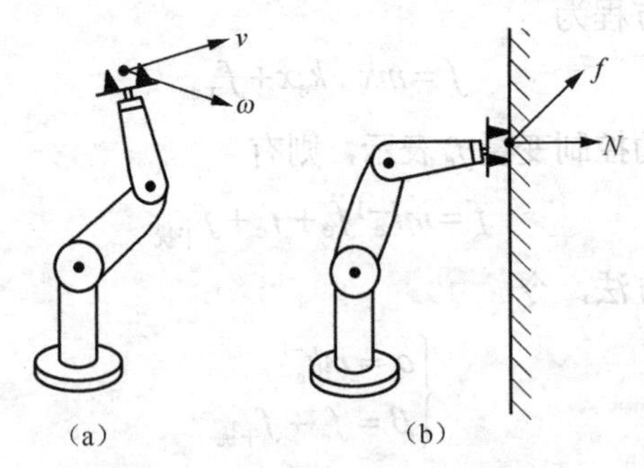

图 7.12　接触状态的两个极端情况

图 7.12（a）所示情况为位置控制问题，图 7.12（b）中的情况在实际中并不经常出现，多数情况是需要在部分约束任务环境中进行力控制，即对系统的某些自由度需要进行位置控制，而对另一些自由度需要进行力控制。

对于力/位混合控制器必须解决以下 3 个问题。

（1）沿有自然力约束的方向进行操作臂的位置控制；

（2）沿有自然位置约束的方向进行操作臂的力控制；

（3）沿任意坐标系$\{C\}$的正交自由度方向进行任意位置和力的混合控制。

（二）工业机器人力/位混合控制

1. 直角坐标型操作臂的力/位混合控制

考虑具有3自由度的直角坐标型操作臂的简单情况。假设关节运动方向与约束坐标系$\{C\}$的轴线方向完全一致，即三个关节的轴线分别沿$\hat{Z}$、$\hat{Y}$和$\hat{X}$方向。为简单起见，假设每一个连杆的质量为m，滑动摩擦力为零，末端执行器与刚度为k_e的表面接触，${}^{c}\hat{Y}$垂直于接触表面。因此，在${}^{c}\hat{Y}$方向需要力控制，而在${}^{c}\hat{X}$、${}^{c}\hat{Z}$方向进行位置控制，如图7.13所示。

如果希望将约束表面的法线方向转变为沿$\hat{X}$向或$\hat{Z}$向，则可以按如下方法对直角坐标型操作臂控制系统稍加扩展：构建这个控制器，使它可以确定3个自由度的全部位置轨迹，同时也可以确定3个自由度的力轨迹。当然，不能同时满足这6个约束的控制。因而，需要设定一些工作模式来指明在任一给定时刻应控制哪条轨迹的哪个分量。

在图7.14所示的控制器中，用一个位置控制器和一个力控制器，控制上述简单直角坐标型操作臂的3个关节。引入矩阵$\boldsymbol{S}$和$\boldsymbol{S}'$来确定应采用哪种控制模式——位置或力，去控制直角坐标型操作臂的每一个关节。$\boldsymbol{S}$矩阵为对角阵，对角线上的元素为1和0。对于位置控制，$\boldsymbol{S}$中元素为1的位置在$\boldsymbol{S}'$中对应的元素为0；对于力控制，$\boldsymbol{S}$中元素为0的位置在$\boldsymbol{S}'$中对应的元素为1。因此，矩阵$\boldsymbol{S}$和$\boldsymbol{S}'$相当于一个互锁开关，用于设定坐标系$\{C\}$中每一个自由度的控制模式。按照$\boldsymbol{S}$的规定，系统中有3个轨迹分量受到控制，而位置控制和力控制之间的组合是任意的。另外3个期望轨迹分量和相应的伺服误差应被忽略。也就是说，当一个给定的自由度受到力控制时，那么这个自由度上的位置误差就应该被忽略。

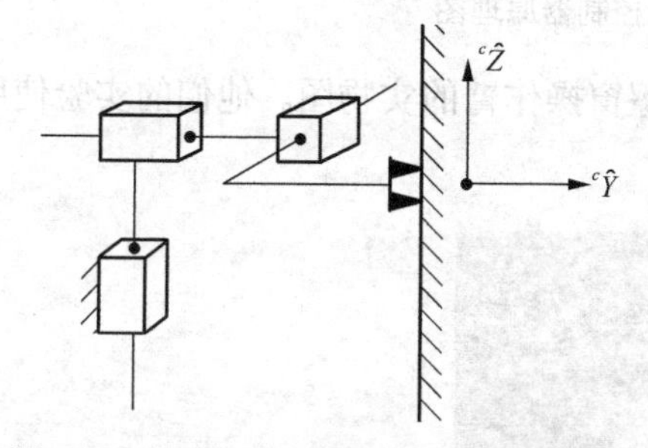

图7.13 具有3自由度的直角坐标型操作臂

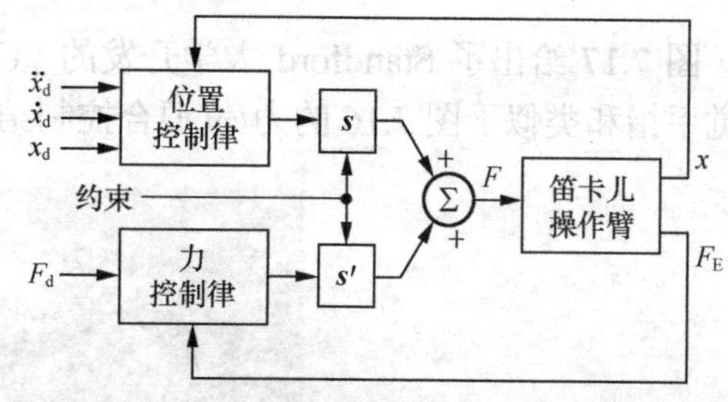

图7.14 具有3自由度的直角坐标型操作臂的混合控制原理图

2. 应用在一般操作臂的力/位混合控制

图7.14所示的混合控制器是关节轴线与约束坐标系$\{C\}$完全一致的特殊情况。将此研究方法推广到一般操作臂，可以直接应用基于直角坐标的控制方法。这个基本思想是通过使用直角坐标空间的动力学模型，把实际操作臂的组合系统和计算模型变换为一系列独立的、解耦的单位质量系统。一旦完成解耦和线性化，就可以应用前面所介绍的简单伺服方法来综合分析。

图7.15所示为在直角坐标空间中基于操作臂动力学公式的解耦形式，使操作臂呈现为一系列解耦的单位质量系统。为了用于混合控制策略，直角坐标空间动力学方程和雅可比矩阵都应在约束坐标系$\{C\}$中描述。

由于已经设计了一个与约束坐标系一致的直角坐标型操作臂的混合控制器，并且因为用直角坐标解耦方法建立的系统具有相同的输入—输出特性，因此只需要将这两个条件结合，就可以生成一般的力/位混合控制器。

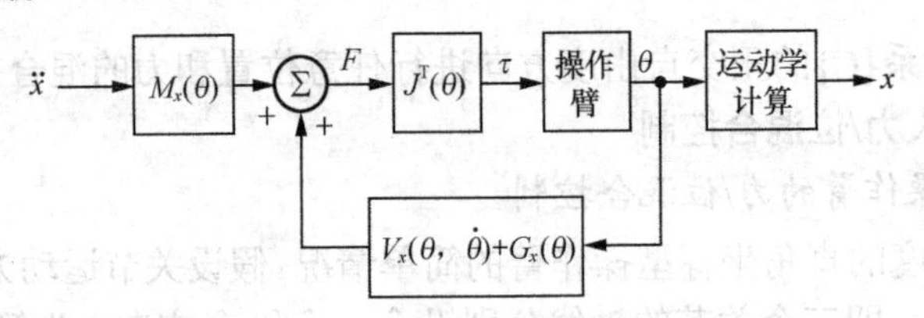

图 7.15　直角坐标解耦方法

图 7.16 所示为一般操作臂的混合控制器原理图。要注意的是动力学方程以及雅可比矩阵均在约束坐标系{C}中描述，伺服误差也要在{C}中计算，当然还要适当选择 $\boldsymbol{S}$ 和 $\boldsymbol{S'}$的值以确定控制模式。

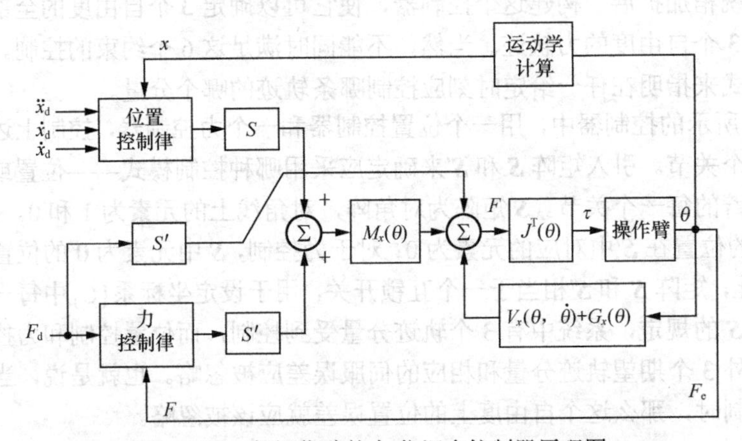

图 7.16　一般操作臂的力/位混合控制器原理图

图 7.17 给出了 Standford 大学开发的 PUMA560 擦窗操作臂的实物图。他们的实验使用力觉手指和类似于图 7.16 的力/位混合控制结构。

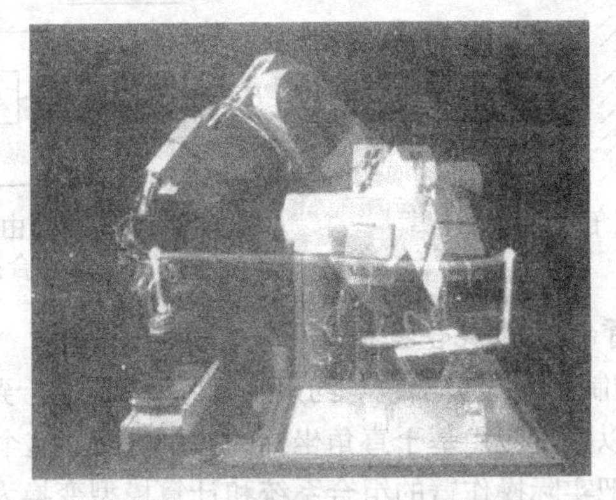

图 7.17　PUMA560 擦窗操作臂

7.4　机器人的现代控制技术

7.4.1　机器人的自适应控制

1979 年，Dubowsky 等人最早将自适应控制的理论用于机器人。1986 年前后，在机器人的研究领域中已形成了模型参考自适应控制（Model Reference Adaptive Contro1，MRAC）和自校正自适应控制（Self-Tuning Adaptive Control，STAC）两种流派，这些均属于上述自适应控制设计理论的应用范畴。

机器人动力学模型存在非线性和不确定性因素，这些因素包括未知的系统参数（如摩擦力）、非线性动态特性（如齿轮间隙和增益的非线性）以及环境因素（如负载变动和其他扰动）等，采用自适应控制来补偿上述因素，能够显著改善机器人的性能。自适应控制器是机器人控制器设计的一种可行而有效的力法。

自适应控制最早在过程控制中获得成功应用，因为过程控制中被控参数的变化相对较慢，采用一般速度的计算机能够胜任繁重的计算任务。但在机器人控制中，被控量是机器人的位置、速度和加速度，且变化很快，一般计算机无法承担此计算任务，因此很长一段时间，多数机器人的自适应控制技术局限在仿真水平，只有一些比较简单的自适应控制机器人投入工业运行。这方面最早的产品是由美国 ASEA 公司在 20 世纪 70 年代后期开发的具有点自适应能力和曲线自适应能力的机器人，并把这种机器人用于弧焊、研磨、去毛刺和某些装配工作，获得了较好的速度响应。目前随着高速处理芯片的普及应用，如将数字信号处理器（DSP）应用到机器人控制器中，则能够胜任自适应控制的复杂算法，这为机器人自适应控制技术进入实用化阶段提供了硬件保障。

1. *状态模型和主要结构*

机器人的自适应控制是与机器人的动力学密切相关的。具有 n 个自由度和 n 个关节单独驱动的刚性机器人的动力学方程重写如下。

$$F_i = \sum_{j=1}^{n} D_{ij}(q)\ddot{q}_j + \sum_{j=1}^{n}\sum_{k=1}^{n} C_{ijk}(q)\dot{q}_j(q)\dot{q}_k + G_i(q) \quad (i=1,2,3,\ldots,n) \tag{7.30}$$

此动力学方程矢量形式为

$$F = D(q)\ddot{q} + C(\dot{q}q) + G(q) \tag{7.31}$$

重新定义如下

$$\begin{aligned} C(q,\dot{q}) &\overset{\text{def}}{=} C^1(q,\dot{q})\dot{q} \\ G(q) &\overset{\text{def}}{=} G^1(q)q \end{aligned} \tag{7.32}$$

代入式（7.31）可得

$$F = D(q)\ddot{q} + C^1(q,\dot{q})\dot{q} + G^1(q)q \tag{7.33}$$

这是拟线性系统表达方式。

又定义 $x=[q,\dot{q}]^{\mathrm{T}}$ 为 $2n\times1$ 状态矢量，则可把式（7.33）表示为下列状态方程

$$\ddot{X} = A_p(x,t)x + B_p(x,t)F \tag{7.34}$$

式中，$A_p(x,t)=\begin{pmatrix} 0 & 1 \\ -D^1G^1 & -D^{-1}C^1 \end{pmatrix}_{2n\times 2n}$

$$B_p(x,t)=\begin{pmatrix} 0 \\ D^{-1} \end{pmatrix}_{2n\times 2n}$$

其中，A_p、B_p 为状态矢量 X 的非常复杂的非线性函数。

上述机器人动力学模型是机器人自适应控制器的调节对象。

实际上，必须把传动装置的动力学包括进控制系统模型。对于具有 n 个驱动关节的机器人，可把其传动装置的动态作用表示为

$$M_a u - t = J_a \ddot{q} + B_a \dot{q} \tag{7.35}$$

式中，u、q、t 为传动装置的输入电压、位移和扰动力矩的 $n\times1$ 矢量；M_a、J_a、B_a 为 $n\times n$ 对角矩阵，并由传动装置参数所决定。

$$t = F(q,\dot{q},\ddot{q}) + T_d \tag{7.36}$$

式中，F 为与连杆运动有关的力矩，由式（7.33）确定；T_d 为包括电动机的非线性和摩擦力矩。

联立求解式（7.33）、式（7.35）和式（7.36），并定义

$$\left.\begin{aligned} J(q) &= D(q) + J_a \\ E(q) &= C^1(q) + B_a \\ H(q)q &= G^1(q)q + T \end{aligned}\right\} \tag{7.37}$$

可求得机器人传动系统的时变非线性状态模型为

$$\dot{x} = A_p(x,t)x + B_p(x,t)u \tag{7.38}$$

式中，

$$\left.\begin{aligned} A_p(x,t) &= \begin{pmatrix} 0 & 1 \\ -J^{-1}H & -J^{-1}E \end{pmatrix}_{2n\times 2n} \\ B_p(x,t) &= \begin{pmatrix} 0 \\ J^{-1}M_a \end{pmatrix}_{2n\times n} \end{aligned}\right\}$$

状态模型式（7.34）和式（7.38）具有相同的形式，均可用于自适应控制器的设计。

自适应控制器的两种主要结构，即模型参考自适应控制器（MRAC）和自校正自适应控制器（STAC），分别如图 7.18（a）和图 7.18（b）所示。以这两种基本结构为基础，近 10 年来，提出了许多有关操作机器人自适应控制器的设计方法，并取得了相应的进展。

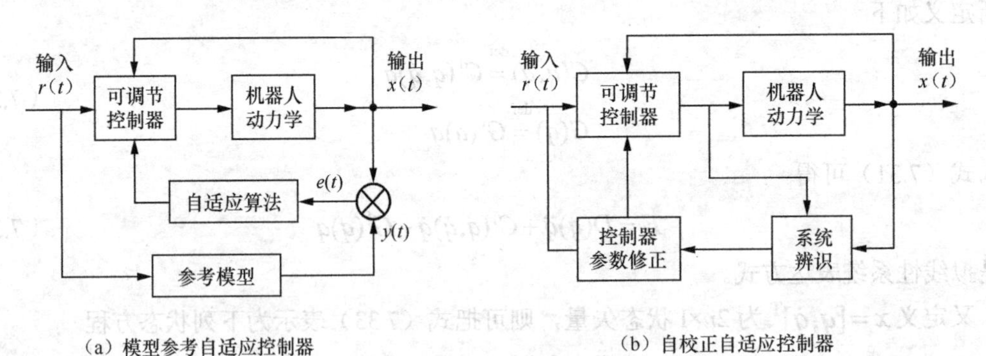

（a）模型参考自适应控制器　　（b）自校正自适应控制器

图 7.18　机器人自适应控制器的结构

2. 模型参考自适应控制

模型参考自适应控制（MRAC）是最早用于机器人控制的自适应控制技术。它的基本设计思想是为机器人机械手的状态方程式（7.38）设计一个控制信号 u，或为状态方程式（7.34）设计一个输入 F。这种控制信号将以一定的、由参考模型所规定的期望方式，使系统具有需要的特性。

设
$$\dot{y}=A_m y+B_m r \tag{7.39}$$
式中，y为$n\times1$参考模型状态矢量；r为$n\times1$参考模型输入矢量。

且 $A_m=\begin{pmatrix}0 & 1\\ -\Lambda_1 & -\Lambda_2\end{pmatrix}$ $\quad B_m=\begin{pmatrix}0\\ \Lambda_1\end{pmatrix}$

Λ_1为含有ω_1项的$n\times n$对角矩阵；Λ_2为含有$2\zeta_i\omega_i$的$n\times n$对角矩阵。
式（7.39）表示n个含有指定参数ζ_i和ω_j的去耦二阶微分方程式，即
$$\ddot{y}_a+2\zeta_i\omega_i\dot{y}_i+\omega_i^2 y_i=\omega_i^2 r \tag{7.40}$$

式中，输入变量r代表由设计者预先规定的理想的机器人运动轨迹。当输入端引入适当的状态反馈时，通过对反馈增益的调整，使机器人的状态方程变为可调节的。把这个系统的状态变量x与参考模型状态y进行比较，所得状态误差e用于控制自适应算法，以维持状态误差接近于零。

自适应算法是根据MRAC的渐近稳定性要求而设计的，常用李雅普诺夫（Lyapunov）稳定判据进行设计。

令控制输入为
$$u=-K_x x+K_u r \tag{7.41}$$

式中，K_x、K_u为$n\times n$时变可调反馈矩阵和前馈矩阵。

根据式（7.41），可得式（7.38）的闭环系统状态模型
$$\dot{x}=A_s(x,t)x+B_s(x,t)r \tag{7.42}$$
式中，
$$A_s=\begin{pmatrix}0 & 1\\ -J^{-1}(H+M_a K_{x1}) & -J^{-1}(E+M_a K_{x2})\end{pmatrix} \quad B_s=\begin{pmatrix}0\\ J^{-1}M_a K_u\end{pmatrix}$$
适当地设计k_{xi}和k_u，能够使式（7.34）所示系统与式（7.39）所代表的参考模型完全匹配。

定义$n\times1$状态误差矢量为
$$e=Y-X \tag{7.43}$$
则可得
$$\dot{e}=A_M e+(A_M-A_S)X+(B_M-B_S)\dot{r} \tag{7.44}$$
控制目标是要为k_x和k_u找出一种调整算法，使得
$$\lim_{t\to\infty}e(t)=0 \tag{7.45}$$

定义正定李雅普诺夫函数V为
$$V=e^T Pe+tr[(A_M-A_S)^T F_A^{\prime}(A_M-A_S)]+tr[(B_M-B_S)^T F_R^{-1}(B_M-B_s)] \tag{7.46}$$

于是由式（7.33）和式（7.34）可得
$$V=e^T(A_M P+PA_M)e+tr[(A_M-A_S)^T(PeX^T-F_A^{-1}\dot{A}_S)]+tr[(B_M-B_S)^T(Per^T-F_B^{-1}\dot{B}_S)] \tag{7.47}$$

根据李雅普诺夫稳定性理论，保证满足式（7.46）的充要条件是V为负定的。由此可求得
$$A_M^T P+PA_M=-Q$$

$$\dot{A}_S = F_A Pex^T \approx B_p \dot{K}_x$$
$$\dot{B}_S = F_B Per^T \approx B_p \dot{K}_U$$
$$\dot{K}_U = K_U B_m^+ F_B Per^T$$
$$\dot{K}_x = K_U B_m^+ F_A Pex^T \tag{7.48}$$

式中，P 和 Q 为正定矩阵，且 P 满足式（7.45）；B_M^+为B_M 的伪逆矩阵；F_A 和 F_B 为正定自适应增益矩阵。

李普雅诺夫设计方法虽能保证渐近稳定性，但是在过渡过程中可能会出现大的状态误差和振荡。当引入适当的附加控制输入时，能够改善系统的收敛率。

3. 自校正自适应控制

STAC 是另一种常用的机器人自适应控制器的设计方法。它与 MRAC 方法的主要区别在于 STAC 用线性离散模型来表示操作机器人系统的动力学特性，因而其控制器为一数字控制器。这种离散模型必须借助系统辨识技术，应用采样输入—输出数据来建立。

STAC 的设计过程由两个步骤组成。

（1）假定操作机器人系统的线性离散模型是已知的，然后为系统设计一个控制器，以实现给定的控制目标。

（2）估计实际上未知的在线模型参数，然后把这些参数的估计值代入控制器设计方程，以便重新计算其控制算法。

应用 STAC 技术，要求把机器人动力学模型作为线性时变过程来处理。为了简化设计，采用解耦模型方法，把每个关节运动分别由一个 n 阶标量微分方程式来模拟，即

$$A_i(q^{-1})x_i(k) = q^{-d}B_i(q^{-1})u_i(k) + h_i \quad (i=1,2,\cdots,n) \tag{7.49}$$

式中，$u_i(k)$和$x_i(k)$分别为第 i 个关节的输入和输出变量；$A_i(q-1)$和$B_i(q^{-1})$为含有后移算子 q^{-1} 的参数多项式；d 为考虑系统滞后和计算滞后的总延迟；h_i 为考虑忽略各关节间耦合作用和重力作用而产生的建模误差。

对模型参数进行在线递归估计，这可由最小二乘估计来解决。把式（7.49）改写为

$$x_i(k) = \phi_i^T(k-1)\theta_i \tag{7.50}$$

式中，$\phi_i(k-1) = [-x_i(k-1),\cdots,-x_i(k-m);u_i(k-d),\cdots,u_i(k-d-m+1);1]^T$

$$\theta_i = [a_{i1},\cdots,a_{im},b_{i0},\cdots,b_{im},h_i]^T$$

根据测量的输入—输出数据$\theta_i(k)$来估计θ_i的最小二乘递归算法如下。

$$\hat{\theta}_i(k+1) = \hat{\theta}_i(k) + p_i(k)\phi_i(k)[\lambda + \phi_i^T(k)p_i(k)]^{-1} \times [x_i(k+1) - \phi_i^T(k)\hat{\theta}_i(k)] \tag{7.51}$$

$$p_i(k+1) = p_i(k) - \frac{p_i(k)\phi_i(k)\phi_i^T(k)p_i(k)}{\lambda + \phi_i^T(k)p_i(k)\phi_i(k)} \tag{7.52}$$

式中，λ为遗忘因子（forgetting factor），$0<\lambda<1$。

可以式（7.40）的模型为基础来设计 STAC。这种控制具有下列一般形式

$$R(q^{-1})u(k) = T(q^{-1})y(k) - S(q^{-1})x(k) + u_b \tag{7.53}$$

式中，y 为期望的系统响应；u_b 为偏移项；R、T、S 为θ_i的一般函数。

STAC 设计方法可用于极点配置设计和速度控制器的设计。极点配置设计的目标在于选择控制 $u(k)$，使得每个关节的闭环系统以要求的瞬态特性跟踪所希望的关节运动 y。考虑对每个控制器进行类似的设计，选择式（7.49）中的阶数 $n=2$ 是合理的，并选取 $d=1$。设计

计算所得到的关节控制器的输入为

$$u(k) = G_0 y(k) - r_1 u(k-1) - s_0 x(k) - s_1 x(k-1) - u_b \tag{7.54}$$

$$\left.\begin{aligned} G_0 &= (1 + p_1 + p_2) / (b_c + b_1) \\ r_1 &= [(p_1 - a_1)b_1^2 - (p_2 - a_2)b_0 b_1] / N \\ s_0 &= [(p_1 - a_1)b_1^2 - (p_2 - a_2)b_0 b_1] / N \\ s_1 &= -a_2 r_1 / b_1 \\ N &= b_1^2 - a_1 b_0 b_1 + a_2 b_0^2 \\ u_b &= (1 + r_1) a_0 / (b_0 + b_1) \end{aligned}\right\} \tag{7.55}$$

式(7.55)中，p_1和p_2是预先规定的。把由式(7.52)递归得到的估计$\hat{a}_1$、$\hat{a}_2$、$\hat{b}_0$和$\hat{b}_1$代入式(7.55)，就能够得到所希望的自适应控制规律$u(k)$。

7.4.2 机器人的滑模变结构控制

早在20世纪50年代滑模变结构控制思想就已提出来了，但限于当时的控制手段，这种理论没有得到迅速发展。近年来随着计算机技术的发展，滑模变结构控制已成为非线性控制的一种简单而又有效的方法。滑模变结构控制系统是在动态控制过程中，系统的结构根据系统当时的状态偏差及其各阶导数值，以跃变的方式按设定的规律作相应改变。该控制系统预先在状态空间设定一个特殊的超越曲面，由不连续的控制规律，不断变换控制系统结构，使其沿着这个特定的超越曲面向平衡点滑动，最后渐近稳定至平衡点。其特点如下。

（1）该控制方法对系统参数的时变规律、非线性程度以及外界干扰等不需要精确的数学模型，只要知道它们的变化范围，就能对系统进行精确的轨迹跟踪控制。

（2）控制器设计对系统内部的耦合不必作专门解耦，因为设计过程本身就是解耦过程，因此在多输入多输出系统中，多个控制器设计可按各自独立系统进行。其参数选择也不是十分严格。

（3）系统进入滑态后，对系统参数及扰动变化反应迟钝，始终沿着设定滑线运动，具有很强的鲁棒性。

（4）滑模变结构控制系统快速性好，无超调，计算量小，实时性强，很适合于机器人控制。

（一）滑模变结构基本控制理论

滑模变结构控制系统的一般结构如图7.19所示。式（7.33）中给出了n个关节机械手的动力学模型为

$$F = D(q)\ddot{q} + C^1(q,\dot{q})\dot{q} + G^1(q)q \tag{7.56}$$

定义$C^1(q,\dot{q})\dot{q} + G^1(q)q = W(q,\dot{q})$和$X_1 = q$，$X_2 = \dot{q}$，则式（7.56）为

$$F = D(q)\ddot{q} + W(q,\ddot{q}) \tag{7.57}$$

也即

$$\ddot{q} = -D^{-1}(q)W(q,\dot{q}) + D^{-1}(q)F \tag{7.58}$$

把式（7.58）表示成状态方程形式

$$\dot{x}_S = A_S(x,t) + B_S(x,t)F \tag{7.59}$$

式中，$\dot{x}_S=\dot{x}_2=\ddot{q}$

$$A_S(x,t)=-D^{-1}(x_1,W(x))$$

$$B_S(x,t)=D^{-1}(x_1)$$

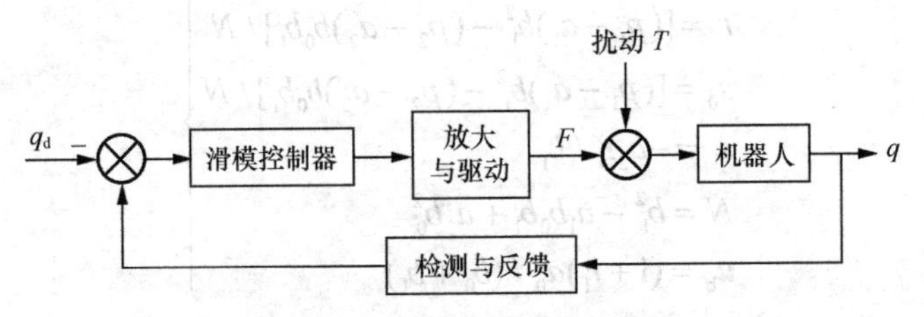

图 7.19 滑模变结构控制系统图

为使系统具有期望的动态性能，设整个系统的滑动曲面为

$$S=[S_1,\cdots,S_n]^{\mathrm{T}}=\dot{E}+HE \quad (7.60)$$

$E=[e_1,\cdots,e_n]^{\mathrm{T}}$ 式中，$H=\mathrm{diag}[h_1,\cdots,h_n]$

对给定轨迹为 q_{id} 的第 i 个关节分量的表示式为

$$S_i=\dot{e}_i+h_ie_i \quad e_i=x_i-x_{id},\ h_i=\text{常数}>0\ (i=1,\cdots,n) \quad (7.61)$$

假定系统状态被约束在开关函数曲面上，则产生滑动运动的相应控制量 F 可由 $\dot{S}=0$

$$\dot{S}=\ddot{E}+H\dot{E} \quad (7.62)$$

由于 $\dot{X}_i=\dot{X}_S$ 及式（7.47），$\ddot{E}$ 可以表示为

$$\ddot{E}=A_S(x,t)+B_S(x,t)F-\dot{x}_{2d} \quad (7.63)$$

同理，$H\dot{E}$ 表示为

$$H\dot{E}=H(x_2-x_{2d}) \quad (7.64)$$

把式（7.63）、式（7.64）代入式（7.62）有

$$\dot{S}=A_S(x,t)+B_S(x,t)F-\dot{x}_{2d}+H(x_2-x_{2d}) \quad (7.65)$$

则对应元素表示为

$$\dot{S}_i=-\sum_{j=1}^{n}b_{ij}\omega_j+\sum_{j=1}^{n}b_{ij}\tau_j-\dot{x}_{(n=i)d}+h_i[x_{(n+i)}-x_{(b+i)d}] \quad (7.66)$$

令 $\dot{S}=0$，即

$$F'=W\hat{A}(x)+\hat{D}(x)[\hat{x}_{2d}-H(x_2-x_{2d})] \quad (7.67)$$

其元素表示为

$$\tau_i=\hat{W}(x)+\sum_{j=1}^{n}\hat{m}_{ij}(x_1)[\dot{x}_{(n+j)d}-h_i(x_{(n+j)}-x_{(n+j)d})] \quad (7.68)$$

根据变结构控制基本理论，欲使系统向滑动面运动，并确保产生滑动运动的条件为 $\dot{S}_iS_i<0\ (i=1,\cdots,n)$，如果无建模误差，即 $\hat{W}=W$，$\hat{D}=D$ 这时按等效控制方法则控制量为

$$\tau_i=\tau_i'+\tau_{gi} \quad (7.69)$$

式中，τ_{gi} 为用来修正滑动状态误差的 S_i 项。

将式（7.68）和式（7.69）代入式（7.66），可得到

$$\dot{S}_i = \sum_{j=1}^{n} b_{ij}(x_i)\tau_{gi} \tag{7.70}$$

为保证 $\dot{S}_i S_i < 0\ (i=1,\cdots,n)$，选择 τ_{gi} 使其满足

$$S_i = \sum_{j=1}^{n} b_{ij}(x_i)\tau_{gi} = -C_i\,\mathrm{sgn}(S_i)\ (i=1,\cdots,n; S_i \neq 0) \tag{7.71}$$

式中，C_i = 常数>0，此时 $\dot{S}_i S_i = -C_i\left|S_i\right| < 0$，由式（7.71）可得滑动状态误差修正量 τ_{gi} 为

$$\tau_{gj} = -\sum_{j=1}^{n}(x_i)m_{ij}(x_1)C_i\,\mathrm{sgn}(S_i) \tag{7.72}$$

显然，系统接近于滑动线 $S_i = 0$ 的速度与 C_i 成正比，由于控制量切换频率是有限的，当 C_i 选得太大时，运动轨迹在滑动面附近以正比于采样周期 T 的振幅摆动，且与建模误差有关。

设采样周期为 T，则两次采样所得滑动状态误差由式（7.71）得

$$\Delta S_i = S_i(k+1) - S_i(k) \approx -C_i(k)\,\mathrm{sgn}(S_i(k))T \tag{7.73}$$

式中，$S_i(k)$ 为第 k 采样时刻得到的 i 关节的滑动状态误差。

为使 $S_i(k+1) = 0$，则

$$C_i(k) = \left|S_i(k)\right| / T\ (i=1,\cdots,n)$$

将式（7.68）和式（7.73）代入式（7.69），可得控制律为

$$\tau_i = \hat{W}_i - \sum_{j=1}^{n}\hat{m}_{ij}[\dot{X}_{(n+j)d} - h_i(X_{(n+j)} - X_{(n+j)d}) - C_i\,\mathrm{sgn}(S_i)] \tag{7.74}$$

（二）应用举例

滑模变结构控制是一种简单实用的设计方法，可直接根据李亚普诺夫函数来确定控制函数 T，使系统状态趋于渐近稳定。参照式（7.56），线性化后机器人动力学模型可表示为

$$\begin{cases} \Omega = \dot{q} \\ \dot{\Omega} = -D^{-1}(q)[C'(q,\dot{q})\Omega + G'(q)] + D^{-1}(q)F \end{cases} \tag{7.75}$$

取滑动曲面为

$$S_i = \dot{e}_i + h_i e_i = (W_i - W_{id}) + h_i(q_i - q_{id})\ (i=1,\cdots,n) \tag{7.76}$$

其中，h_i = 常数>0，选取李亚普诺夫函数

$$V(\Omega,t) = \frac{1}{2}(S^{\mathrm{T}}D(g)S) \tag{7.77}$$

并由 $S_i = 0$ 得到控制力矩 T 为

$$T = T_0 + K_i\,\mathrm{sgn}(s) \tag{7.78}$$

式中，$T_0 = G'(q), \mathrm{sgn}(s) = [\mathrm{sgn}(s_1),\cdots,\mathrm{sgn}(s_n)]^{\mathrm{T}}$

$$K_i = \sum_{j=1}^{n}[m_{ij}(\dot{W}_{jd} - h_j\dot{e}_j) + C'_{ij}(W_j - S_j)] + \varepsilon \tag{7.79}$$

对于 2 关节机器人，关节质量为 m_1、m_2，连杆长为 L_1、L_2，关节角为 θ_1、θ_2 时的控制量为

$$\begin{bmatrix}\tau_1\\ \tau_2\end{bmatrix}=G'+\begin{bmatrix}k_1\,\mathrm{sgn}(s_1)\\ k_2\,\mathrm{sgn}(s_2)\end{bmatrix} \tag{7.80}$$

式（7.75）～式（7.80）中，

$$G'=\begin{bmatrix}(m_1+m_2)gL_1\sin(\theta_1)+m_2gL_2\sin(\theta_1+\theta_2)\\ m_2gL_2\sin(\theta_1+\theta_2)\end{bmatrix}$$

$$C'=\begin{pmatrix}-m_2L_2L_1\theta_2\sin\theta_2 & -m_2L_1L_2(\theta_1+\theta_2)\sin\theta_2\\ m_2L_1L_2\theta_1\sin\theta_2 & 0\end{pmatrix}$$

$$D=\begin{pmatrix}(m_1+m_2)L_1^2+m_2L_2^2+2M_2L_1L_2 & M_2L_2^2+M_2L_1L_2\cos\theta_2\\ m_2L_2^2+m_2L_1L_2\cos\theta_2 & M_2L_2^2\end{pmatrix} \tag{7.81}$$

若定义

$$\begin{cases}\bar{m}_{11}=m_1L_1^2+m_2(L_1^2+L_2^2)+2m_2L_2L_2\geqslant|m_{11}|\\ \bar{m}_{12}=m_2L_2^2+m_2L_1L_2\geqslant|m_{12}|\\ \bar{m}_{21}=m_2L_2^2+m_2L_1L_2\geqslant|m_{21}|\\ \bar{m}_{22}=m_2L_2^2\geqslant|m_{22}|\end{cases} \tag{7.82}$$

$$\begin{cases}\bar{C}_{11}^1=m_1L_1L_2|\dot{\theta}_2|\geqslant|C_{11}^1|\\ \bar{C}_{12}^1=m_2L_1L_2|\dot{\theta}_1+\dot{\theta}_2|\geqslant|C_{12}^1|\\ \bar{C}_{21}^1=m_2L_1L_2|\theta_1|\geqslant|C_{21}^1|\\ \bar{C}_{22}^1=0\geqslant|C_{22}^1|\end{cases} \tag{7.83}$$

则式（7.79）可写成

$$K_i=\sum_{j=1}^{2}[\bar{m}_{ij}(\dot{\omega}_{jd}-h_j\dot{e}_j)+\bar{C}_{ij}^1(\omega_j-s_j)]+\varepsilon\qquad(i=1,2) \tag{7.84}$$

7.5 机器人的智能控制技术

7.5.1 机器人的学习控制

很多情况下，机器人的目标运动是在某个有限区间[0，t_f]（t_f 为运动终止时刻）中给出的。在这种场合，不仅要考虑保证在无限长时间内运动稳定性的传统控制法，也要考虑在其时间区间内一面反复运动一面接近目标值的另一类控制法。这种方式的想法正好对应于人类的一种学习过程，我们人类能够一面在实际中使身体重复运动，一面也学习了理想的运动模式。对于具体的数字控制情况，首先以适当的采样间隔将离散化的目标运动参数作为时间序列信号给出，然后通过适当的输入模式驱动机器人，并将其运动和目标运动之差作为误差存储起来，在相继的试行中把前次输入的模式用这个误差修正，再传给机器人，以后反复进行这种操作，以构成能实现目标运动的输入模式的时间序列信号。这种方式意味着不需要根据机器人参数来计算机器人的逆动力学问题，而是在反复操作过程中不断求解。因而，这种控制方式的优点是不必估计机器人的杆件质量、惯性矩和摩擦等。下面首先就学习控制法的一般形式进行叙述，然后就在机器人运动控制中的应用进行说明。

（一）学习控制的结构

首先进行下面一些设定。

（1）预先给出在有限时间区间内的理想运动模式。即预先给出在有限时间区间[0, T]内所定义的控制对象的目标输出 Y_{d}。

（2）与人的练习过程相对应的控制对象的驱动，在每次反复时都是在有限时间区间[0, t_f]内实现。

（3）在每次试行中，令初始条件都一致。例如，在以机器人关节角 $\theta(t)$ 的二阶微分方程形式表示动力学方程时，对于第 k 次试行的对象系统的初始状态 $\theta_k(0)$，有下列关系成立：

$$\theta_k(0) = q_0$$
$$\dot{\theta}_k(0) = p_0, \quad k = 1, 2, \cdots \tag{7.85}$$

式（7.85）中，q_0, p_0 分别为初始位置向量和初始速度向量。这个假设条件，对于具有很好的运动再现能力的工业机器人对象来说是完全可以满足的。

（4）对象系统的动力学特性在试行中没有变化。

（5）在每次试行中都可测定输出 $y_k(t)$，从而为了决定下次试行时的控制输入，可利用下式所示的误差信号：

$$e_k(t) = y_d(t) - y_k(t) \tag{7.86}$$

（6）第（k+1）次试行时的控制输入 $u_{k+1}(t)$ 是在第 k 次试行的基础上通过下面的算法更新：

$$u_{k+1}(t) = F(u_k(t), e_k(t)) \tag{7.87}$$

（7）更新后的输入 $u_{k+1}(t)$ 代替前次的输入 $u_k(t)$ 被记忆下来。

（8）通过学习来改善控制性能，这一过程可用下面的数学形式来描述：

$$\|e_{k+1}\| \leqslant \|e_k\| \ (\ \|e_k\| \to 0, k \to \infty\ ) \tag{7.88}$$

（二）在机器人运动控制中的应用

以图 7.20 所示的有 3 自由度结构的机器人为例，说明应用学习控制的实验情况。

该实验系统用 PSD（Position Sensor Device）检测安装于机器人末端的 LED 所发出的红外线，并可以从其受光位置测定机器人的末端空间位置。为了检测在三维空间的位置，利用了两台 PSD，整个实验系统结构如图 7.21 所示。

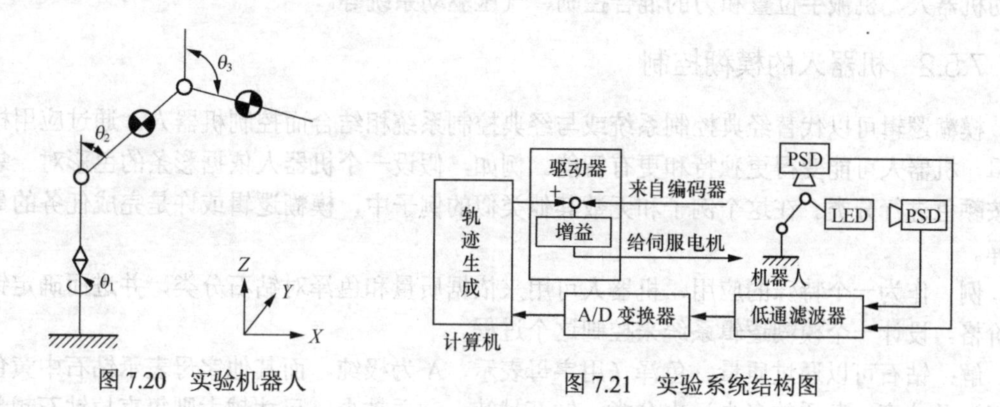

图 7.20 实验机器人

图 7.21 实验系统结构图

设在图 7.20 所示的作业坐标 $r=(x, y, z)^{\mathrm{T}}$中给出目标运动模式，用 $r_{\mathrm{d}}=(x_{\mathrm{d}}, y_{\mathrm{d}}, z_{\mathrm{d}})^{\mathrm{T}}$表示。这种情况下，通过学习过程所形成的前馈输入 $w(t)$，可利用作业坐标系的速度误差按下式求出

$$\omega_{k+1}=\omega_k+\phi(\dot{r}_d+\dot{r}_k) \tag{7.89}$$

然后根据下式

$$v_k=J^{\mathrm{T}}(\theta_k)\omega_k \tag{7.90}$$

构成在关节角坐标系的前馈输入 $v(t)$。式中，矩阵 $J(\theta)$ 为以 $J(\theta)=\partial r/\partial\theta$ 所定义的雅可比矩阵。因而在这种情况下，对象机器人的运动是比较缓慢的，而且减速比也比较大，因此这就意味着把对象机器人动力学视为线性系统，再通过速度误差进行学习控制。作为具体的动作是让机器人描绘一个圆，其目标轨迹为

$$r_d=\begin{bmatrix} R\cdot\sin(g(t)) \\ R\cdot\cos(g(t)) \\ 0 \end{bmatrix} \tag{7.91}$$

$$g(t)=2\pi[-2(t/t_f)^3+3(t/t_f)^2]$$

$$R=5\mathrm{cm}, t=3.3\mathrm{s}$$

实验结果如图 7.22 所示，从图中可以看出，随着试行次数的增加，机器人的运动将收敛于目标运动。

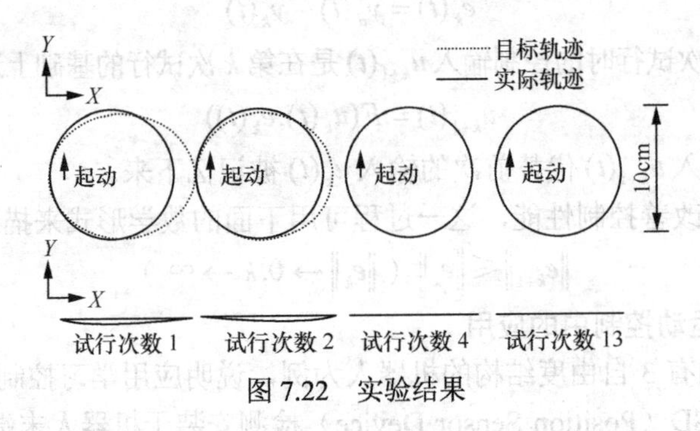

图 7.22　实验结果

利用加速度的学习控制也已经应用于实际的机器人，并可以证实，经过十几次的试行后，能从实用上以足够的精度收敛于目标轨迹。此外，还有学习控制的其他应用实例，如关节型移动机器人、机械手位置和力的混合控制、气压驱动系统等。

7.5.2　机器人的模糊控制

模糊逻辑可以代替经典控制系统或与经典控制系统相结合而控制机器人。通过应用模糊逻辑，机器人可能变得更独特和更有智能。例如，假设一个机器人依据彩条的色彩对一袋物品按颜色进行分类。在这个例子和无数其他类似的例子中，模糊逻辑或许是完成任务的最好选择。

例　作为一个特殊的应用，机器人可用来依据质量和色泽对钻石分类，并进而确定钻石的价格。设计一个模糊逻辑系统来控制这个过程。

解：钻石可以通过质量、色泽（用字母表示，A 为极纯，而其他字母表示钻石中黄色的浓淡）及纯度（杂质的多少）来分类。钻石越纯、杂质越少、尺寸越大则每克拉钻石越贵。

本例仅研究依据色泽和尺寸（质量）对钻石分类。假设通过视觉系统得到钻石图像，并采用颜色数据库对它的颜色进行比较，以估计其色泽度。假设视觉系统可以识别钻石，测量它的表面，并基于尺寸估计它的质量。此外，钻石的尺寸设定为小（Small）、中（Medium）、大（Large）和很大（Very-Large）集合中的一个（如图 7.23 所示）。钻石的颜色分成三种颜色范围：D，H，L。钻石每克拉的价格定在 10，15，20，30，40，50（全部乘$100）范围内。以下是规则库。

如果尺寸小与色泽 D 则价格为 20
如果尺寸中与色泽 D 则价格为 30
如果尺寸大与色泽 D 则价格为 40
如果尺寸很大与色泽 D 则价格为 50
如果尺寸小与色泽 H 则价格为 15
如果尺寸中与色泽 H 则价格为 20
如果尺寸大与色泽 H 则价格为 30
如果尺寸很大与色泽 H 则价格为 40
如果尺寸小与色泽 L 则价格为 10
如果尺寸中与色泽 L 则价格为 15
如果尺寸大与色泽 L 则价格为 20
如果尺寸很大与色泽 L 则价格为 30

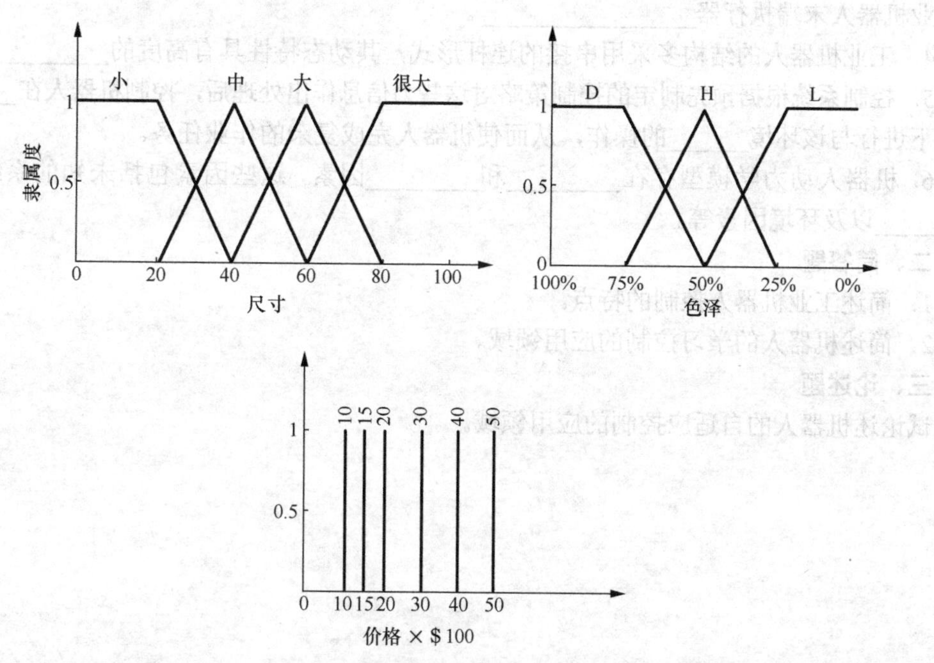

图 7.23　输入和输出变量的模糊集合

可以看出，对于任何颜色与质量的组合，都有一个相应的价格。例如一个尺寸是 65（相对较大），颜色指数是 56（在 D-H 之间）的钻石，价格指示是每克拉 33.7 或者$3370。采用这种模糊逻辑系统，仅需 12 条规则，视觉系统就可以自动估计出钻石的对应价格，图 7.24 是采用 FIDE 软件系统仿真的结果。

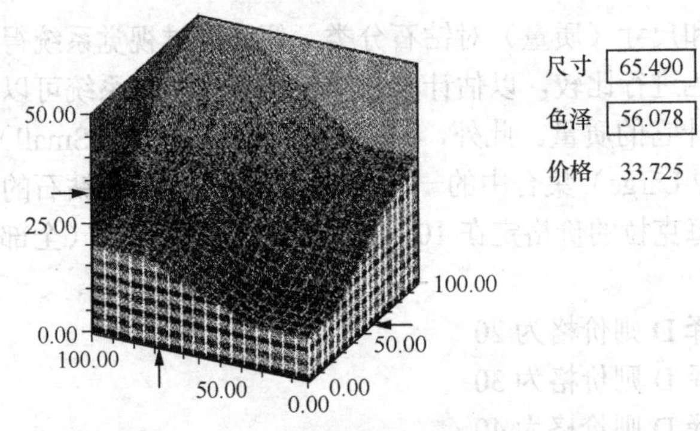

图 7.24　采用 FIDE 软件的系统仿真结果

习　题

一、填空题

1．机器人的控制方式可以分为____________和____________。

2．按照被控对象可以分为________、速度控制、________、力矩控制、力/位混合控制等。

3．工业机器人位置控制的目的，就是要使机器人各关节实现______________，最终保证工业机器人末端执行器________________。

4．工业机器人的结构多采用串接的连杆形式，其动态特性具有高度的________。

5．控制系统根据预先制定的控制策略对这些力信息作出处理后，控制机器人在________环境下进行与该环境______的操作，从而使机器人完成复杂的作业任务。

6．机器人动力学模型存在________和________因素，这些因素包括未知的系统参数、________以及环境因素等。

二、简答题

1．简述工业机器人控制的特点。

2．简述机器人的学习控制的应用领域。

三、论述题

试论述机器人的自适应控制的应用领域。

第8章 工业机器人的轨迹规划

8.1 机器人轨迹规划

当指定工业机器人执行某项操作作业时，往往会附加一些约束条件，如沿指定路径运动及要求运动平稳等。这就提出了对机器人运动轨迹进行规划和协调的问题。由于运动轨迹可在关节坐标空间中描述，也可在直角坐标空间中指定，从而形成了关节空间和直角坐标空间机器人运动轨迹的规划和生成方法。在关节空间中进行轨迹规划是指将所有关节变量表示为时间的函数，用这些关节函数及其一阶、二阶导数描述机器人预期的运动。在直角坐标空间中进行轨迹规划，是指将末端执行器位置、速度和加速度表示为时间的函数，而相应的关节位置、速度和加速度由末端执行器信息导出。

8.1.1 关节空间描述与直角坐标空间描述

考虑一个六轴机器人从空间位置 A 点向 B 点运动。使用第 5 章中导出的机器人逆运动学方程，可以计算出机器人到达新位置时关节的总位移，机器人控制器利用所算出的关节值驱动机器人到达新的关节值，从而使机器人操作臂运动到新的位置。采用关节量来描述机器人的运动称为关节空间描述。正如后面将看到的，虽然在这种情形下机器人最终将移动到期望位置，但机器人在这两点之间的运动是不可预知的。

假设在 A、B 两点之间画一直线，希望机器人从 A 点沿该直线运动到 B 点。为达到此目的，须将图 8.1 中所示的直线分为许多小段，并使机器人的运动经过所有中间点。为完成这一任务，在每个中间点处都要求解机器人的逆运动学方程，计算出一系列的关节量，然后由控制器驱动关节到达下一目标点。当所有线段都完成时，机器人便到达所希望的 B 点。然而在该例中，与前面提到的关节空间描述不同，这里机器人在所有时刻的位姿运动都是已知的。机器人所产生的运动序列首先在直角坐标空间中进行描述，然后转化为关节空间描述。由这个简单例子可以看出，直角坐标空间描述的计算量远大于关节空间描述，然而使用该方法能得到一条可控且可预知的路径。

关节空间和直角坐标空间这两种描述都很有用，但都有其长处与不足。由于直角坐标空间轨迹在常见的直角坐标空间中表示，因此非常直观，人们能很容易地看到机器人末端执行器的轨迹。然而，直角坐标空间轨迹计算量大，需要较快的处理速度才能得到类似关节空间轨迹的计算精度。此外，虽然在直角坐标空间的轨迹非常直观，但难以确保不存在奇异点。

例如在图 8.2（a）中，如稍不注意就可能使指定的轨迹穿入机器人自身，或使轨迹到达工作空间之外，这些自然是不可能实现的，而且也不可能求解。由于在机器人运动之前无法事先得知其位姿，这种情况完全有可能发生。此外，如图 8.2（b）所示，两点间的运动有可能使机器人关节值发生突变，这也是不可能实现的。对于上述一些问题，可以指定机器人必须通过的中间点来避开障碍物或其他奇异点。

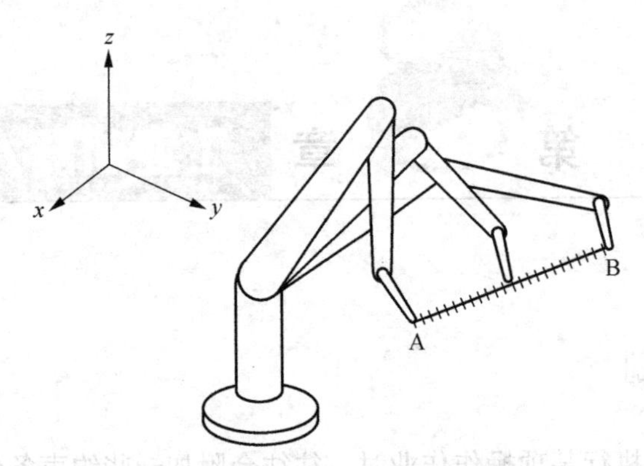

图 8.1　机器人沿循直线的依次运动

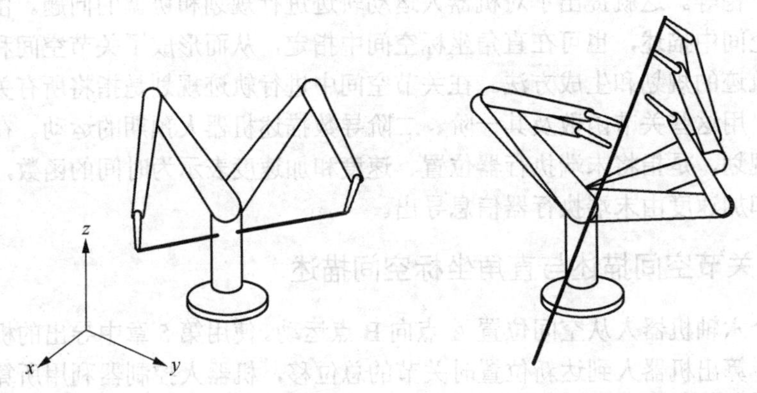

（a）在直角坐标空间指定的轨迹穿入机器人自身　（b）指定的轨迹使机器人关节值发生突变

图 8.2　直角坐标空间轨迹的问题

8.1.2　轨迹规划的基本原理

这里以二自由度机器人为例，介绍在关节空间和在直角坐标空间进行轨迹规划的基本原理。如图 8.3 所示，要求机器人从 A 点运动到 B 点。机器人在 A 点时的关节角为α=20°，β=30°。假设已算出机器人达到 B 点时的关节角是α=40°，β=80°，同时已知机器人两个关节运动的最大速率均为 10°/s。机器人从 A 点运动到 B 点的一种方法是使所有关节都以其最大角速度运动，这就是说，机器人下方的连杆用 2s 即可完成运动，而如图 8.3 所示，上方的连杆还需再运动 3s。图 8.3 中画出了操作臂末端的轨迹，可见其路径是不规则的，操作臂末端走过的距离也是不均匀的。

将机器人操作臂两个关节的运动用一个公共因子做归一化处理，使其运动范围较小的关节运动成比例地减慢，这样可使得两个关节能够同步开始和同步结束运动。这时两个关节以不同速度一起连续运动，即α每秒改变 4°，而β每秒改变 10°。从图 8.4 可以看出，得出的轨迹与前面不同，该运动轨迹的各部分比以前更加均衡，但是所得路径仍然是不规则的。这两个例子都是在关节空间中进行规划的，所需的计算仅是运动终点的关节量，而第二个例子中还进行了关节速率的归一化处理。

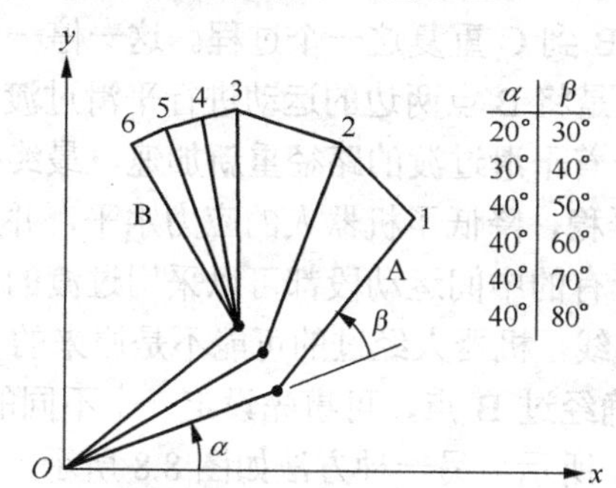

图 8.3　两自由度机器人关节空间的非归一化运动

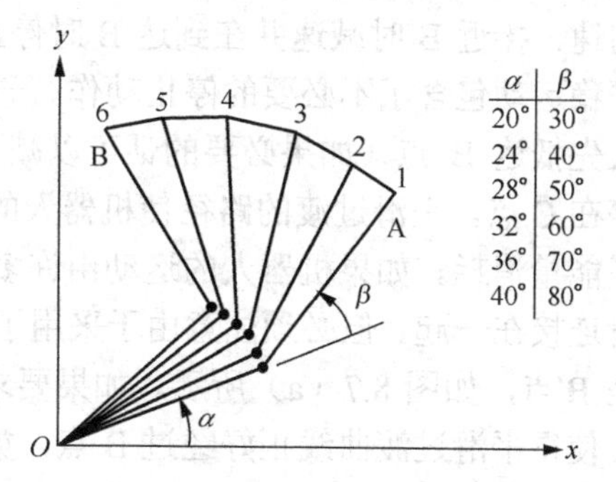

图 8.4　两自由度机器人关节空间的归一化运动

现在假设希望机器人的末端执行器沿 A 点到 B 点之间的一条已知直线路径运动。最简单的解决方法是首先在 A 点和 B 点之间画一直线，再将这条线等分为几部分，例如分为 5 份，然后如图 8.5 所示计算出各点所需要的 α 和 β 值，这一过程称为在 A 点和 B 点之间插值。可以看出，这时路径是一条直线，而关节角并非均匀变化。虽然得到的运动是一条已知的直线轨迹，但必须计算直线上每点的关节量。显然，如果路径分割的部分太少，将不能保证机器人在每一段内严格地沿直线运动。为获得更好的沿循精度，就需要对路径进行更多的分割，也就需要计算更多的关节点。由于机器人轨迹的所有运动段都是基于直角坐标进行计算的，因此它是直角坐标空间的轨迹。

在前面的例子中均假设机器人的驱动装置能够提供足够大的功率来满足关节所需的加速和减速，如前面假设操作臂在路径第一段运动的一开始就可立刻加速到所需的期望速度。如果这一点不成立，机器人所沿循的将是一条不同于前面所设想的轨迹，即在加速到期望速度之前的轨迹将稍稍落后于设想的轨迹。为了改进这一状况，可对路径进行不同方法的分段，即操作臂开始加速运动时的路径分段较小，随后使其以恒定速度运动，而在接近 B 点时再在较小的分段上减速，如图 8.6 所示。当然对于路径上的每一点仍须求解机器人的逆运动学方程，这与前面几种情况类似。如在该例中，不是将直线段 AB 等分，而是在开始时基于方程$(1/2)at^2$进行划分，直到其到达所需要的运动速度时为止，末端运动则依据减速过程类似地进行划分。

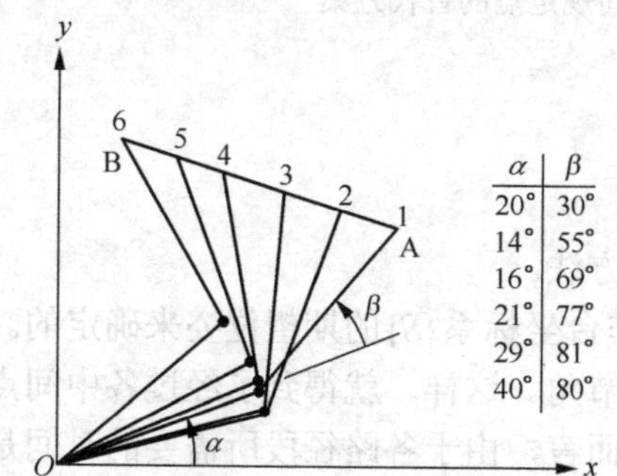

图 8.5　两自由度机器人的直角坐标空间运动

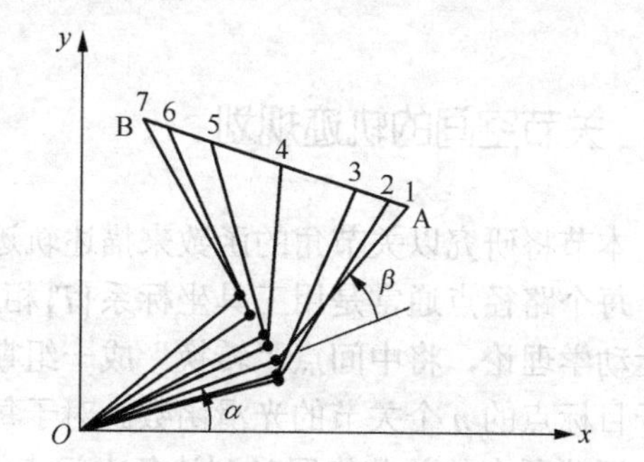

图 8.6　具有加速和减速段的轨迹规划

还有一种情况是轨迹规划的路径并非直线，而是某个期望路径（例如二次曲线），这时必须基于期望路径计算出每一段的坐标，并进而计算相应的关节量才能实现沿循期望路径运动。

至此只考虑了机器人在 A、B 两点间的运动，而在多数情况下，可能要求机器人顺序通过许多点。下面进一步讨论多点间的轨迹规划，并最终实现连续运动。

如图 8.7 所示，假设机器人从 A 点经过 B 点运动到 C 点。一种方法是从 A 向 B 先加速，再匀速，接近 B 时减速并在到达 B 时停止，然后由 B 到 C 重复这一个过程。这一停一走的不平稳运动包含了不必要的停止动作。一种可行方法是将 B 点两边的运动进行平滑过渡。机器人先抵达 B 点（如果必要的话可以减速），然后沿着平滑过渡的路径重新加速，最终抵达并停在 C 点。平滑过渡的路径使机器人的运动更加平稳，降低了机器人的应力水平，并且减少了能量消耗。如果机器人的运动由许多段组成，所有的中间运动段都可以采用过渡的方式平滑连接在一起。但必须注意由于采用了平滑过渡曲线，机器人经过的可能不是原来的 B 点而是 B′点，如图 8.7（a）所示。如果要求机器人精确经过 B 点，可事先设定一个不同的 B″点，使得平滑过渡曲线正好经过 B 点，如图 8.7（b）所示。另一种方法如图 8.8 所示，在 B 点前后各加过渡点 D 和 E，使得 B 点落在 DE 连线上，确保机器人能够经过 B 点。

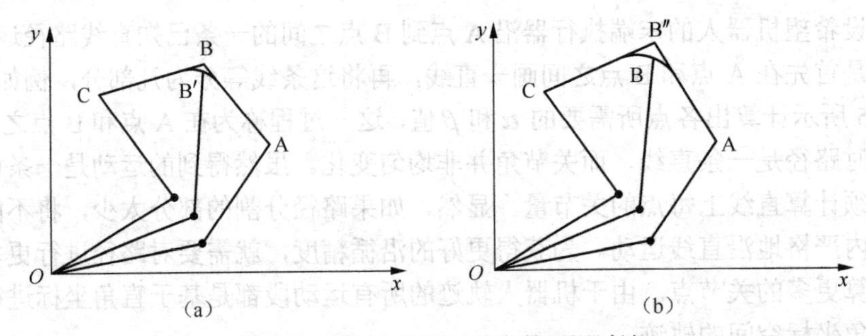

图 8.7　路径上不同运动段的平滑过渡

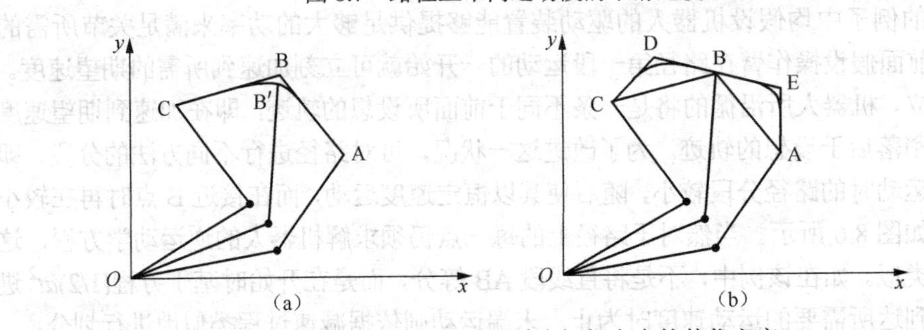

图 8.8　保证机器人运动通过中间规定点的替代方案

8.2　关节空间的轨迹规划

本节将研究以关节角的函数来描述轨迹的生成方法。

每个路径点通常是用工具坐标系$\{T\}$相对于工作台坐标系$\{S\}$的期望位姿来确定的。应用逆运动学理论，将中间点“转换”成一组期望的关节角。这样，就得到了经过各中间点并终止于目标点的 n 个关节的光滑函数。对于每个关节而言，由于各路径段所需要的时间是相同的，因此所有的关节将同时到达各中间点，从而得到$\{T\}$在每个中间点上的期望的笛卡儿位置。尽管对每个关节指定了相同的时间间隔，但对于某个特定的关节而言，其期望的关节角函数与其他关节函数无关。

因此，应用关节空间规划方法可以获得各中间点的期望位姿。尽管各中间点之间的路径在关节空间中的描述非常简单，但在笛卡儿坐标空间中的描述却很复杂。一般情况下，关节空间的规划方法便于计算，并且由于关节空间与笛卡儿坐标空间之间并不存在连续的对应关系，因而不会发生机构的奇异性问题。

（一）三次多项式

下面考虑在一定时间内将工具从初始位置移动到目标位置的问题。应用逆运动学可以解出对应于目标位姿的各个关节角。操作臂的初始位置是已知的，并用一组关节角进行描述。现在需要确定每个关节的运动函数，其在 t_0 时刻的值为该关节的初始位置，在 t_f 时刻的值为该关节的期望目标位置，如图 8.9 所示，有多种光滑函数 $\theta(t)$ 均可用于对关节角进行插值。

为了获得一条确定的光滑运动曲线，显然至少需要对 $\theta(t)$ 施加四个约束条件。通过选择初始值和最终值可得到对函数值的两个约束条件：

$$\begin{aligned}\theta(0) &= \theta_0 \\ \theta(t_f) &= \theta_f\end{aligned} \tag{8.1}$$

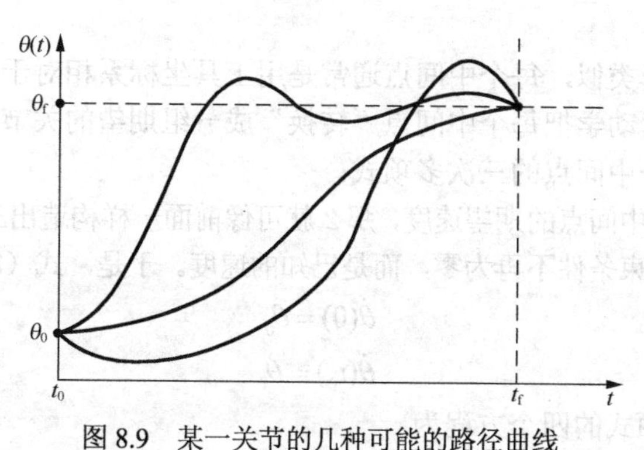

图 8.9　某一关节的几种可能的路径曲线

另外两个约束条件需要保证关节速度函数连续，即在初始时刻和终止时刻关节速度为零：

$$\begin{aligned}\dot{\theta}(0) &= 0 \\ \dot{\theta}(t_f) &= 0\end{aligned} \tag{8.2}$$

这些约束条件唯一确定了一个三次多项式。该三次多项式具有如下形式：

$$\theta(t) = a_0 + a_1 t + a_2 t^2 + a_3 t^3 \tag{8.3}$$

所以对应于该路径的关节速度和加速度显然有

$$\begin{aligned}\dot{\theta}(t) &= a_1 + 2a_2 t + 3a_3 t^2 \\ \ddot{\theta}(t) &= 2a_2 + 6a_3 t\end{aligned} \tag{8.4}$$

把这四个期望的约束条件代入式（8.3）和式（8.4），可以得到含有四个未知量的四个方程：

$$\begin{aligned}\theta_0 &= a_0 \\ \theta_f &= a_0 + a_1 t_f + a_2 t_f^2 + a_3 t_f^3 \\ 0 &= a_1 \\ 0 &= a_1 + 2a_2 t_f + 3a_3 t_f^2\end{aligned} \tag{8.5}$$

解方程可以得到

$$
\begin{aligned}
a_0 &= \theta_0 \\
a_1 &= 0 \\
a_2 &= \frac{3}{t_f^2}(\theta_f - \theta_0) \\
a_3 &= -\frac{2}{t_f^3}(\theta_f - \theta_0)
\end{aligned} \tag{8.6}
$$

应用式（8.6）可以求出从任何起始关节角位置到期望终止位置的三次多项式。但是该解仅适用于起始关节角速度与终止关节角速度均为零的情况。

（二）具有中间点的路径的三次多项式

到目前为止，已经讨论了用期望的时间间隔和最终目标点描述的运动。一般而言，希望确定包含中间点的路径。如果操作臂能够停留在每个中间点，那么可以使用上面介绍的三次多项式求解。

通常，操作臂需要连续经过每个中间点，所以应该归纳出一种能够使三次多项式满足路径约束条件的方法。

与单目标点的情形类似，每个中间点通常是用工具坐标系相对于工作台坐标系的期望位姿来确定的。应用逆运动学把每个中间点“转换”成一组期望的关节角。然后，考虑对每个关节求出平滑连接每个中间点的三次多项式。

如果已知各关节在中间点的期望速度，那么就可像前面一样构造出三次多项式，但是，这时在每个终止点的速度约束条件不再为零，而是已知的速度。于是，式（8.2）的约束条件变成

$$
\begin{aligned}
\dot{\theta}(0) &= \dot{\theta}_0 \\
\dot{\theta}(t_f) &= \dot{\theta}_f
\end{aligned} \tag{8.7}
$$

描述这个一般三次多项式的四个方程为

$$
\begin{aligned}
\theta_0 &= a_0 \\
\theta_f &= a_0 + a_1 t_f + a_2 t_f^2 + a_3 t_f^3 \\
\dot{\theta}_0 &= a_1 \\
\dot{\theta}_f &= a_1 + 2a_2 t_f + 3a_3 t_f^2
\end{aligned} \tag{8.8}
$$

求解方程组可以得到

$$
\begin{aligned}
a_0 &= \theta_0 \\
a_1 &= \dot{\theta}_0 \\
a_2 &= \frac{3}{t_f^2}(\theta_f - \theta_0) - \frac{2}{t_f}\dot{\theta}_0 - \frac{1}{t_f}\dot{\theta}_f \\
a_3 &= -\frac{2}{t_f^3}(\theta_f - \theta_0) + \frac{1}{t_f^2}(\dot{\theta}_f + \dot{\theta}_0)
\end{aligned} \tag{8.9}
$$

应用式（8.9），可求出符合任何起始和终止位置以及任何起始和终止速度的三次多项式。

如果在每个中间点处均有期望的关节速度，那么可以简单地将式（8.9）应用到每个曲线段来求出所需的三次多项式。确定中间点处的期望关节速度可以使用以下几种方法。

（1）根据工具坐标系的笛卡儿线速度和角速度确定每个中间点的瞬时期望速度。

（2）在笛卡儿空间或关节空间使用适当的启发式方法，系统自动选取中间点的速度。

（3）采用使中间点处的加速度连续的方法，系统自动选取中间点的速度。

第一种方法，利用在中间点上计算出的操作臂的雅克比逆矩阵，把中间点的笛卡儿期望速度“映射”为期望的关节速度。如果操作臂在某个特定的中间点上处于奇异位置，则用户将无法在该点处任意指定速度。对于一个路径生成算法而言，其用处之一就是满足用户指定的期望速度。然而，总是要求用户指定速度也是一个负担。因此，一个方便的路径规划系统还应包括方法（2）或（3）（或者二者兼而有之）。

第二种方法，系统使用一些启发式方法来自动地选择合理的中间点速度。图 8.10 所示为由中间点确定的某一关节θ路径的方法。在图 8.10 中，已经合理选取了各中间点上的关节速度，并用短直线来表示，这些短直线即为曲线在每个中间点处的切线。这种选取结果是通过使用了概念和计算方法都很简单的启发式方法而得到的。假设用直线段把中间点连接起来，如果这些直线的斜率在中间点处改变符号，则把速度选定为零；如果这些直线的斜率没有改变符号，则选取两斜率的平均值作为该点的速度。这样，系统可以只根据规定的期望中间点，来选取每个中间点的速度。

第三种方法，系统根据中间点处的加速度为连续的原则选取各点的速度。为此，需要一种新的方法。在这种样条曲线中设置一组数据，在两条三次曲线的连接点处，用速度和加速度均为连续的约束条件替换两个速度约束条件。

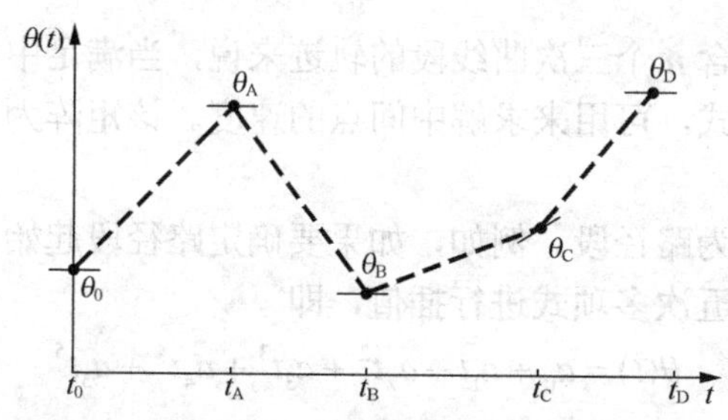

图 8.10 有切线标记的点为期望速度的中间点

例 试求解两个三次曲线的系数，使得两线段连成的样条曲线在中间点处具有连续的加速度。假设起始角为θ_0，中间点为θ_v，目标点为θ_g。

解：第一个三次曲线为

$$\theta_1(t) = a_{10} + a_{11}t + a_{12}t^2 + a_{13}t^2 \tag{8.10}$$

第二个三次曲线为

$$\theta_2(t) = a_{20} + a_{21}t + a_{22}t^2 + a_{23}t^3 \tag{8.11}$$

在一个时间段内，每个三次曲线的起始时刻为t=0，终止时刻$t = t_{fi}$，其中 i=1 或 i=2。

施加的约束条件为

$$\begin{aligned}
&\theta_0 = a_{10} \\
&\theta_v = a_{10} + a_{11}t_{f1} + a_{12}t_{f1}^2 + a_{13}t_{f1}^3 \\
&\theta_v = a_{20} \\
&\theta_g = a_{20} + a_{21}t_{f2} + a_{22}t_{f2}^2 + a_{23}t_{f2}^3 \\
&0 = a_{11} \\
&0 = a_{21} + 2a_{22}t_{f2} + 3a_{23}t_{f2}^2 \\
&a_{11} + 2a_{12}t_{f1} + 3a_{13}t_{f1}^2 = a_{21} \\
&2a_{12} + 6a_{13}t_{f1} = 2a_{22}
\end{aligned} \tag{8.12}$$

这些约束条件确定了一个具有 8 个方程和 8 个未知数的线性方程组。当 $t_f = t_{f1} = t_{f2}$ 时可以得到

$$
\begin{aligned}
a_{10} &= \theta_0 \\
a_{11} &= 0 \\
a_{12} &= \frac{12\theta_v - 3\theta_g - 9\theta_0}{4t_f^2} \\
a_{13} &= \frac{-8\theta_v + 3\theta_g + 5\theta_0}{4t_f^3} \\
a_{20} &= \theta_v \\
a_{21} &= \frac{3\theta_g - 3\theta_0}{4t_f} \\
a_{22} &= \frac{-12\theta_v + 6\theta_g + 6\theta_0}{4t_f^2} \\
a_{23} &= \frac{8\theta_v - 5\theta_g - 3\theta_0}{4t_f^3}
\end{aligned}
\tag{8.13}
$$

一般情况下，对于包含 n 个三次曲线段的轨迹来说，当满足中间点处加速度为连续时，其方程组可以写成矩阵形式，可用来求解中间点的速度。该矩阵为三角阵，易于求解。

（三）高阶多项式

有时用高阶多项式作为路径段。例如，如果要确定路径段起始点和终止点的位置、速度和加速度，则需要用一个五次多项式进行插值，即

$$
\theta(t) = a_0 + a_1 t + a_2 t^2 + a_3 t^3 + a_4 t^4 + a_5 t^5 \tag{8.14}
$$

其约束条件为

$$
\begin{aligned}
\theta_0 &= a_0 \\
\theta_f &= a_0 + a_1 t_f + a_2 t_f^2 + a_3 t_f^3 + a_4 t_f^4 + a_5 t_f^5 \\
\dot{\theta}_0 &= a_1 \\
\dot{\theta}_f &= a_1 + 2a_2 t_f + 3a_3 t_f^2 + 4a_4 t_f^3 + 5a_5 t_f^4 \\
\ddot{\theta}_0 &= 2a_2 \\
\ddot{\theta}_f &= 2a_2 + 6a_3 t_f + 12a_4 t_f^2 + 20a_5 t_f^3
\end{aligned}
\tag{8.15}
$$

这些约束条件确定了一个具有 6 个方程和 6 个未知数的线性方程组，其解为

$$
\begin{aligned}
a_0 &= \theta_0 \\
a_1 &= \dot{\theta}_0 \\
a_2 &= \frac{\ddot{\theta}_0}{2} \\
a_3 &= \frac{20\theta_f - 20\theta_0 - (8\dot{\theta}_f + 12\dot{\theta}_0)t_f - (3\ddot{\theta}_0 - \ddot{\theta}_f)t_f^2}{2t_f^3} \\
a_4 &= \frac{30\theta_0 - 30\theta_f - (14\dot{\theta}_f + 16\dot{\theta}_0)t_f - (3\ddot{\theta}_0 - 2\ddot{\theta}_f)t_f^2}{2t_f^4} \\
a_5 &= \frac{12\theta_f - 12\theta_0 - (6\dot{\theta}_f + 6\dot{\theta}_0)t_f - (\ddot{\theta}_0 - \ddot{\theta}_f)t_f^2}{2t_f^5}
\end{aligned}
\tag{8.16}
$$

对于一个途经多个给定数据点的轨迹来说，可用多种算法来求解描述该轨迹的光滑函数（多项式或其他函数）。在本书中，将不对此进行介绍。

（四）与抛物线拟合的线性函数

另外一种可选的路径形状是直线。即简单地从当前的关节位置进行线性插值，直到终止位置，如图 8.11 所示，请记住，尽管在该方法中各关节的运动是线性的，但是末端执行器在空间的运动轨迹一般不是直线。

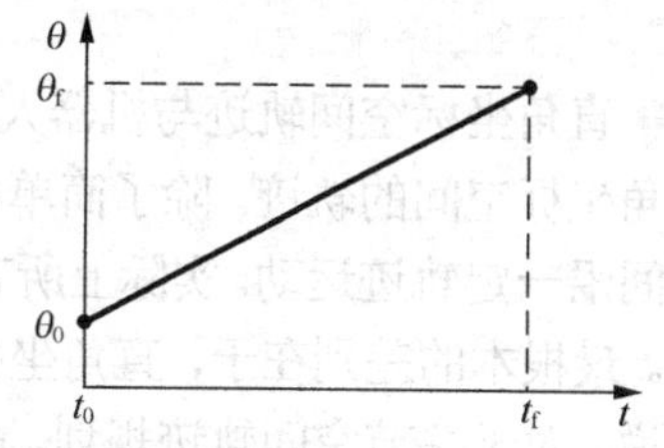

图 8.11　线性插值要求加速度无穷大

然而，直接进行线性插值将导致在起始点和终止点的关节运动速度不连续。为了生成一条位置和速度都连续的平滑运动轨迹，开始先用线性函数，但需在每个路径点增加一段抛物线拟合区域。

在运动轨迹的拟合区段内，将使用恒定的加速度平滑地改变速度。图 8.12 所示为使用这种方法构造的简单路径。直线函数和两个抛物线函数组合成一条完整的位置与速度均连续的路径。为了构造这样的路径段，假设两端的抛物线拟合区段具有相同的持续时间，因此在这两个拟合区段中采用相同的恒定加速度（符号相反）。如图 8.13 所示，这里存在有多个解，但是每个结果都对称于时间中点 t_h 和位置中点 θ_h。由于拟合区段终点的速度必须等于直线段的速度，所以有

$$\ddot{\theta}t_b = \frac{\theta_h - \theta_b}{t_h - t_b} \tag{8.17}$$

式中，θ_b 是拟合段终点的 θ 值，而 $\ddot{\theta}$ 是拟合区段的加速度。θ_b 的值由下式给出。

$$\theta_b = \theta_0 + \frac{1}{2}\ddot{\theta}t_b^2 \tag{8.18}$$

联立上述两式，且 $t=2t_h$，可以得到

$$\ddot{\theta}t_b^2 - \ddot{\theta}tt_b + (\theta_f - \theta_0) = 0 \tag{8.19}$$

式中，t 是期望的运动时间。对于任意给定的 θ_f，θ_0 和 t，可通过选取满足上式的 $\ddot{\theta}$ 和 t_b 来获得任意一条路径。通常，先选择加速度 $\ddot{\theta}$，再计算上式，求解出相应的 t_b。选择的加速度必须足够大，否则解将不存在。根据加速度和其他已知参数计算上式，求解 t_b:

$$t_b = \frac{t}{2} - \frac{\sqrt{\ddot{\theta}^2 t^2 - 4\ddot{\theta}(\theta_f - \theta_0)}}{2\ddot{\theta}} \tag{8.20}$$

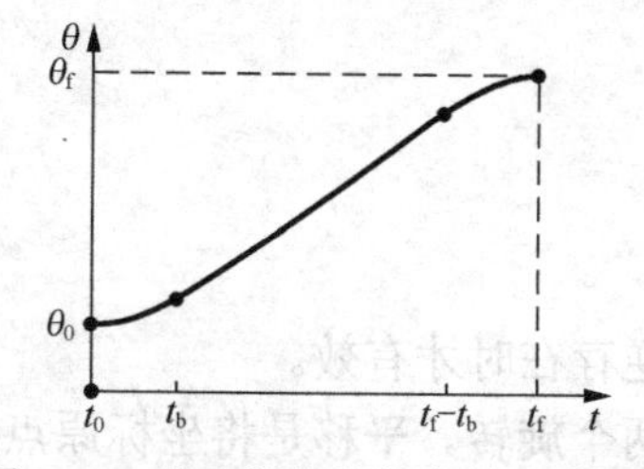

图 8.12　带有抛物线拟合的直线段 1

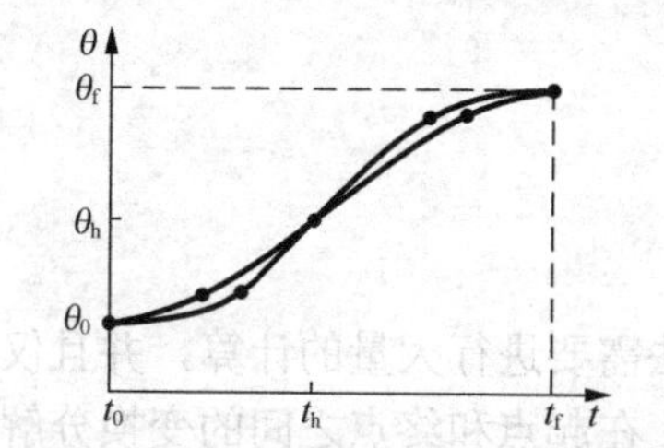

图 8.13　带有抛物线拟合的直线段 2

在拟合区段使用的加速度约束条件为

$$\ddot{\theta} \geqslant \frac{4(\theta_f - \theta_0)}{t^2} \tag{8.21}$$

当上式的等号成立时，直线部分的长度缩减为零，整个路径由两个拟合区段组成，且衔

接处的斜率相等。如果加速度的取值越来越大，则拟合区段的长度将随之越来越短。当处于极限状态时，即加速度无穷大，路径又回复到简单的线性插值情况。

8.3 直角坐标空间的轨迹规划

直角坐标空间轨迹与机器人相对于直角坐标系的运动有关，如机器人末端手的位姿便是沿循直角坐标空间的轨迹。除了简单的直线轨迹以外，也可用许多其他的方法来控制机器人在不同点之间沿一定轨迹运动。实际上所有用于关节空间轨迹规划的方法都可用于直角坐标空间的轨迹规划。最根本的差别在于，直角坐标空间轨迹规划必须反复求解逆运动学方程来计算关节角，也就是说，对于关节空间轨迹规划，规划函数生成的值就是关节值，而直角坐标空间轨迹规划函数生成的值是机器人末端执行器的位姿，它们需要通过求解逆运动学方程才能化为关节量。

以上过程可以简化为如下的计算循环。

（1）将时间增加一个增量。

（2）利用所选择的轨迹函数计算出手的位姿。

（3）利用机器人逆运动学方程计算出对应手位姿的关节量。

（4）将关节信息送给控制器。

（5）返回到循环的开始。

在工业应用中，最实用的轨迹是点到点之间的直线运动，但也经常碰到多目标点（例如有中间点）间需要平滑过渡的情况。

为实现一条直线轨迹，必须计算起点和终点位姿之间的变换，并将该变换划分为许多小段。起点构型 T_{i} 和终点构型 T_{f} 之间的总变换只可通过下面的方程进行计算：

$$\begin{aligned} \boldsymbol{T}_{\mathrm{f}} &= \boldsymbol{T}_{\mathrm{i}} R \\ \boldsymbol{T}_{\mathrm{i}}^{-1}\boldsymbol{T}_{\mathrm{f}} &= \boldsymbol{T}_{\mathrm{i}}^{-1} T_{\mathrm{i}} R \\ R &= \boldsymbol{T}_{\mathrm{i}}^{-1}\boldsymbol{T}_{\mathrm{f}} \end{aligned} \tag{8.22}$$

至少有以下 3 种不同方法可用来将该总变换化为许多的小段变换。

（1）希望在起点和终点之间有平滑的线性变换，因此需要大量很小的分段，从而产生了大量的微分运动。利用微分运动方程，可将末端手坐标系在每个新段的位姿与微分运动、雅可比矩阵及关节速度通过下列方程联系在一起。

$$\begin{aligned} \boldsymbol{D} &= \boldsymbol{J}\boldsymbol{D}_{\theta} \\ \boldsymbol{D}_{\theta} &= \boldsymbol{J}^{-1}\boldsymbol{D} \end{aligned} \tag{8.23}$$

$$\begin{aligned} \mathrm{d}\boldsymbol{T} &= \Delta\cdot\boldsymbol{T} \\ \boldsymbol{T}_{\mathrm{new}} &= \boldsymbol{T}_{\mathrm{old}} + \mathrm{d}\boldsymbol{T} \end{aligned} \tag{8.24}$$

这一方法需要进行大量的计算，并且仅当雅可比矩阵逆存在时才有效。

（2）在起点和终点之间的变换分解为一个平移和两个旋转。平移是将坐标原点从起点移动到终点，第一个旋转是将末端手坐标系与期望姿态对准，而第二个旋转是手坐标系绕其自身轴转到最终的姿态。所有这三个变换同时进行。

（3）在起点和终点之间的变换 R 分解为一个平移和一个绕 k 轴的旋转。平移仍是将坐标原点从起点移动到终点，而旋转则是将手臂坐标系与最终的期望姿态对准。两个变换同时进行（参见图 8.14）。

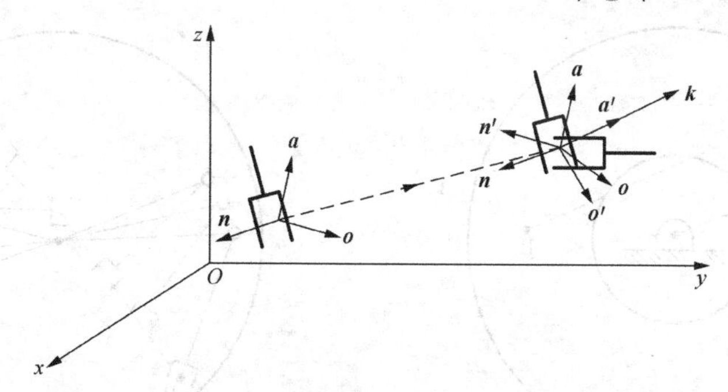

图 8.14　直角坐标空间轨迹规划中起点和终点之间的变换

下面介绍直角坐标路径的几何问题。

由于直角坐标空间描述的路径形状与关节位置之间有连续的对应关系，所以直角坐标空间的路径容易出现与工作空间和奇异点有关的各种问题。

（1）不可达的中间点问题。

尽管操作臂的起始点和目标点都在其工作空间内部，但是很有可能在连接这两点的直线上有某些点不在工作空间中，例如图 8.15 所示的平面两杆机器人及其工作空间。在此例中，连杆 2 比连杆 1 短，所以在工作空间的中间存在一个空洞，其半径为两连杆长度之差。起始点 A 和目标点 B 均在工作空间中，在关节空间中从 A 运动到 B 没有问题。但是如果试图在直角坐标空间沿直线运动，将无法到达路径上的某些中间点。该例表明了在某些情况下，关节空间中的路径容易实现，而直角坐标空间中的直线路径将无法实现。

（2）在奇异点附近的高关节速率问题。

在操作臂的工作空间中存在着某些位置，在这些位置处无法用有限的关节速度来实现末端执行器在直角坐标空间的期望速度。因此，有某些路径（在直角坐标空间描述）是操作臂所无法执行的，这一点并不奇怪。例如，如果一个操作臂沿直角坐标直线路径接近机构的一个奇异位形时，则机器人的一个或多个关节速度可能增加至无穷大。由于机构的速度是有上限的，因此这通常将导致操作臂偏离期望的路径。

例如，图 8.16 给出了一个平面两杆（两杆长度相同）操作臂，从 A 点沿着路径运动到 B 点。期望轨迹是使操作臂末端以恒定的线速度作直线运动。图中画出了操作臂在运动过程中的一些中间位置以便于观察其运动。可以看到，路径上的所有点都可以到达，但是当机器人经过路径的中间部分时，关节 1 的速度非常高。路径越接近关节 1 的轴线，关节 1 的速度就越大。一个解决办法是减小这个路径上的所有运动速度，以使所有关节速度在其容许范围内。虽然这样可能不能保证路径上的瞬时特性，但是至少由路径定义的空间点都能够达到。

（3）不同解下的可达起点和终点问题。

图 8.17 可以说明第三类问题。在这里，平面两杆操作臂的两个杆长度相等，但是关节存在约束，这使机器人到达空间给定点的解的数量减少。尤其是当操作臂不能使用与起始点相同的解到达终点时，就会出现问题。如图 8.17 所示，某些解可以使操作臂到达所有的路径点，但并非任何解都可以到达。这样，操作臂的转迹规划系统可以使机器人无需沿路径运动就能检测到这种问题，并向用户报错。

为了处理在直角坐标空间定义路径存在的这些问题，大多数工业操作臂控制系统都具有关节空间和直角坐标空间的路径生成功能。用户很快可明白由于使用直角坐标空间路径存在一定困难，所以一般默认使用关节空间路径。只有在必要时，才使用直角坐标空间的路径规划方法。

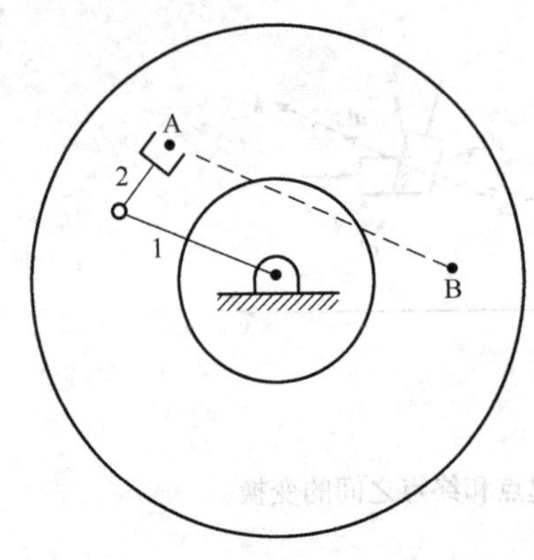

图 8.15　直角坐标路径问题之一

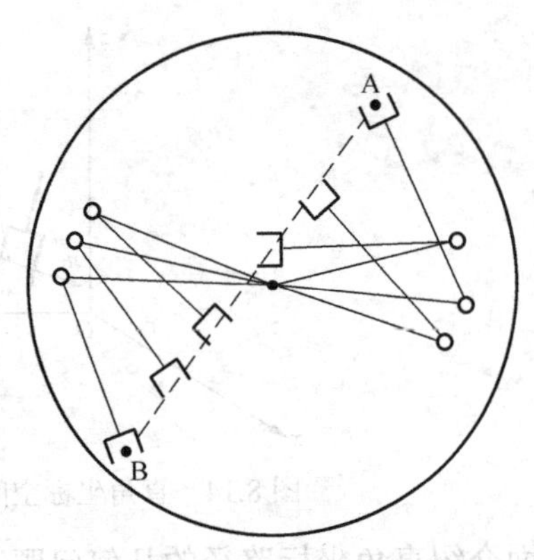

图 8.16　直角坐标路径问题之二

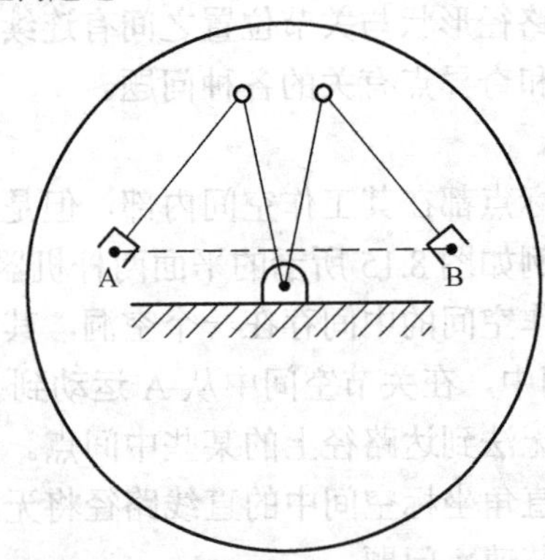

图 8.17　直角坐标路径问题之三

习　题

一、填空题

1. 在直角坐标空间中进行轨迹规划，是指将________、________和________表示为时间的函数，而相应的________、速度和加速度由末端执行器信息导出。

2. 一般情况下，关节空间的规划方法便于计算，并且由于关节空间与笛卡儿坐标空间之间并不存在________，因而不会发生机构的奇异性问题。

3. 直角坐标空间轨迹规划必须反复求解________来计算关节角。

二、简答题

1. 简述轨迹规划的基本原理。

2. 简述直角坐标空间的轨迹规划步骤。

三、计算题

1. 求一个六轴机器人的第三关节用 4s 的时间从初始角 20° 移动到终止角 80°。假设机器人由静止开始运动，抵达目标点时速度为 5°/s。计算一条三次多项式关节空间轨迹的系数，绘制出关节角和速度曲线。

2. 一个两自由度平面机器人在直角坐标系空间中沿直线从起点（3，6）运动到终点（10，8）。若将路径划分为 10 段，且每一个连杆长 25cm，求该机器人的关节量。

移动机器人篇

第9章 移动机器人概述

随着机器人的不断发展，人们发现固定于某一位置操作的机器人并不能完全满足各方面的需要。因此，20世纪80年代后期，许多国家有计划地开展了移动机器人技术的研究。所谓的移动机器人，就是一种具有高度自主规划、自行组织、自适应能力，适合于在复杂的非结构化环境中工作的机器人，它融合了计算机技术、信息技术、通信技术、微电子技术和机器人技术等。随着机器人性能不断地完善，移动机器人的应用范围大为扩展，不仅在工业、农业、医疗、服务等行业中得到广泛的应用，而且在城市安全、国防和空间探测领域等有害与危险场合得到很好的应用。

由于移动机器人能够运行到固定机器人无法到达的预定目标来完成任务，在代替人从事危险、恶劣（如辐射、有毒等）环境下作业和人所不及的（如宇宙空间、水下等）环境作业方面，比一般机器人有更大的机动性、灵活性，所以移动机器人不仅在工业、农业、医疗、服务等行业中得到广泛的应用，而且在城市安全、国防和空间探测领域等有害与危险场合得到很好的应用。因此，移动机器人技术已经得到世界各国的普遍关注。移动机器人的研究始于20世纪60年代末期。斯坦福研究院（SRI）的NilsNilssen和Charles Rosen等，在1966年至1972年中研发出了取名Shakey的自主移动机器人。目的是研究应用人工智能技术，在复杂环境下机器人系统的自主推理、规划和控制。

本章将介绍移动机器人的三种基本体系结构，以及两轮独立驱动方式的运动学模型。

9.1 移动机器人的体系结构

对于一个具体的移动机器人而言，体系结构的研究主要是设计一个能够将传感器、规划器和控制器等模块联系在一起的系统，即机器人信息处理和控制系统的总体结构。

近年来，移动机器人体系结构的研究得到许多学者的关注，其中典型的体系结构有分层递阶式、反应式和混合式3种类型。

9.1.1 分层递阶式体系结构

分层递阶式体系结构是把各种模块分成若干层次，使不同层次上的模块具有不同的工作性能和操作方式。其广泛遵循的原则是依据时间和功能来划分体系结构中的层次和模块。其中，最有代表性的是美国航天航空局（NASA）和美国国家标准局（NBS）提出的 NASREM 的结构。

在这种体系结构中，移动机器人各个模块的工作是按照“感知—建模—规划—行动”顺序执行，以前一个模块的输出结果作为后一个模块的输入数据。这种递阶式体系结构使各个模块之间的划分变得容易实现，而且高层模块在功能上的智能化处理也变得简单了。

尽管这种递阶式系统体系结构在某些领域的应用已经取得了一定的成果，但这种结构造成了系统在实时性和稳定性上存在明显的缺陷。这种顺序执行的结构，对系统中每个模块的依赖程度都很高，如果有一个模块瘫痪了，整个系统可能就崩溃了；另外，由于信息串行传递处理，下一个模块的工作需要等待上一个模块传递数据，严重影响了系统的实时性。在这种体系结构中，只有将各个功能模块高度集中在一起才能保证系统具有较高的实时性。

9.1.2 反应式体系结构

美国麻省理工学院的 Brooks 提出了基于行为的反应式体系结构，又称包容式体系结构。与分层递阶式体系结构把系统分解成功能模块，并按“感知—建模—规划—行动”过程进行构造的串行结构不同（如图 9.1 所示），包容式体系结构是一种完全的反应式体系结构，是基于“感知—行动”之间映射关系的并行结构（如图 9.2 所示）。

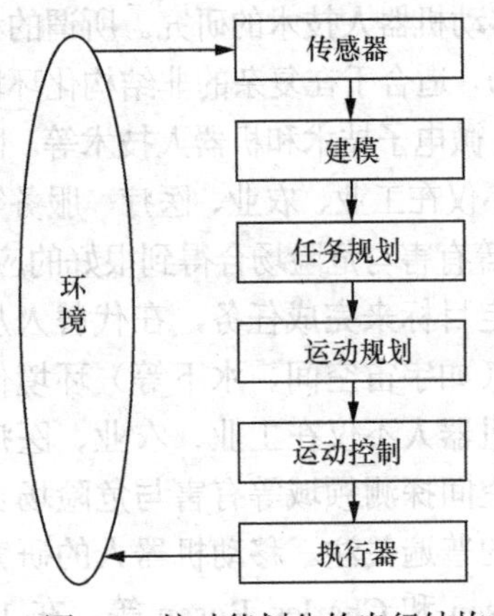

图 9.1 按功能划分的串行结构

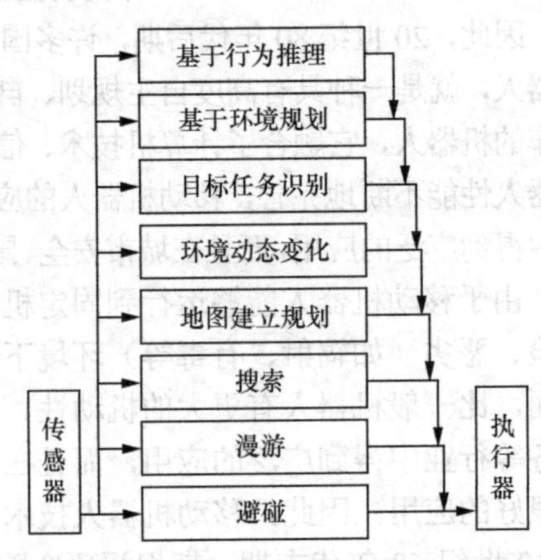

图 9.2 按行为划分的并行结构

反应式体系结构根据机器人每部分功能的不同划分成几个不同的层次。尽管这几个层次是从低层次到高层次逐次叠加的结构，但是每个层次都是一个独立的处理系统，它能够根据自己独立的信息进行运动控制，可以不必排队等待高层次的数据传递，降低高层次对低层次的影响。

这种反应式体系结构是由几个或者多个包含从感应到执行全部功能的子系统组成，并且这些子系统都是并行执行，即使某个子系统的某个模块出现故障，它影响的也只是这一层次的子系统，其他子系统仍能够成功地完成相应的任务。所以，这种基于行为的反应式系统结构不仅能够使系统具有很强的适应性，同时还充分体现了人工智能研究中的一种将环境探测和智能决策结合为一个整体进行研究，在机器人运动的过程中完成功能实现的新的指导思想和研究动向。但是，这种结构在实施中对于行为的控制有较高的要求，具体而言，它必须能够快速地以某种方式决定在某一特殊时刻执行哪种行为，并将决策出的指令发送到控制器。根据调查研究，目前的研究结果仍是对机器人所有的行为进行编辑，并且进行优先级划分，所以，机器人将要执行的行为的多少将决定这个系统的稳定性和实时性。

包容式体系结构强调模块的独立、平行工作，但缺乏全局性的指导和协调，虽然在局部行动上可显示出灵活的反应能力和鲁棒性，但是对于长远的全局性目标跟踪显得缺少主动性，目的性较差。

9.1.3 混合式体系结构

随着各方面需求的增加，人们对系统的体系结构的研究也越来越深入，对移动机器人的需求也越来越高，移动机器人系统的复杂程度也随之提高，相应系统的稳定性和实时性的要求也变得很高，同时也逐渐开展了对多机器人协调合作的研究。随着对系统要求的提高，单一的一种基于功能或者行为分解的系统结构已经无法满足现在的系统要求，因此，对功能和行为分解进行融合就成为了现在人们对系统体系结构研究的重点方向。

较典型的是 Oxford 的 H.S.Hu 提出的混合结构。该结构主要可以分为低层的基于数据反馈的行为控制和高层的智能规划两部分。高层可以向低层下发命令，同样地，低层也可以将它的数据共享给高层。这样就满足了系统对于智能性和实时性的要求。

这种混合式体系结构的研究已经在机器人导航系统中取得了很好的应用，它将是移动机器人体系结构研究的重点方向。虽然目前在机器人体系结构的研究中，我们已经取得了一定的成果，但在这个领域中仍有许多问题需要进一步研究解决，主要有以下几方面。

（1）对多个模块之间的协调合作和系统的扩展性研究；

（2）对基于功能分解和行为分解的两种体系结构合理融合的研究；

（3）对各个系统之间的交流和学习的研究。

9.2 移动机器人的运动学模型

目前，机器人学界对机械手的运动学和动力学已经了解得相当全面了。然而，移动机器人是一个独立的自动化系统，它能相对于环境整体地移动，其工作空间定义了在移动机器人的环境中，它能实现的可能姿态的范围。由于移动机器人独立和移动的本质，没有一个直接的方法可以瞬时测量出移动机器人的位置，而必须随时将机器人的运动集成，以间接获取机器人的位置。因此，机械手主要考虑的是关节运动学和动力学的控制问题，而移动机器人主要考虑的是质点运动学和动力学控制问题。从机械和数学本质上来说，它们是不同的。

机器人系统模型目前可分为运动学模型和动力学模型两大类，两种情况下机器人运动控制有不同的控制变量。一种为基于运动学模型的速度控制，另一种是基于动力学模型的力矩控制。本节将讨论两轮独立驱动方式的移动机器人的运动学模型。

图 9.3 所示为四轮机器人示意图，其中后面两轮是独立驱动轮，另外前面两轮是万向轮，机器人的运动参数和坐标系见图 9.3。

图 9.3 中，X、Y 为世界坐标系；O 为移动机器人的几何中心；C 是两驱动轮的轮轴中心；R 为车轮半径；$2L$ 为两个驱动轮轮心间的距离；v 为机器人的前进速度；ω 为机器人车体的转动角速度；v_L 和 v_R 为机器人左右轮的线速度；用 (x,y) 表示 C 点的坐标；θ 为机器人的姿势角。

$[x,y,\theta]^T$ 表示机器人的状态。

假设机器人在水平面运动并且车轮不会发生形变。机器人两个固定的驱动轮由单独的驱动器分别驱动控制，假定车轮与地面接触点速度在垂直于车轮平面内的分量为零，驱动轮与

地面“只能转动而不能滑动”，满足无滑动条件。在无滑动纯滚动的条件下，轮子在垂直于轮平面的速度分量为零，系统约束条件为

$$x\sin\theta - y\cos\theta = 0 \tag{9.1}$$

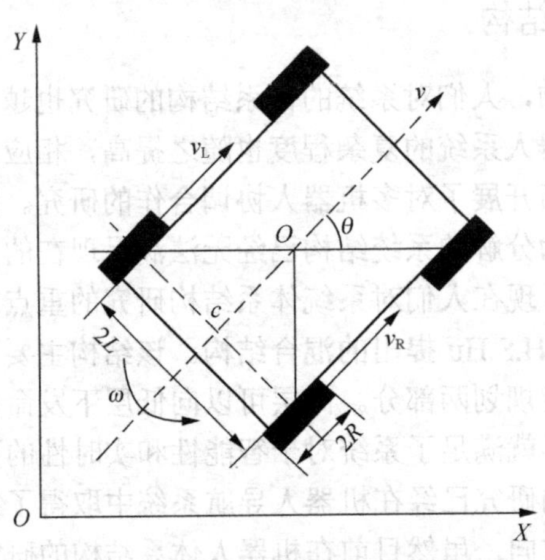

图 9.3　某机器人运动参数和坐标系

移动机器人连续系统的运动学模型为

$$\begin{bmatrix} x \\ y \\ \theta \end{bmatrix} = \begin{bmatrix} \cos\theta & 0 \\ \sin\theta & 0 \\ 0 & 1 \end{bmatrix} \begin{bmatrix} v \\ \omega \end{bmatrix} \tag{9.2}$$

移动机器人能够直接进行控制的是两个独立驱动电机，因此采用$[v_L, v_R]$形式的输入控制量，来分别控制两个驱动轮。下面讨论如何将机器人的前进速度 v 和转动速度 ω 转化为机器人两个轮子的线速度 v_L 和 v_R。

机器人线速度为

$$v = \frac{v_L + v_R}{2} \tag{9.3}$$

机器人角速度为

$$\theta = \omega = \frac{v}{r} = \frac{v_L}{-L} = \frac{v_R}{L} \tag{9.4}$$

故可得

$$\begin{bmatrix} v \\ \omega \end{bmatrix} = \frac{1}{2}\begin{bmatrix} 1 & 1 \\ -\frac{1}{L} & \frac{1}{L} \end{bmatrix} \begin{bmatrix} v_L \\ v_R \end{bmatrix} \tag{9.5}$$

考虑机器人系统属于离散控制系统，设系统采样时间为 T，采用零阶保持器将前一采样时刻 $k-1$ 的采样值一直保持到下一采样时刻 k 到来之前。则机器人的运动学特性差分方程为

$$\begin{bmatrix} x_k \\ y_k \\ \theta_k \end{bmatrix} = \begin{bmatrix} \cos\theta_k & 0 \\ \sin\theta_k & 0 \\ 0 & 1 \end{bmatrix} \begin{bmatrix} v \\ \omega \end{bmatrix} + \begin{bmatrix} x_{k-1} \\ y_{k-1} \\ \theta_{k-1} \end{bmatrix} \tag{9.6}$$

将式（9.5）代入式（9.6），可得

$$\begin{bmatrix} x_k \\ y_k \\ \theta_k \end{bmatrix} = \frac{1}{2} \begin{bmatrix} \cos\theta_k & \cos\theta_k \\ \sin\theta_k & \sin\theta_k \\ -\dfrac{1}{L} & \dfrac{1}{L} \end{bmatrix} \begin{bmatrix} v_{\mathrm{L}} \\ v_{\mathrm{R}} \end{bmatrix} + \begin{bmatrix} x_{k-1} \\ y_{k-1} \\ \theta_{k-1} \end{bmatrix} \tag{9.7}$$

习　　题

一、填空题

1．移动机器人是一个集__________、__________、__________等多功能于一体的综合动态系统。

2．典型的移动机器人体系结构有________、________和________三种类型。

3．反应式体系结构是由几个或者多个包含从____到____全部功能的子系统组成。

4．机械手主要考虑的是____________________的控制问题，而移动机器人主要考虑的是____________________控制问题。

5．机器人系统模型目前可分为__________和__________两大类。

二、简答题

简述 H.S.Hu 提出的混合结构内容。

第10章 移动机器人的定位与导航

定位与导航是移动机器人研究中的重要问题。移动机器人定位与导航的研究主要完成的任务是"我在何处""我要往何处去"和"如何到该处"。

当机器人处于一个未知的、复杂的、动态变化的环境中时，定位是确定机器人在环境坐标中相对于全局坐标的位置及其本身的姿态，是移动机器人导航的最基本环节，也是移动机器人实现各种复杂任务的关键。

移动机器人的导航问题是机器人通过传感器感知环境和自身状态，实现在有障碍物的环境中面向目标的自主运动。移动机器人的导航方式很多，有惯性导航、视觉导航、全球卫星定位（GPS）导航、基于多传感器信息融合的导航等。

根据不同的环境选择合适的导航方式，通常要考虑是室内还是室外环境、是结构化还是非结构化环境、已知还是未知环境。已知环境的导航比较简单。目前，通常所研究的导航是在未知环境下，至少是部分未知环境下的导航。其实，在未知环境中，移动机器人的定位、建图、导航是一个不断循环刷新的过程。随着机器人的运动，得到新的定位信息，从而对地图进行修订更新，然后进行新的导航控制。

10.1 移动机器人的定位

近年来，国内外学者利用多种传感器对移动机器人的定位与导航问题进行了有意义的探索。主要研究方法可以分为相对定位、绝对定位和混合定位。相对定位又分为测距法和惯性定位法。绝对定位又可分为磁罗盘法、主动灯塔法、全球定位（GPS）法、路标定位和模型匹配法。混合定位是结合相对定位法和绝对定位法来实现移动机器人定位的方法，包括基于多传感器信息融合的定位和基于视觉的定位方法等。

下面介绍几种移动机器人常用的定位方法。

移动机器人常用的定位方式有模型匹配定位、路标定位、视觉定位、惯性定位和GPS定位等。

1. 模型匹配定位

机器人通过自身的各种传感器，探测周围环境，利用感知到的局部环境信息进行局部的地图构造，并与其内部事先存储的完整地图进行匹配。如果两模型相互匹配，机器人可确定自身的位置。几年前国外的科学家就开始从事这项技术的研究，如英国伦敦大学的ARNE机器人采用的就是这种定位方式。

2. 路标定位

在事先知道路标在环境中的坐标、形状等特征的前提下，机器人通过对路标的探测来确定自身的位置，可分为人工路标定位和自然路标定位。人工路标定位虽然比较容易实现，但它人为地改变了机器人工作的环境。自然路标定位不改变工作环境，是机器人通过对工作环境自然特征的识别完成定位，路标探测的稳定性和鲁棒性是研究的主要问题。沈阳新松机器人公司研制的激光导引叉车，通过车载的旋转激光头发射激光，在激光器扫描一周后，照到反射板，激光原路返回，可以得到一系列反射板的反射角,可算得激光旋转中心的坐标，从而得到运输车所在位置。

3. GPS 定位

GPS 全球定位系统是以距离作为基本的观测量，通过对四颗 GPS 卫星同时进行伪距离测量计算出用户（接收机）的位置。机器人通过安装卫星信号接收装置，无论是在室内还是在室外，都可以实现自身定位。由波音公司和科学应用国际公司开发的 MDARS-E 机器人，通过 GPS 接收机和陆地标志参考传感器对机器人进行定位，定位精度可达 6cm，从而实现自由巡逻，估计障碍。

4. 惯性定位

惯性定位是利用机器人装配的光电编码器和陀螺仪，计算机器人航程，从而推知机器人当前的位置和下一步目的地。随着机器人航程的增长，定位的精度就会下降，而定位误差将会无限制地增加。

5. 视觉定位

通过视觉定位完成障碍物的探测及识别。国内外应用最多的是在机器人上安装车载摄像机的基于局部视觉的定位方式。对移动机器人视觉闭环系统的研究表明，这种控制方法可以提高定位精度。从视觉图像中识别道路是影响移动机器人定位准确性的一个最重要因素。对于一般的图像边缘提取而言，已有了许多方法（例如，局部数据的梯度法和二阶微分法）。利用视觉来探测障碍物，从而完成机器人的定位，视觉机器人对障碍物的识别是在学习阶段自动提取障碍物的边缘。在视觉导航中边缘锐化、特征提取等图像处理方法的计算量大，移动机器人是在运动中对图像进行处理，实时性差是一个非常棘手的问题。Stanley 提出了基于神经网络的机器人视觉定位技术，该技术中估算逆雅可比矩阵，并将图像特征的变化与机器人的位置变化对应起来，通过神经网络训练来近似特征雅可比矩阵的逆阵。该技术通过提取几何特征、平均压缩、向量量化和主成分提取来简化图像处理，实现实时视觉定位。

10.2 环境地图的表示

下面介绍几种常用的环境地图表示方法。

1. 几何地图

几何地图是一种基于几何信息的地图表示方法，它由一组环境路标特征组成，每一个路标特征用一个几何原型来近似，这种地图只局限于表示可参数化的环境路标特征或者可建模的对象，如点、线、面等，如图 10.1 和图 10.2 所示。几何地图的构建方法大都是基于对环境信息的相对观测，然后用这些观测到的环境路标特征来表示环境地图。几何建模方法着重于时空坐标上对对象的具体定量的描述，在简单环境下或者局部区域内，计算量小而且可以获得较高的精度；但在全局或者复杂的环境中，一般计算复杂度剧增，难以维持精确的坐标信息，为此研究人员后来提出了启发式搜索的方法。

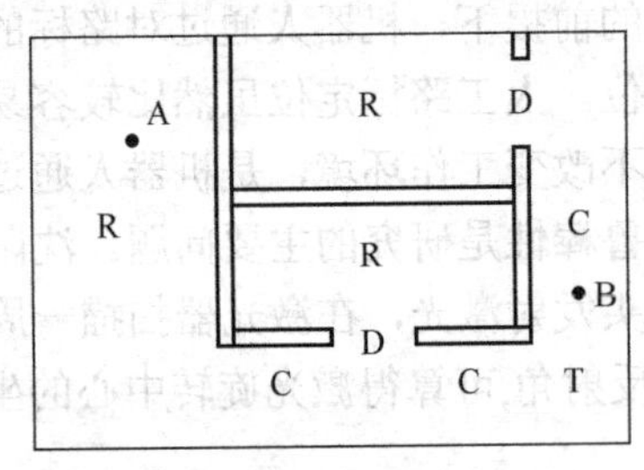

图 10.1　地图原型

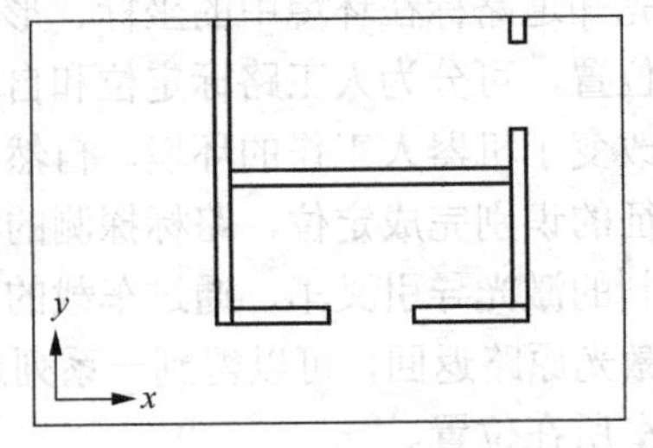

图 10.2　几何地图

2. 栅格地图

栅格法表示地图的主要思想是将环境离散化为规则的基本单元——二维或三维的栅格，通过对栅格的描述实现环境的系统建模，如图 10.3 和图 10.4 所示。栅格表示采用不依赖于物体形状的单元分解来表示环境。这类表示通常采用的是正则单元分解，可在此基础上利用图像处理或计算几何等知识来构造二维正则骨架图。

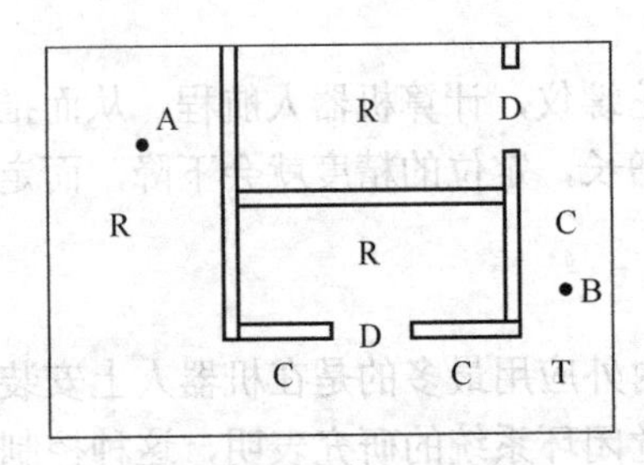

图 10.3　地图原型

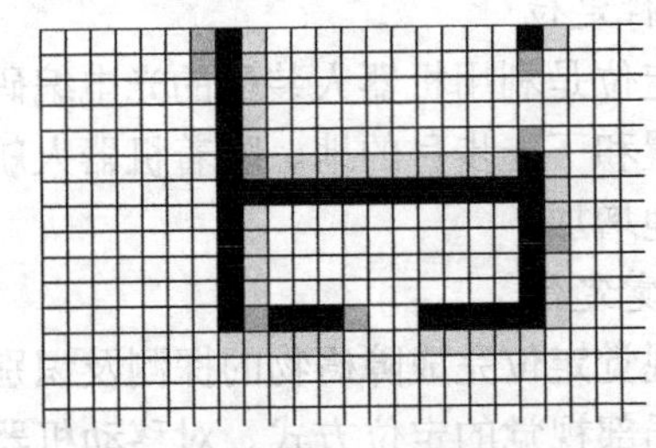

图 10.4　栅格地图

对环境采用正方形栅格进行分解，然后可按栅格间 4-连通或 8-连通关系进行最短路径搜索；其他的栅格形状还有正六边形和正三角形等，分别可按 6-连通和 3-连通关系进行路径搜索。这些分解都不依赖于障碍物形状，只是根据每个栅格是否被障碍物占据进行划分。工作空间的栅格描述通常需要较多数目的节点，进行路径规划时搜索的空间较大。当机器人的工作空间维数较高时，用正则栅格表示所需的存储量很大。但栅格表示法的优点之一是无须对不同栅格之间的可行路径进行处理，所有的可行路径都是隐式形成的。此外，栅格法易于建立、表示和维护，物体位置表示在栅格地图中是精确的，易于识别。当机器人的工作空间维数较低时，栅格表示法是一种可行的方法。

3. 拓扑地图

拓扑图是一种紧凑的地图表示方法，特别在环境大而简单时，这种方法将环境表示为一张拓扑意义中的图，如图 10.5 和图 10.6 所示。图中的节点对应于环境中的一个特征状态、地点（由感知决定），如节点间存在直接连接的路径相当于图中连接点的弧。拓扑图的分辨率决定于环境的复杂度。这种表示方法的建模时间和存储空间都较少，可实现快速的路径规划，也为人机交互下达指令提供一种更为自然的接口。由于拓扑图通常不需要机器人准确的位置，对于机器人的位置误差也就有了更好的鲁棒性。但当环境中存在两个很相似的地方时，拓扑图的方法将很难确定这是否为同一节点（特别是机器人从不同的路径到达这些节点时）。基于拓扑的地图表示方法，允许机器人在难以获得精确定位信息的情形下能够较好地控制移动机器人的规划。但拓扑节点在空间上的离散使得机器人无法在非拓扑节点位置进行定位。目前广义 Voronoi 图（GVG）常用来表示路标之间的联系，如图 10.7 和图 10.8 所示。

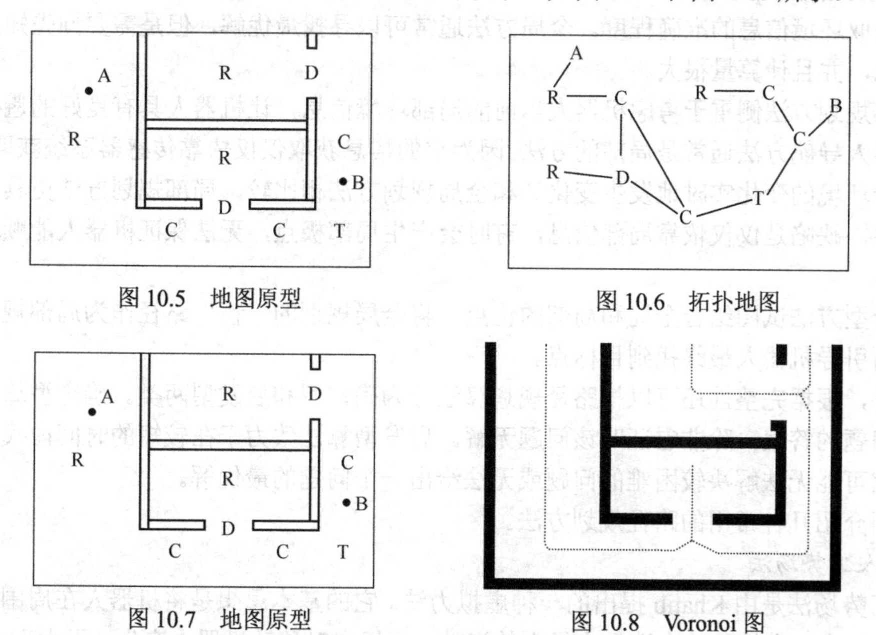

图 10.5 地图原型

图 10.6 拓扑地图

图 10.7 地图原型

图 10.8 Voronoi 图

Voronoi 图是由数学家 Voronoi 在 1908 年提出的，最初应用于平面点的邻近问题研究。所谓临近点问题，就是指给定平面中的 n 个点，把平面划分成为以这些点为中心的区域，区域中任何位置到中心点的距离比到其他中心点的距离更近。广义 Voronoi 图则推广到多维空间的实体对象，并在地理信息系统、模式识别、机械加工等许多领域获得了广泛的应用。

在移动机器人路径规划中，以障碍物为实体对象的 GVG 用来描述可行区域的网格化结构。Voronoi 图不仅是求解某些基本临近问题的通用工具，而且其本身也是计算几何中一个研究领域。由于 Voronoi 图的维数比机器人所在的工作空间维数低，因此 Voronoi 图用于路径规划搜索时通常搜索空间也较小。Voronoi 图上形成的路径长度要长于最短路径长度，故而 Voronoi 图上路径的最优性较差。但在实际应用中，由于要考虑到机器人运动的安全性，通常沿着 Voronoi 图运动时具有较宽阔的通道。不过当采用路径长度作为优化目标时，Voronoi 图不能完全保证所规划路径的安全性。在众多构造 Voronoi 图算法中，分治算法应用比较多。分治算法首先构造单个对象的影响区域，以某个对象的影响区为基础，加入其他的对象，并对两个对象的影响区进行缝合，得到共同的 Voronoi 图。然后以这个图为基区，加入新的对象并缝合，直到所有的对象都纳入 Voronoi 图。

10.3 移动机器人的路径规划

在移动机器人相关技术研究中,导航技术是其核心，而路径规划是导航技术研究的一个重要环节和组成部分。

移动机器人的路径规划问题是移动机器人研究领域的热点问题，可以描述为：移动机器人依据某个或某些优化准则（如工作代价小，行走路线最短，行走时间最短等），在运动空间中找到一条从起始状态到目标状态，可以避开障碍物的最优或者接近最优的路径。

路径规划问题已有的研究方法可以分为全局型方法、局部型方法以及混合型方法 3 种。

全局规划方法依照已获取的环境信息，给机器人规划出一条路径。规划路径的精确程度取决于获取环境信息的准确程度。全局方法通常可以寻找最优解，但是需要预先知道环境的准确信息，并且计算量很大。

局部规划方法侧重于考虑机器人当前的局部环境信息，让机器人具有良好的避碰能力。很多机器人导航方法通常是局部的方法，因为它的信息获取仅仅依靠传感器系统获取的信息，并且随着环境的变化实时地发生变化。和全局规划方法相比较，局部规划方法更具有实时性和实用性。缺陷是仅仅依靠局部信息，有时会产生局部极点，无法保证机器人能顺利到达目的地。

混合型方法试图结合全局和局部的优点，将全局规划的“粗”路径作为局部规划的子目标，从而引导机器人最终找到目标点。

另外，根据完整性还可以把路径规划算法分为确定型和启发型两类。确定型算法可以找到一个问题的答案，除非它证明该问题无解。启发型算法致力于在较短的时间内找出问题的答案，它可能无法解决较困难的问题或无法给出一个问题的最优解。

下面介绍几种常用的路径规划方法。

1. 人工势场法

人工势场法是由 Khatib 提出的一种虚拟力法。它的基本思想是将机器人在周围环境中的运动，设计成一种抽象的人造引力场中的运动，目标点对移动机器人产生“引力”，障碍物对移动机器人产生“斥力”，最后通过求合力来控制移动机器人的运动。应用势场法规划出来的路径一般是比较平滑并且安全的，但是这种方法存在局部最优点问题。为了解决这个问题，许多学者进行了研究，如 Rimon,Shahid 和 Khosla 等。他们期望通过建立统一的势能函数来解决这一问题。但这就要求障碍物最好是规则的，否则算法的计算量将很大，有时甚至是无法计算的。但是，从另一个方面来看，由于人工势场法在数学描述上简洁、美观，这种方法仍然具有很大的吸引力。

人工势场法结构简单，便于低层的实时控制，在实时避障和平滑的轨迹控制方面得到了广泛的应用，但人工势场法存在 4 个固有缺陷。

（1）存在陷阱区域；

（2）在相近的障碍物群中不能识别路径；

（3）在障碍物前振荡；

（4）在狭窄通道中摆动。

除此之外，人工势场法还存在着障碍物附近目标不可达问题。

根据人工势场法原理可知，引力势场的范围比较大，而斥力的作用范围只是局部的，当机器人和障碍物的距离超过障碍物影响范围的时候，机器人不受排斥势场的影响。因此势场法只能解决局部空间避障的问题，它缺乏全局信息，这样它就很容易陷入局部最小值问题。所谓局部最小值，就是在引力势场和斥力势场函数联合分布的空间内，在某些区域，受到多个函数的作用，造成了局部最小点。当机器人位于局部最小点的时候，机器人容易产生振荡或者停滞不前。障碍物越多，产生局部最小点的可能性越大，产生局部最小点的数量也就越多。如前所述的人工势场法的 4 种固有缺陷以及障碍物附近目标点不可达问题，根源也就在于此。

2. A*算法

在人工智能中，有一类研究领域叫作问题求解（Problem Solving）或问题求解智能体

（Problem Solving Agent）。它以符号和逻辑为基础，在智能体没有单独的行动可以解决问题的时候，将如何找到一个行动序列到达它的目标位作为研究内容。移动机器人的路径规划问题也是其中之一。解决这类问题通常采用搜索算法。目前最常用的路径搜索算法之一就是A*（A-Star）算法。它是由 Nilsson 在 1980 年提出，是一种应用广泛的启发式搜索算法，其原理是通过不断搜索逼近目的地的路径来获得。在完全已知的比较简单的地图上，它的速度非常快，能很快找到最短路径（确切说是时间代价最小路径），而且使用 A*算法可以很方便地控制搜索规模以防止堵塞。经典的 A* 算法是在静态环境中求解最短路径的一种极为有效的方法。

3. 神经网络法

人工神经网络法是在对人脑组织结构和运行机制的认识理解基础之上，模拟其结构和智能行为的一种工程系统。它能将环境障碍等作为神经网络的输入层信息，经由神经网络并行处理，神经网络输出层输出期望的转向角和速度等，引导机器人避障行驶，直至到达目的地。优点是并行处理效率高，具有学习功能，能收敛到最优路径。缺点在于环境改变后必须重新学习，在环境信息不完整或环境经常改变的情况下难以应用。

4. 模糊推理法

将模糊推理本身所具有的鲁棒性与基于生理学上的“感知-动作” 行为结合起来，能够快速地推理出障碍物的情况，实时性较好。该方法避开了其他算法中存在的对环境信息依赖性强等缺点，对处理复杂环境下的机器人路径规划问题，显示了很大的优越性和较强的实时性。

模糊逻辑推理算法是基于实时传感器信息，通过驾驶员的工作过程观察研究得出的一种在线避障方法。人类的驾驶过程就是一种模糊控制行为，路径的弯度大小、位置和方向偏差的大小，都是由人眼得到模糊量，而驾驶员的驾驶经验不可能精确确定，模糊控制正是解决这种问题的有效途径。此外，机器人的超声波、红外等传感器获得的路面环境信息，都具有近似、不完善性的噪声，而模糊控制的一个优点就是能容纳这种不确定的输入信息，并能产生光滑的控制输出量。其次，移动机器人和车辆类似，其运动学模型较为复杂而难以确定，而模糊控制不需要控制系统的精确数学模型。此外，移动机器人是一个典型的时延、非线性不稳定系统，而模糊控制器可以完成输入空间到输出空间的非线性映射。

5. 遗传算法

遗传算法是一种借鉴生物界自然选择和自然遗传机制的随机化的搜索算法。由于它具有鲁棒性强和全局优化等优点，对于传统搜索方法难以解决的复杂和非线性问题具有良好的适用性。应用遗传算法解决移动机器人动态环境中避障和路径规划问题，可以避免困难的理论推导，直接获得问题的最优解。但是也存在一些不足，如计算速度不快、提前收敛等问题。

6. 蚁群算法

蚁群算法（Ant Colony Algorithm，ACA），又称蚂蚁算法，是一种用来求复杂问题的优化算法。蚁群算法早期的提出是为了解决旅行商问题（TSP），随着人们对于蚁群算法的深入研究，发现蚁群算法在解决二次优化问题中有着广泛的应用前景，因此蚁群算法也从早期的解决 TSP 问题逐步向更多的领域发展。目前利用蚁群算法在解决调度问题、公交车路线规划问题、机器人路径选择问题、网络路由问题，甚至在企业的管理问题、模式识别与图像配准等领域都有着广泛的应用空间。

蚁群算法的问世为诸多领域解决复杂优化问题提供了有力的工具。蚁群算法不仅能够进行智能搜索、全局优化，而且具有稳健性（鲁棒性）、正反馈、分布式计算、易与同其他算法相结合及富于建设性等特点，并且可以根据需要为人工蚁群加入前瞻和回溯等自然蚁群所没有的特点。

虽然蚁群算法有许多优点，但是该算法也存在一些缺陷。与其他方法相比，该算法一般需要较长的搜索时间，虽然计算机计算速度的提高和蚁群算法的本质并行性在一定程度上可以缓解这一问题，但对于大规模优化问题，这是一个很大的障碍。而且该方法容易出现停滞现象，即搜索进行到一定程度后，当所有个体所发现的解趋于一致时，不能对解空间进一步进行搜索，不利于发现更好的解。在蚁群系统中，蚂蚁总是依赖于其他蚂蚁的反馈信息来强化学习，而不去考虑自身的经验积累，这样的盲从行为，容易导致早熟、停滞现象，从而使算法的收敛速度变慢。基于此，学者们纷纷提出了蚁群系统的改进算法。如 Dorigo M 等提出了一种称为 Ant-Q System 的蚁群算法；德国学者 Stutzle T 和 Hoos H 提出了“最大最小蚂蚁系统”（MAX-MIN Ant System,MMAS）。吴庆洪等从遗传算法中变异算子的作用得到启发，在蚁群算法中采用了逆转变异机制，进而提出了一种具有变异特征的蚁群算法，这是国内学者对蚁群算法所做的最早改进（1997 年 11 月）。此后不断有学者提出了改进的蚁群算法，如具有感觉和知觉特征的蚁群算法、自适应蚁群算法、基于信息素扩散的蚁群算法、基于混合行为的蚁群算法、基于模式学习的小窗口蚁群算法等。

10.4 移动机器人的导航

10.4.1 移动机器人的导航方式

移动机器人有多种导航方式，根据环境信息的完整程度、导航指示信号类型的不同，可以分为电磁导航、惯性导航、全球定位系统（GPS）导航、超声波导航、激光导航、射频识别（RFID）导航和基于视觉的导航等。

电磁导航也称为地下埋线导航，其原理是在路径上连续埋设多条引导电缆，分别流过不同频率的电流，通过感应线圈对电流的检测来感知路径信息。

惯性导航是利用机器人上装的光电编码器和陀螺仪，测量机器人相对于初始位置的距离和方向，从而推知机器人当前的位置和下一步的目的地。

GPS 导航是机器人利用 GPS 全球定位系统，通过其自身安装的卫星信号接收装置接收四颗 GPS 卫星发出的信号，进行伪距离测量，从而计算出机器人的准确位置。

超声波导航的工作原理是由超声波传感器的发射探头发射出超声波，超声波在介质中遇到障碍物而返回到接收装置。通过接收自身发射的超声反射信号，根据超声波发出及回波接收时间差及传播速度，算出传播距离。

激光导航是利用激光传感器来进行距离测量，激光经过旋转镜面机构向外发射，当扫描到由反射器构成的路标时，反射光经光电接收器件处理作为检测信号，然后通过通信传递到上位机进行数据处理。上位机根据已知路标的位置和检测到的信息，即可计算出机器人当前在路标坐标系下的位置和方向。

射频识别导航是利用 RFID 读写器接收不同距离处的标签信号，根据信号强度的不同，采用一定的算法得出标签与RFID读写器之间的距离。

基于视觉的导航是在移动机器人上安装摄像头，利用摄像头采集环境信息，通过机器人上装载的计算机进行图像处理和决策。

10.4.2 基于多传感器信息融合的移动机器人导航

多传感器信息融合是指将多个传感器或多源的信息通过一定的算法进行综合处理，从而得到更准确、可靠的结论。常用的信息融合方法有D-S证据方法、航迹融合的分层法、贝叶斯方法、卡尔曼滤波法、模糊推理法以及神经网络法等。

贝叶斯方法是将多传感器提供的各种不确定性信息表示为概率，利用贝叶斯条件概率公式对其进行处理，先描述模型，并赋予每个命题一个先验概率，再使用概率进行推断，根据信息数据估计置信度得到结果。卡尔曼滤波法是一种递推形式的状态和参数估计的方法，以测量误差为依据，进行估计和校正，从而不断逼近被估计状态或参数的真实值。D-S证据方法是使用一个不稳定区间，通过不稳定未知前提的先验概率来保证估计的一致性。航迹融合的分层法是一种集中式融合方法，即中心级航迹融合和传感器级航迹融合交替进行。模糊推理法是用隶属函数表示各传感器信息的不确定性，再利用模糊变换进行综合处理。神经网络法通过一定的学习算法可将传感器的信息进行融合。

10.4.3 基于混合方法的移动机器人导航

近年来,有学者将两种或两种以上的智能算法结合,开展了基于混合方法的机器人导航研究。

采用模糊神经网络方法对半自主移动机器人导航，用模糊描述对机器人行为进行编码，用神经网络进行学习。机器人的传感器系统提供局部的环境检测信息，由模糊神经网络进行环境预测，进而完成未知环境下的导航。

还有学者提出基于模糊神经网络和遗传算法相结合的机器人自适应控制方法。将导航过程分为离线学习和在线学习两部分。其中离线学习部分主要为模糊神经网络方法，用神经网络对模糊控制的各层的参数进行训练。在线学习部分通过性能鉴别、行为搜索和规则构造达到目的。性能鉴别部分主要判断机器人工作环境中是否有障碍物。行为搜索部分根据费用最小原则，利用遗传算法调整路径。规则构造部分为模糊控制构造规则库，用于控制机器人的行为。该方法是一种混合的机器人自适应控制方法，可以自适应调整机器人的行走路线，达到避障和路径最短的双重优化。

10.4.4 导航技术的应用

根据应用领域的不同，对移动机器人导航技术的研究提出了不同的要求，这就需要根据实际情况提出相适应的导航方式、定位方法，使移动机器人不仅能够满足工作要求，而且具有更高的智能，从而更好地为人类服务。

1. 制造业领域的应用

在发达国家自动导引运输车（AGV）已广泛应用于物流配送领域，其导航方式从最初的固定路径的电磁导航发展到半固定路径的磁导航和光带导航，再发展到无路径的激光导航、陀螺导航和视觉导航。

美国Transbotics公司的AGV采用激光导航的方式。日本Muratec公司生产的Premex Mx12 AGV采用磁材料和激光导航的方式。沈阳新松机器人自动化股份有限公司自主研发的

AGV 采用激光导航和磁导航的方式。

2. 非制造业领域的应用

日本国立蔬菜和茶叶研究所与岐阜大学联合研制的茄子采摘机器人采用视觉导航技术，能够在温室里自主行走到需要被采的茄子处。荷兰农业环境工程研究所研制出一种采用红外视觉导航技术的多功能黄瓜收获机器人，能够辨别成熟的黄瓜，并自主移动到其附近进行采摘。日本开发出了一种采用电磁导航方式的农药喷洒机器人，能够根据预埋在地下的电缆产生的电磁场进行自主行走。日本研发的插秧机器人采用 GPS 导航技术，能够在无人干预的情况下实现 10cm 的移动精度。美国的 Roomba 系列自主清洁机器人，运用红外导航技术，能够自主地清扫房间的地面，并且可以自主寻找充电座进行充电。德国 Vorwork 公司开发的清洁机器人采用 RFID 导航方式，通过机器人上的 RFID 读写器读取安置在地板、地毯或瓷砖上的 RFID 标签进行导航。松下电工 2002 年开始与日本滋贺医科大学附属医院共同开发医院护士型自主移动机器人“HOSPI”，采用超声波、视觉和激光传感器相结合的导航方式，能够自主地将 X 光片、样本和药品等传递到目的地，并能避开人和障碍物。沈阳新松机器人股份有限公司研发的第二代服务机器人采用视觉、超声波和罗盘相结合的导航方式，能够在室内自主行走，躲避人和障碍物。

3. 特殊环境中的应用

英国南安普顿海洋研究中心研制的 AUTOSUB 自主式水下机器人主要采用惯性测量和 GPS 相结合的导航方式。中科院沈阳自动所研制的 CR 系列 AUV 水下机器人，采用超声波、惯性测量和 GPS 相结合的导航方式，当机器人浮在水面上时采取 GPS 导航方式，在水下时采用超声波和惯性导航方式。日本大阪大学研制的蛇形救援机器人，采用视觉和罗盘相结合的导航方式，能够在崎岖的废墟中自主爬行。美国 iRobot 公司研制的 PackBot 系列机器人，采用视觉、超声波、GPS、罗盘相结合的导航方式，有很强的避障越障能力。美国研制的“机遇号”和“勇气号”火星探测车，采用激光和视觉相结合的导航方式，能够在复杂的火星表面上自主行走。

习 题

一、填空题

1. 移动机器人的导航问题是机器人通过______感知环境和自身状态，实现在有障碍物的环境中面向目标的自主运动。

2. 对移动机器人的定位与导航问题的主要研究方法可以分为____________。

3. 相对定位法分为____________和____________。

4. 绝对定位法分为________________________。

5. 移动机器人常用的定位方式有__________________。

6. 移动机器人的路径规划问题可以描述为：移动机器人依据某个或某些优化准则，在运动空间中找到一条从起始状态到目标状态，可以避开障碍物的______路径。

7. 局部规划方法侧重于考虑机器人当前的局部环境信息，让机器人具有良好的避碰能力。

8. 移动机器人根据环境信息的完整程度、导航指示信号类型的不同，可以分为____________________________________。

二、简答题

1. 简述移动机器人的视觉定位原理。

2. 简述栅格法表示地图的主要思想。

应 用 篇

第 11 章 工业机器人应用实例

11.1 工业机器人的应用范围

工业机器人的种类众多，目前广泛应用的领域有点焊、弧焊、搬运、装配、切割、打磨、检测等。图 11.1 直观地表示了它的主要应用领域。实际上，只要改变安装于机器人末端的执行器，就可完成不同的作业。如六自由度、负载为 10kg 的机器人，当末端执行器为焊枪时，可进行弧焊作业；当末端执行器为夹钳时，就可以搬运物件或用于机械加工等。

11.2 机器人的总体设计

机器人总体设计的主要内容有确定基本参数，选择运动方式，确定操作臂配置形式，确定位置检测、驱动和控制方式等。在结构设计的同时，对各部件的强度、刚度做必要的验算。机器人总体设计步骤分以下几个部分。

11.2.1 系统分析

机器人是实现生产过程自动化、提高劳动生产率的一种有力工具。若要使一个生产过程实现自动化，需要对各种机械化、自动化装置进行综合的技术和经济分析，确定使用机器人操作臂是否合适。一旦确定使用机器人操作臂，设计人员一般要先做如下工作。

（1）根据机器人的使用场合，明确采用机器人的目的和任务。

（2）分析机器人所在系统的工作环境，包括机器人与已有设备的兼容性。

（3）认真分析系统的工作要求，确定机器人的基本功能和方案。如机器人的自由度数、信息的存储容量、计算机功能、动作速度、定位精度、抓取质量、容许的空间结构尺寸以及温度、振动等环境条件的适用性等。进一步通过对被抓取、搬运物体的质量、形状、尺寸及生产批量等情况，来确定手部形式及抓取工件的部位和握力。

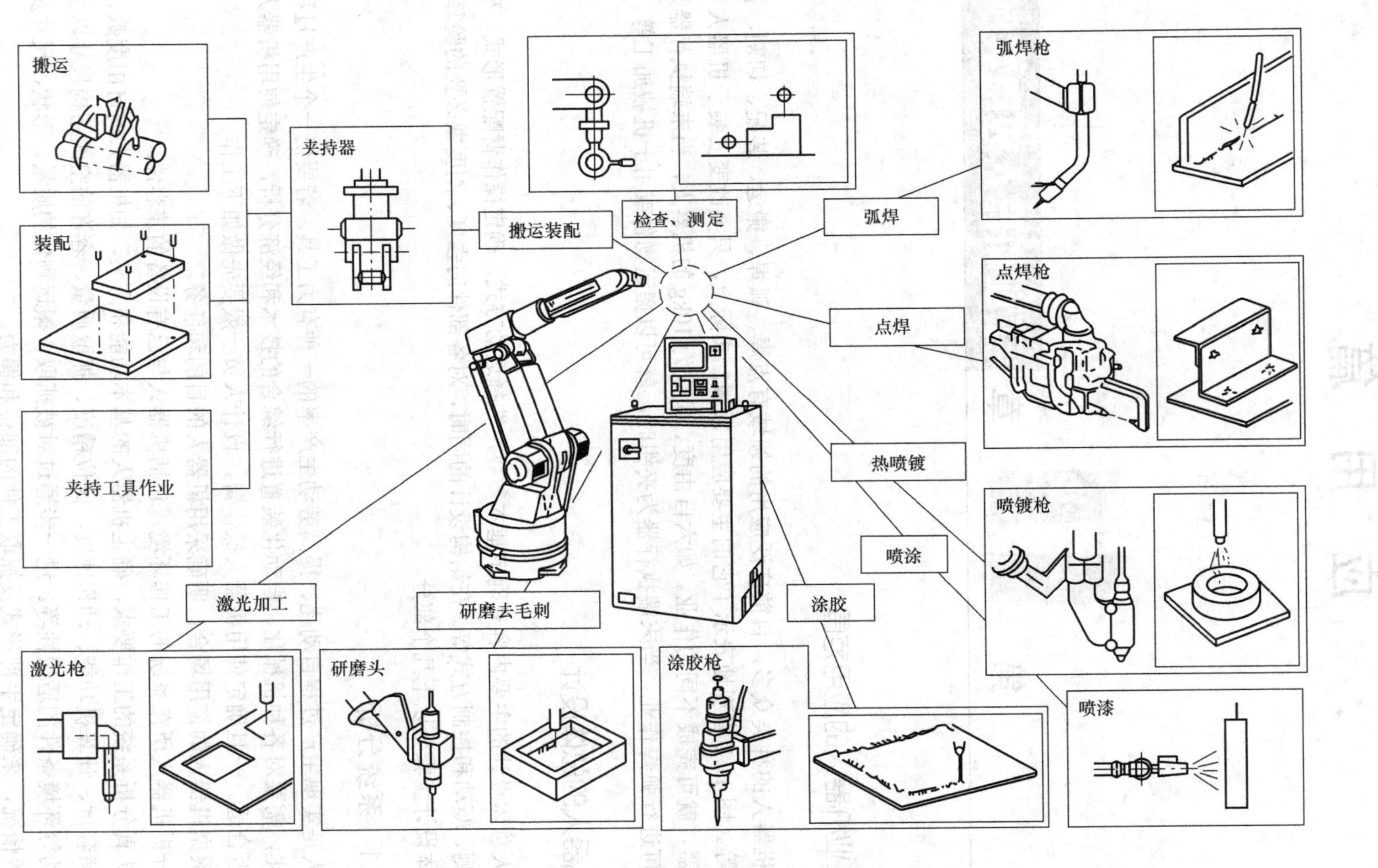

图 11.1 工业机器人的主要应用领域

（4）进行必要的调查研究，搜集国内外的有关技术资料，进行综合分析，找出借鉴、选用之处和需要注意的问题。

11.2.2 技术设计

（一）机器人基本参数的确定

在系统分析的基础上，具体确定臂力、工作节拍、工作范围、运动速度及定位精度等基本参数。

1. *臂力的确定*

目前使用的机器人操作臂的臂力范围较大。对专用机械手来说，臂力主要根据被抓取物体的质量来定，其安全系数一般可在1.5～3.0范围内选取。对于工业机器人来说，臂力要根据被抓取、搬运物体的质量变化范围来定。

2. *工作范围的确定*

机器人操作臂的工作范围根据工艺要求和操作运动的轨迹来确定。一个操作运动的轨迹往往是几个动作合成的，在确定工作范围时，可将运动轨迹分解成单个动作，由单个动作的行程确定机器人操作臂的最大行程。为便于调整，可适当加大行程数值。各个动作的最大行程确定之后，机器人操作臂的工作范围也就定下来了。

3. *确定运动速度*

机器人或机械手各动作的最大行程确定之后，可根据生产需要的工作节拍分配每个动作的时间，进而确定各动作的运动速度。如一个机器人操作臂要完成某一工件的上料过程，需完成夹紧工件，手臂升降、伸缩、回转等一系列动作，这些动作都应该在工作节拍所规定的时间内完成。至于各动作的时间究竟应如何分配，则取决于很多因素，不是一般的计算所能确定的。要根据各种因素反复考虑，并试作各动作的分配方案，进行比较平衡后，才能确定。节拍较短时，更需仔细考虑。

机器人操作臂的总动作时间应小于或等于工作节拍。如果两个动作同时进行，要按时间较长的计算。一旦确定了最大行程和动作时间，其运动速度也就确定下来了。

分配各动作时间应考虑以下要求。

（1）给定的运动时间应大于电气、液(气)压元件的执行时间。

（2）伸缩运动的速度要大于回转运动的速度。因为回转运动的惯性一般大于伸缩运动的惯性。机器人或机械手升降、回转及伸缩运动的时间要根据实际情况进行分配。如果工作节拍短，上述运动所分配的时间就短，运动速度就一定要提高。但速度不能太高，否则会给设计、制造带来困难。在满足工作节拍要求的条件下，应尽量选取较低的运动速度。机器人或机械手的运动速度与臂力、行程、驱动方式、缓冲方式、定位方式都有很大关系，应根据具体情况加以确定。

（3）在工作节拍短、动作多的情况下，常使几个动作同时进行。为此，驱动系统要采取相应的措施，以保证动作的同步。

4. *定位精度的确定*

机器人操作臂的定位精度是根据使用要求确定的，而机器人操作臂本身所能达到的定位精度，取决于定位方式、运动速度、控制方式、臂部刚度、驱动方式、缓冲方法等因素。

工艺过程的不同，对机器人操作臂重复定位精度的要求也不同。不同工艺过程所要求的定位精度见表11.1。

表 11.1　不同工艺过程的定位精度要求

工艺过程	定位精度/mm
金属切削机床上下料	±（0.05～1.00）
冲床上下料	±1
点焊	±1
模锻	±（0.1～2.0）
喷涂	±3
装配、测量	±（0.01～0.50）

当机器人操作臂达到所要求的定位精度有困难时，可采用辅助工夹具协助定位的办法，即机器人操作臂把被抓取物体送到工、夹具进行粗定位，然后利用工、夹具的夹紧动作实现工件的最后定位。这种办法既能保证工艺要求，又可降低机器人操作臂的定位要求。

（二）机器人运动形式或移动机构的选择

根据主要的运动参数选择运动形式是结构设计的基础。常见工业机器人的运动形式有五种：直角坐标型、圆柱坐标型、极坐标型、关节型和 SCARA 型。常见移动机器人的移动机构有轮式、履带式和足式移动机构。为适应不同的生产工艺或环境需要，可采用不同的结构。具体选用哪种形式，必须根据工艺要求、工作现场、位置以及搬运前后工件中心线方向的变化等情况，分析比较，择优选取。

为了满足特定工艺要求，专用的机械手一般只要求有 2 个或 3 个自由度，而通用机器人必须具有 4～6 个自由度，才能满足不同产品的不同工艺要求。所选择的运动形式，在满足需要的情况下，应以使自由度最少、结构最简单为准。

（三）拟定检测传感系统框图

选择合适的传感器，以便结构设计时考虑安装位置。

（四）确定控制系统总体方案

选择合适的控制方案，绘制控制系统结构框图。

（五）机械结构设计

确定驱动方式，选择运动部件和设计具体结构，绘制机器人总装图及主要部件零件图。

11.3　焊接机器人

11.3.1　弧焊机器人

（一）弧焊机器人的应用范围

弧焊机器人的应用范围很广，除汽车行业之外，在通用机械、金属结构等许多行业中都有应用。弧焊机器人应是包括各种焊接附属装置在内的焊接系统，而不只是一台以规划的速度和姿态携带焊枪移动的单机。图 11.2 为弧焊机器人系统的基本组成。图 11.3 为适合机器人应用的弧焊方法。

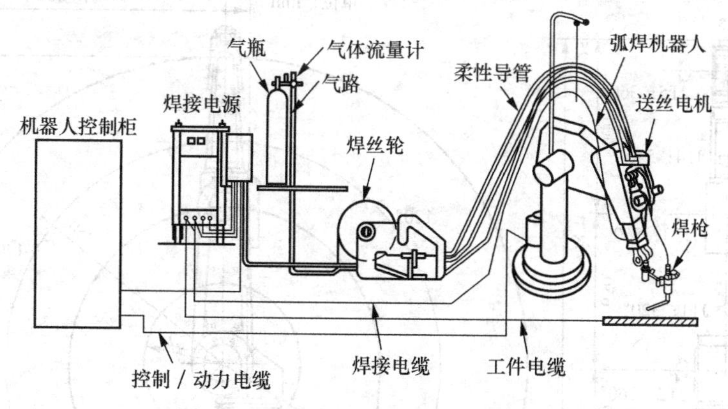

图 11.2 弧焊机器人系统的基本组成

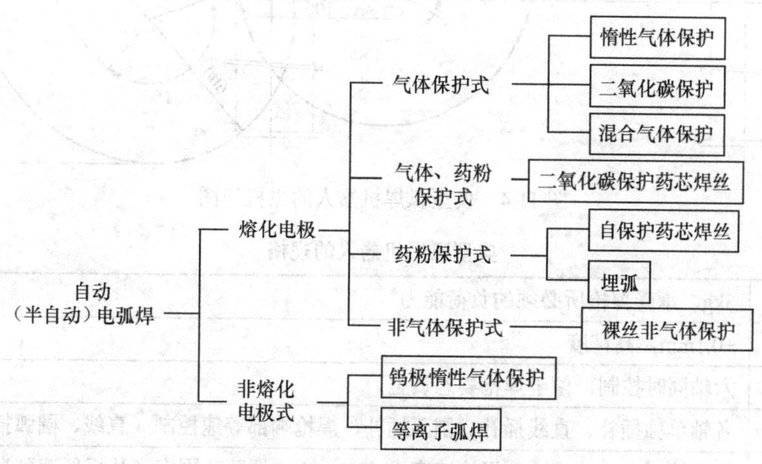

图 11.3 适合机器人应用的弧焊方法

（二）弧焊机器人的性能要求

在弧焊作业中，要求焊枪跟踪工件的焊道运动，并不断填充金属形成焊缝。因此，运动过程中速度的稳定性和轨迹精度是两项重要的指标。一般情况下，焊接速度取 5～50 mm/s，轨迹精度为±（0.2～0.5）mm。由于焊枪的姿态对焊缝质量也有一定影响，因此希望在跟踪焊道的同时，焊枪姿态的可调范围尽量大，还有其他一些性能要求，如设定焊接条件（电流、电压、速度等）、抖动功能、坡口填充功能、焊接异常检测功能（断弧、工件熔化）、焊接传感器的接口功能等。作业时，为了得到优质焊缝，往往需要在动作的示教以及焊接条件（电流、电压、速度）的设定上花费大量的精力，所以除了上述功能方面的要求外，如何使机器人便于操作也是一个重要课题。

（三）弧焊机器人的种类

从机构形式看，既有直角坐标型的弧焊机器人，也有关节型的弧焊机器人。对于小型、简单的焊接作业，具有四五个自由度的机器人就可以完成任务，对于复杂工件的焊接，采用六自由度机器人对调整焊枪的姿态比较方便。对于特大型工件焊接作业，为加大工作空间，有时把关节型机器人悬挂起来，或者安装在运载小车上使用。图 11.4 和表 11.2 分别是某个典型的弧焊机器人主机的简图和规格参数。

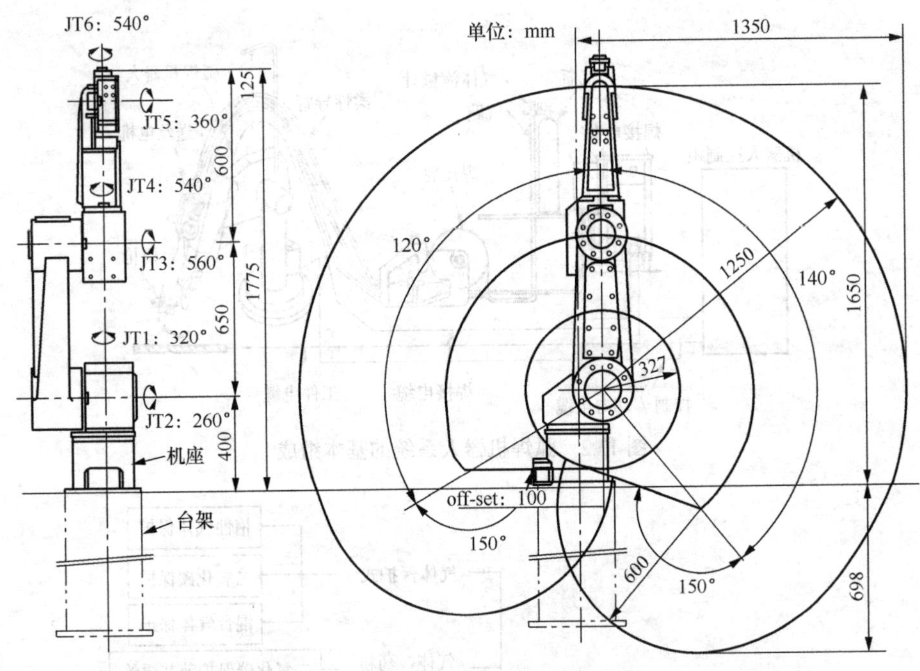

图 11.4 典型弧焊机器人的主机简图

表 11.2 **典型弧焊机器人的规格**

持重	5kg，承受焊枪所必须的负荷能力
重复位置精度	±0.1mm，高精度
可控轴数	六轴同时控制，便于焊枪姿态调整
动作方式	各轴单独插补、直线插补、圆弧插补、焊枪端部等速控制（直线、圆弧插补时）
速度控制	快进给 6～1500mm/s，焊接速度 1～50mm/s，调整范围广（从极低速到高速均可调）
焊接功能	焊接电流、电压的选定，允许在焊接中途改变焊接条件，断弧、粘丝保护功能，焊接抖动功能（软件）
存储功能	IC 存储器，128KB
辅助功能	定时功能，外部输入输出接口
应用功能	程序编辑、外部条件判断、异常检查、传感器接口

（四）弧焊机器人技术的发展趋势

1. 光学式焊接传感器

当前最普及的焊缝跟踪传感器为电弧传感器，但在焊枪不宜抖动的薄板焊接或对焊时，上述传感器有局限性。因此检测焊缝采用下述 3 种方法：①把激光束投射到工件表面，由光点位置检测焊缝；②让激光透过缝隙然后投射到与焊缝正交的方向，由工件表面的缝隙光迹检测焊缝；③用 CCD 摄像机直接监视焊接熔池，根据弧光特征检测。目前光学传感器有若干课题尚待解决，例如，光源和接收装置（CCD 摄像机）必须做得很小很轻才便于安装在焊枪上，又如光源投光与弧光、飞溅、环境光源的隔离技术等。

2. 标准焊接条件设定装置

为了保证焊接质量，在作业前应根据工件的坡口、材料、板厚等情况正确选择焊接条件（焊接电流、电压、速度、焊枪角度以及接近位置等）。以往的做法是按各组件的情况凭经验试焊，找出合适的条件，这样时间和劳动力的投入都比较大。

最近，一种焊接条件自动设定装置已经问世并进入实用阶段。它利用微机事先把各种焊接对象的标准焊接条件存储下来，作业时用人机对话形式从中加以选择即可。

3. 离线示教

大致有两种离线示教的方法：①在生产线外另安装一台所谓主导机器人，用它模仿焊接作业的动作，然后特制成的示教程序传送给生产线上的机器人；②借助计算机图形技术，在CRT上按工件与机器人的配置关系对焊接动作进行仿真，然后将示教程序传给生产线上的机器人。但后一种方法还遗留若干课题有待今后进一步研究，如工件和周边设备图形输入的简化，机器人、焊枪和工件焊接姿态检查的简化，焊枪与工件干涉检查的简化等。

4. 逆变电源

在弧焊机器人系统的周边设备中有一种逆变电源，由于它靠集成在机内的微机来控制，因此能极精细地调节焊接电流。它将在加快薄板焊接速度、减少飞溅、提高起弧率等方面发挥作用。

11.3.2 点焊机器人

（一）点焊机器人的应用范围

汽车工业是点焊机器人的典型应用领域。通常装配每台汽车车体需要完成3000～4000个焊点，而其中的60%是由机器人完成的。在某些大批量汽车生产线上，服役的机器人数甚至高达150台。引入机器人会取得下述效益：①改善多品种混流生产的柔性；②提高焊接质量；③提高生产率；④把工人从恶劣的作业环境中解放出来。

（二）点焊机器人的性能要求

最初，点焊机器人只用于增焊作业（往已拼接好的工件上增加焊点）。后来，为了保证拼接精度，又让机器人完成定位焊作业。这样，点焊机器人逐渐被要求具有更全面的作业性能，具体来说有：①安装面积小，工作空间大；②快速完成小节距的多点定位（例如每0.3～0.4s移动30～50 mm节距后定位）；③定位精度高（±0.25mm），以确保焊接质量；④夹持质量大（50～100kg），以便携带内装变压器的焊钳；⑤示教简单，节省工时；⑥安全可靠性好。

（三）点焊机器人的分类

表11.3列举了生产现场使用的点焊机器人的分类、特征和用途。在驱动形式方面，由于电机伺服技术的迅速发展，液压伺服在机器人中的应用逐渐减少，甚至大型机器人也在朝电机驱动方向过渡。随着微电子技术的发展，机器人技术在性能、小型化、可靠性以及维修等方面的进步日新月异。在机型方面，尽管主流仍是多用途的大型六轴垂直多关节型机器人，但是，出于机器人加工单元的需要，一些汽车制造厂家也在进行开发立体配置的3～5轴小型专用机器人。

表11.3　点焊机器人的分类、特性和用途

分类	特征	用途
垂直多关节型（落地式）	工作空间/安装面积之比大，持重多数为100kg左右，有时还可以附加整机移动自由度	主要用于增焊作业
垂直多关节型（悬挂式）	工作空间均在机器人的下方	车体的拼接作业
直角坐标型	多数为三、四、五轴，适合于连续直线焊缝，价格便宜	车身和底盘焊接
定位焊接用机器人（单向加压）	能承受500kg加压反力的高刚度机器人，有些机器人本身带有加压作业功能	车身底板的定位焊

（四）典型点焊机器人的规格

以持重 100 kg，最高速度 4m/s 的六轴垂直多关节机器人为例，其规格性能如图 11.5 及表 11.4 所示，这是一种典型的点焊机器人，可胜任大多数车体装配工序的点焊作业。由于实用中几乎全部用来完成间隔为 30～50 mm 的打点焊接作业，运动中很少能达到最高速度，因此，改善最短时间内频繁短节距起动、制动的性能是本机追求的重点。为了提高加速度和减速度，在设计中注意减轻手臂的质量，增加驱动系统的输出力矩。同时，为了缩短滞后时间，得到高的静态定位精度，该机采用低惯性、高刚度减速器和高功率的无刷伺服电机。由于在控制回路中采取了加前馈环节和状态观测器等措施，控制性能得到大大改善，50 mm 短距离移动的定位时间被缩短到 0.4s 以内。表 11.5 是控制器控制功能的一个例子。该控制器不仅具备机器人所应有的各种基本功能，而且与焊机的接口功能也很完备，还带有焊接条件的运算和设定功能以及与焊机定时器的通信功能。最近，点焊机器人与 CAD 系统的通信功能变得重要起来，这种 CAD 系统主要用来离线示教。

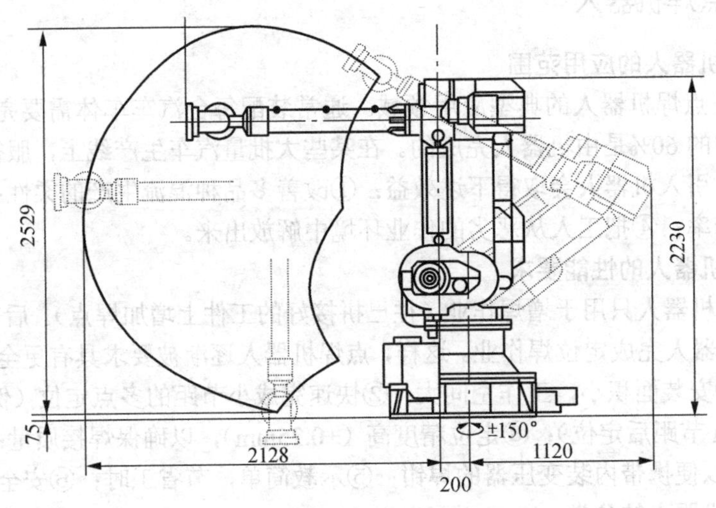

图 11.5　典型点焊机器人主机简图

表 11.4　　**点焊机器人主机规格**

<table>
<tr><td colspan="2">自由度</td><td>六轴</td></tr>
<tr><td colspan="2">持重</td><td>100kg</td></tr>
<tr><td rowspan="6">最大速度</td><td>腰回转</td><td rowspan="3">100°/s</td></tr>
<tr><td>臂前后</td></tr>
<tr><td>臂上下</td></tr>
<tr><td>腕前部回转</td><td>180°/s</td></tr>
<tr><td>腕弯曲</td><td>110°/s</td></tr>
<tr><td>腕根部回转</td><td>120°/s</td></tr>
<tr><td>重复定位精度</td><td colspan="2">±0.25mm</td></tr>
<tr><td>驱动装置</td><td colspan="2">无刷伺服电机</td></tr>
<tr><td>位置检测</td><td colspan="2">绝对编码器</td></tr>
</table>

表 11.5 控制器的控制功能

驱动方式控制轴数	晶体管 PWM 无刷伺服六轴、七轴
动作形式	各轴插补、直线、圆弧插补
示教方式	示教盒离线示教、磁带、软盘输入离线示教
示教动作坐标	关节坐标、直角坐标、工具坐标
存储装置	IC 存储器（带备用电池）
存储容量	6000 步
辅助功能	精度和速度调节、时间设定、数据编辑、外部输入输出、外部条件判断
应用功能	异常诊断、传感器接口、IAN 连接、焊接条件设定、数据交换

（五）点焊机器人技术的发展趋势

目前正在开发一种新的点焊机器人系统，它的概念如图 11.6 所示。这种系统力图把焊接技术与 CAD、CAM 技术完美地结合起来，提高生产准备工作的效率，缩短产品设计投产的周期，以期整个机器人系统取得更高的效益。从图中可知，该系统拥有关于汽车车体结构信息、焊接条件信息和机器人机构信息的数据库，CAD 系统利用该数据库可方便地进行焊枪选择和机器人配置方案设计。至于示教数据，则通过磁带或软盘输入机器人控制器。控制器具有很强的数据转换功能，能针对机器人本身不同的精度和工件之间的相对几何误差及时进行补偿，以保证足够的工程精度。该系统与传统的手工设计、示教系统相比，可以节省工作量 50%，把设计至投产的周期缩短两个月。现在，点焊机器人正在向汽车行业之外的电机、建筑机械行业普及。

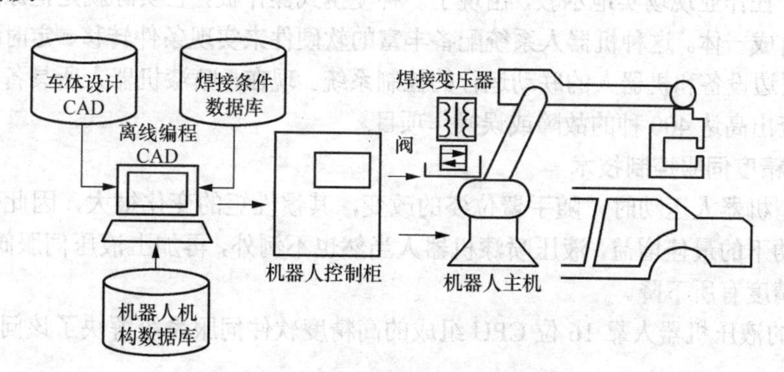

图 11.6 一种新型点焊机器人系统的概念图

11.4 喷漆机器人

喷漆机器人广泛用于汽车车体、家电产品和各种塑料制品的喷漆作业。目前，日本累计出厂台数已达 5000 余台。根据不完全统计，我国在汽车生产线上也引进了近百台喷漆机器人。与其他用途的工业机器人比较，喷漆机器人在使用环境和动作要求上有如下的特点：工作环境包含易爆的喷漆剂蒸气；沿轨迹高速运动，途经各点均为作业点；多数被喷漆件都搭载在传送带上，边移动边喷漆，所以它需要一些特殊性能。下面介绍两种典型的喷漆机器人。

11.4.1 液压喷漆机器人

（一）概述

图 11.7 是浙江大学自行研制开发的液压喷漆机器人的外观。该机器人由本体、控制柜、液压系统等部分组成。机器人本体又包括基座、腰身、大臂、小臂、手腕等部分。腰部回转机构采用直线液压缸作驱动器，将液压缸的直线运动通过齿轮齿条转换成为腰部的回转运动。大臂和小臂各由一个液压缸直接驱动，液压缸的直线运动通过连杆机构转换成为手部关节的旋转运动。机器人的手腕由两个液压摆动缸驱动，实现腕部两个自由度的运动，这样提高了机器人的灵活性，可以适应形状复杂工件的喷漆作业。

图 11.7 液压喷漆机器人

该机器人的控制柜由多个 CPU 组成，分别用于：①伺服及全系统的管理；②实时坐标变换；③液压伺服系统控制；④操作板控制。示教有直接示教和远距离示教两种方式。后一种示教方式具有较强的软件功能，如可以在直线移动的同时保持喷枪头姿态不变，改变喷枪的方向而不影响目标点等。还有一种所谓的跟踪再现动作，指允许在传送带静止的状态示教，再现时则靠实时坐标变换连续跟踪移动的传送带进行作业。这样，即使传送带的速度发生变动，也总能保持喷枪与工件的距离和姿态一定，从而保证喷漆质量。

为了便于在作业现场实地示教，出现了一种便携式操作板，它实际就是把原操作板从控制柜中取出来自成一体。这种机器人系统配备丰富的软硬件来实现条件转移、定时转移等联锁功能，还配有周边设备和机器人的联动运行的控制系统。现在，喷漆机器人所具备的自诊断功能已经可以检查出高达 400 种的故障或误操作项目。

（二）高精度伺服控制技术

多关节型机器人运动时，随手臂位姿的改变，其惯性矩的变化很大，因此伺服系统很难得到高速运动下的最佳增益，液压喷漆机器人当然也不例外，再加上液压伺服阀死区的影响，使它的轨迹精度有所下降。

图 11.7 的液压机器人靠 16 位 CPU 组成的高精度软件伺服系统解决了该问题。它的控制功能如下。

（1）在补偿臂姿态、速度变化引起的惯性矩变化的位置反馈回路中，采用可变 PID 控制。

（2）在速度反馈系统中进行可变 P 控制，以补偿作业中喷漆速度可能发生的大幅度变化。

（3）实施加减速控制，以防止在运动轨迹的拐点产生振动。

由于采取了上述 3 项控制措施，机器人在 1.2m/s 的最大喷漆速度下也能平稳工作。

（三）液压系统的限速措施

用遥控操作进行示教和修正时，需要操作者靠近机器人作业，为了安全起见，不但应在软件上采取限速措施，而且在硬件方面也应加装限速液压回路。具体地，可以在伺服阀和油缸间设置一个速度切换阀，遥控操作时，切换阀限制压力油的流量，把臂的速度控制在 0.3m/s 以下。

（四）防爆技术

喷漆机器人主机和操作板必须满足本质防爆安全规定。这些规定归根结底就是要求机器人在可能发生强烈爆炸的危险环境也能安全工作。在日本是由产业安全技术协会负责认定安全事宜的，在美国是 FMR（Factory Mutual Research）负责安全认定事宜。要想进入国际市场，必须经过这两个机构的认可。为了满足认定标准，在技术上可采取两种措施：一是增设稳压屏蔽电路，把电路的能量降到规定值以内，二是适当增加液压系统的机械强度。

（五）汽车车体喷漆系统应用举例

图 11.8 是一个汽车车体喷漆系统。两台能前后、左右移动的台车，备载两台液压机器人组成该系统。为了避免在互相重叠的工作空间内发生运动干涉，机器人之间的控制柜是互锁的。这个应用例子中，为了缩短示教的时间，提高生产线的运转效率，采用离线示教方式，即在生产线外的某处示教，生成数据，再借助平移、回转、镜像变换等各种功能，把数据传送到在线的机器人控制柜里。

图 11.8　汽车车体喷漆系统的应用

11.4.2　电动喷漆机器人

（一）概述

如前所述，喷漆机器人之所以一直采取液压驱动方式，主要是从它必须在充满可燃性溶剂蒸气环境中安全工作着想的。近年来，由于交流伺服电机的应用和高速伺服技术的进步，在喷漆机器人中采用电驱动已经成为可能。现阶段，电动喷漆机器人多采用耐压或内压防爆结构，限定在 1 类危险环境（在通常条件下有生成危险气体介质之虞）和 2 类危险环境（在异常条件下有生成危险气体介质之虞）下使用。图 11.9 是由川崎重工研制的电动喷漆机器人的照片，图 11.10 是它的工作空间。图示机器人和前述液压机器人一样，也有六个轴，但工作空间大。在设计手臂时注意了减轻质量和简化结构，结果降低了惯性负荷，提高了高速动作的轨迹精度。

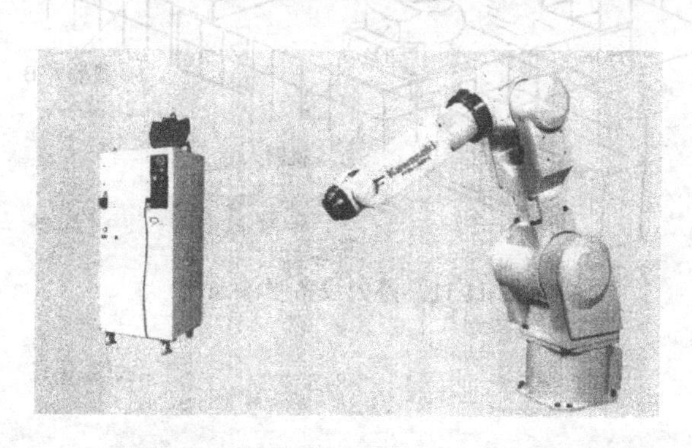

图 11.9　电动喷漆机器人（KRE410）

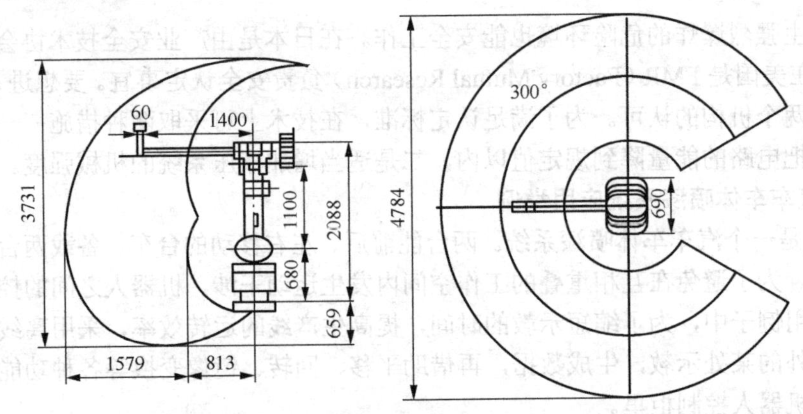

图 11.10 电动喷漆机器人的工作空间

该机具有与液压喷漆机器人完全一样的控制功能，只是驱动改用交流伺服电机和相应的驱动电路，维修保养十分方便。

（二）防爆技术

电动喷漆机器人采用所谓内压防塌方式，这是指往电气箱中人为地注入高压气体（比易爆危险气体介质的压力高）的做法。在此基础上，如再采用无火花交流电机和无刷旋转变压器，则可组成安全性更好的防爆系统。为了保证绝对安全，电气箱内装有监视压力状态的压力传感器，一旦压力降到设定值以下，它便立即感知并切断电源，停止机器人工作。

（三）办公设备喷漆系统的应用举例

办公设备喷漆系统由图 11.11 所示的两台电动喷漆机器人及其周边设备组成。喷漆动作在静止状态示教，再现时，机器人可根据传送带的信号实时地进行坐标变换，一边跟踪被喷漆工件，一边完成喷漆作业。由于机器人具有与传送带同步的功能，因此当传送带的速度发生变化时，喷枪相对工件的速度仍能保持不变，即使传送带停下来，也可以正常地继续喷漆作业直至完工，所以涂层质量能够得到良好的控制。

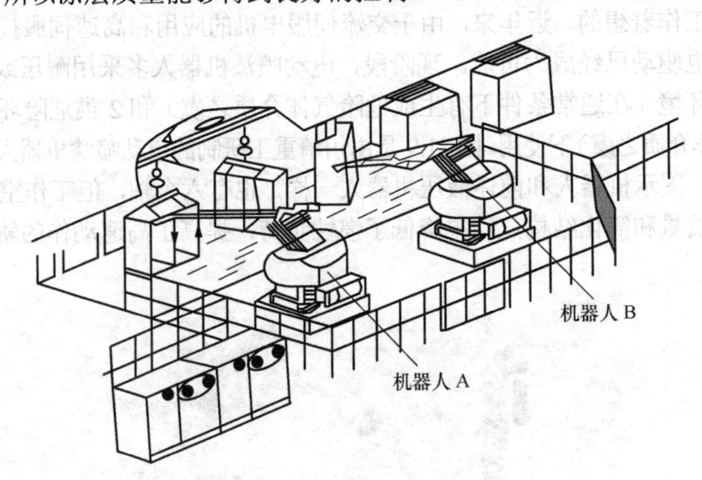

图 11.11 办公设备喷漆系统

第12章 移动机器人应用实例

12.1 概述

如果说固定式工业机器人是对人类手臂动作和功能的模拟和扩展，那么具有移动功能的机器人就是对应于人类行走功能的模拟和扩展。具有移动功能的机器人称为移动机器人。移动式机器人的最成功应用是自动化生产系统中的物料搬运，用以完成机床之间、机床与自动仓库之间的工件传送，以及机床与工具库间的工具传送。移动机器人的灵活运动特性，大大增加了生产系统的柔性和自动化程度。在自动化车间中广泛采用的移动机器人中，把无轨运行的称为自动导引车（AGV），如图 12.1 所示；把有轨运行的称为有轨运输车（RGV）或堆垛机（Staker Crane）。车间中应用的机器人的行走机构均为轮式。

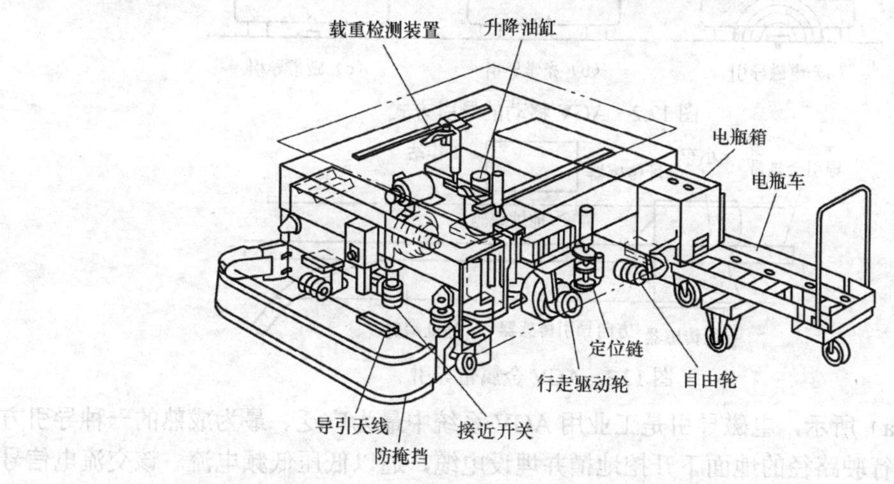

图 12.1　自动导引车的结构

星际探索和海洋开发是促使移动机器人发展的重要因素。20 世纪 60 年代，美国 MIT 开始研究火星探索移动机器人，以便在火星上进行移动，收集探测数据。海洋开发方面，移动机器人的作用是资源调查、石油矿藏开采、水下设施维护、沉船的打捞及勘测等。我国从 20 世纪 80 年代开始研制水下机器人。

现在，移动式机器人的研究开发除上述应用外，还涉及其他许多应用领域。如在建筑领域完成混凝土的铺平、壁面装修、检查和清洗；采矿业中进行隧道的掘进和矿藏的开采；农林业中从事水果采摘、树枝修剪、圆木搬运；军事上用于探测侦察、爆炸物处理；福利方面进行盲人引导、病员护理等。

从移动机器人所处的环境来看，可以分为结构环境和非结构环境两类。

（1）结构环境：移动环境是在导轨上（一维）和铺设好的道路（二维）。在这种场合，能利用车轮移动。

（2）非结构环境：陆上二维、三维环境；海上、海中环境；空中、宇宙环境等原有的自然环境；陆上建筑物的内外环境（阶梯、电梯、张紧的钢丝），间隙，沟，踏脚石（不连续环境）等；海上、海中的混凝土，作为构筑物的桩、钢丝绳等有人工制作物的环境。在这样的非结构环境领域，可参考自然界动物的移动机构，也可以利用人们开发的履带、驱动器。例如，2 足、4 足、6 足及多足步行机构。

12.2 自动导引车的导引方式

自动导引车（AGV）之所以能按照预定的路径行驶是依赖于外界的正确导引。对 AGV 进行导引的方式可分为两大类：固定路径导引方式和自由路径导引方式。

1. 固定路径导引方式

固定路径导引方式是在预定行驶路径上设置导引用的信息媒介物，运输小车在行驶过程中实时检测信息媒介物的信息而得到导引。按导引用的信息媒介物不同，固定路径导引方式主要有电磁导引、光学导引、磁带导引、金属带导引等，如图 12.2 和图 12.3 所示。

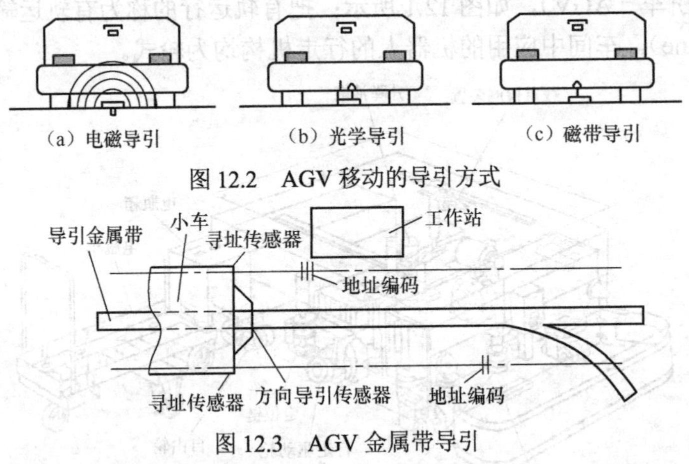

图 12.2 AGV 移动的导引方式

图 12.3 AGV 金属带导引

如图 12.2（a）所示，电磁导引是工业用 AGV 系统中最为广泛、最为成熟的一种导引方式。它需在预定行驶路径的地面下开挖地槽并埋设电缆，通以低压低频电流。该交流电信号沿电缆周围产生磁场，AGV 上装有两个感应线圈，可以检测磁场强弱并以电压表示出来。比如，当导引轮偏离到导线的右方，则左侧感应线圈可感应到较高的电压，此信号控制导向电机使 AGV 的导向轮跟踪预定的导引路径。电磁导引方式具有不怕污染，电缆不会遭到破坏，便于通信和控制，停位精度较高等优点。但是这种导引方式需要在地面上开挖沟槽，并且改变和扩充路径也比较麻烦，路径附近的铁磁体可能会干扰导引功能。

如图 12.2（b）所示，光学导引方式是在地面预定的行驶路径上涂以与地面有明显色差的具有一定宽度的漆带，AGV 上光学检测系统的两套光敏元件分别处于漆带的两侧，用以跟踪

AGV 的方向。当 AGV 偏离导引路径时，两套光敏元件检测到的亮度不等，由此形成信号差值，用来控制 AGV 的方向，使其回到导引路径上。光学导引方式的导引信息媒介物比较简单，漆带可在任何类型的地面上涂置，路径易于更改与扩充。

如图 12.2（c）所示，以铁氧磁体与树脂组成的磁带代替漆带，AGV 上装有磁性感应器，形成了磁带导引方式。

金属带导引如图 12.3 所示，在地面预定的行驶路径上铺设极薄的金属带，金属带可以用铝材，用胶将其牢牢地粘在地面上。采用能检测金属的传感器作为方向导引传感器，用于 AGV 与路径之间相对位置改变信号的检测，通过一定的逻辑判断，控制器发出纠偏指令，从而使 AGV 沿着金属带铺设的路径行走，完成工作任务。作为检测金属材料的传感器,常用的有涡流型、光电型、霍尔型和电容型等。涡流型传感器对所有金属材料都起作用，对金属带表面要求也不高，故采用涡流型传感器检测金属带为好，如图 12.4 所示。图 12.5 表示一组方向导引传感器，由左、中、右三个涡流型传感器组成，并用固定支架安装在小车的前部。金属带导引是一种无电源、无电位金属导引，既不需要给导引金属带供给电源信号，也不需要将金属带磁化，金属带粘贴非常方便，更改行驶路径也比较容易，同时在环境污染的情况下，导引装置对金属带仍能有效地起作用，并且金属带极薄，并不造成地面障碍。所以，与其他导引方式比较，金属带导引是固定路径导引方式中可靠性高、成本低、简单灵活，适合工程应用的一种 AGV 导引技术。

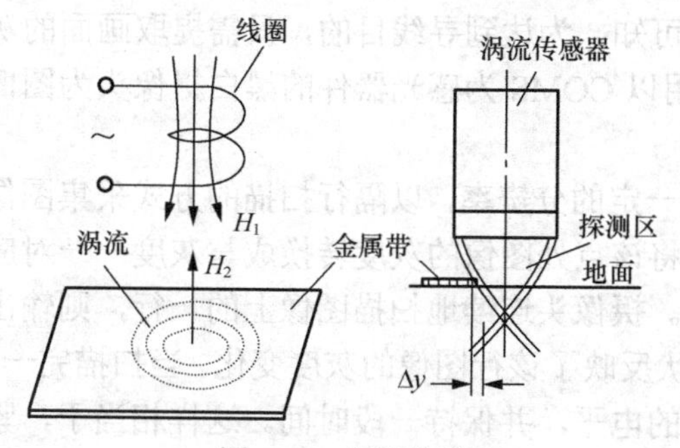

图 12.4 涡流传感器

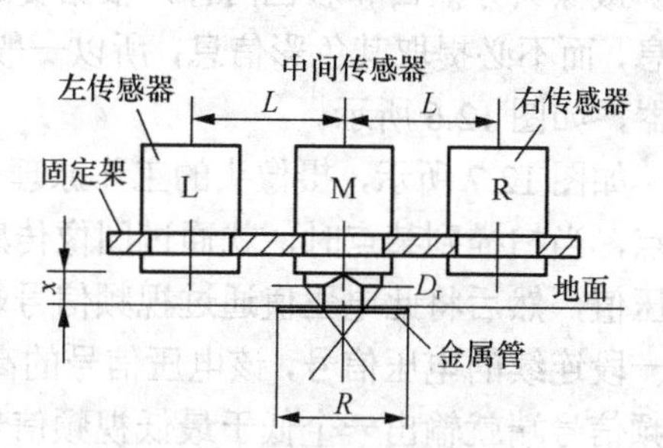

图 12.5 金属带导引传感器探头

2. 自由路径导引方式

自由路径导引方式是在 AGV 上储存着行驶区域布局上的尺寸坐标，通过一定的方法识别车体的当前方位，运输小车就能自主地决定路径而向目标行驶。自由路径导引方式主要有路径轨迹推算导引法、惯性导引法、环境映射导引法、激光导航导引法等。

（1）路径轨迹推算导引法。安装于车轮上的光电编码器组成差动仪，测出小车每一时刻车轮转过的角度以及沿某一方向行驶过的距离。在 AGV 的计算机中储存着距离表，通过与测距法所得的方位信息比较，AGV 就能算出从某一参数点出发的移动方向。其最大的优点在于改动路径布局时，只需改变软件即可，而其缺点在于驱动轮的滑动会造成精度降低。

（2）惯性导引法。在 AGV 上装有陀螺仪，导引系统从陀螺仪的测量值推导出 AGV 的位置信息，车载计算机算出 AGV 相对于路径的位置偏差，从而纠正小车的行驶方向。该导引系统的缺点是价格昂贵。

（3）环境映射导引法，也称为计算机视觉法。通过对周围环境的光学或超声波映射，AGV 周期性地产生其周围环境的当前映像，并将其与计算机系统中存储的环境地图进行特征匹配，以此来判断 AGV 自身当前的方位，从而实现正确行驶。环境映射导引法的柔性好，但价格昂贵且精度不高。

（4）激光导航导引法。在AGV的顶部放置一个沿360°按一定频率发射激光的装置，同时在AGV四周的一些固定位置上放置反射镜片。当AGV行驶时，不断接受到从三个已知位置反射来的激光束，经过运算就可以确定AGV的正确位置，从而实现导引。

（5）其他方式。在地面上用两种颜色的涂料涂成网格状，车载计算机存储着地面信息图，由摄像机探测网格信息，实现AGV的自律性行走。

12.3 自主循迹机器人

本小节以第八届全国大学生“飞思卡尔”杯智能汽车竞赛所设计的自主循迹机器人为例，大赛参赛选手须使用竞赛秘书处统一指定的竞赛车模套件，采用飞思卡尔半导体公司的8位、16位、32位微控制器作为核心控制单元，自主构思控制方案进行系统设计，包括传感器信号采集处理、电机驱动、转向舵机控制以及控制算法软件开发等，完成自主循迹机器人工程制作及调试，大赛根据道路检测方案不同分为电磁、光电平衡与摄像头三个赛题组。本节以使用四轮车模，通过采集赛道图像（一维、二维）或者连续扫描赛道反射点的方式进行路径检测的摄像头组为例。

12.3.1 摄像头工作原理

摄像头分黑白和彩色两种，根据赛道特点可知，为达到寻线目的，只需提取画面的灰度信息，而不必提取其色彩信息，所以一般均采用以COMS为感光器件的黑白摄像头为图像采集器，如图12.6所示。

如图12.7所示，摄像头的工作原理是：按一定的分辨率，以隔行扫描的方式采集图像上的点，当扫描到某点时，就通过图像传感芯片将该点处图像的灰度转换成与灰度一一对应的电压值，然后将此电压值通过视频信号端输出。摄像头连续地扫描图像上的一行，则输出就是一段连续的电压信号，该电压信号的高低起伏反映了该行图像的灰度变化。当扫描完一行，视频信号端就输出一个低于最低视频信号电压的电平，并保持一段时间。这样相当于，紧接着每行图像信号之后会有一个电压“凹槽”，此“凹槽”叫作行同步脉冲，它是扫描换行的标志。然后，跳过一行后，开始扫描新的一行，如此下去，直到扫描完该场的视频信号，接着会出现一段场消隐区。该区中有若干个复合消隐脉冲，其中有个远宽于（即持续时间远长于）其他的消隐脉冲，称为场同步脉冲，它是扫描换场的标志。场同步脉冲标志着新的一场的到来，不过，场消隐区恰好跨在上一场的结尾和下一场的开始部分，得等场消隐区过去，下一场的视频信号才真正到来。常用的摄像头每秒扫描30幅图像，每幅又分奇、偶两场，先奇场后偶场，故每秒扫描60场图像。奇场时只扫描图像中的奇数行，偶场时则只扫描偶数行。

图12.6 COMS摄像头

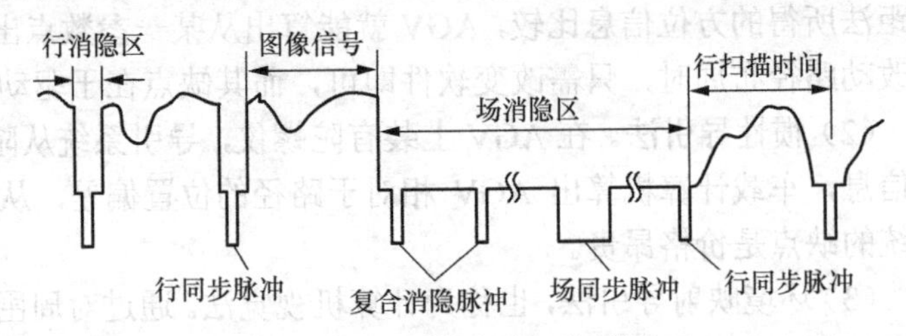

图12.7 摄像头的工作原理

摄像头有两个重要的指标：分辨率和有效像素。分辨率实际上就是每场行同步脉冲数，这是因为行同步脉冲数越多，则对每场图像扫描的行数也越多。事实上，分辨率反映的是摄像头的纵向分辨能力。有效像素常写成两数相乘的形式，如“320×240”，其中前一个数值表示单行视频信号的精细程度，即行分辨能力；后一个数值为分辨率，因而有效像素=行分辨能力×分辨率。

12.3.2 边缘检测算法

检测目标指引线的上边缘。算法思路是：设定一阈值（例如 15），对于二位数组矩阵中每一列，从上至下求得相邻两像素值间的差值（上减下）。若差值大于等于阈值，则判定其下的像素点对应的是黑色指引线的上边缘，以此像素点作为该列的特征点，记录下此像素点的纵坐标值（即为相应的上边缘纵坐标），作为该列上目标指引线的纵坐标。有可能始终不会出现差值大于等于阈值的情况，则让该列上目标指引线纵坐标值保持不变（即同于分析上一场图像数据时求得的纵坐标）。

12.3.3 双峰边缘跟踪算法

双峰边缘跟踪算法与边缘检测算法一样，也是寻找出目标指引线的上边缘，仍然用上边缘的位置代表目标指引线的位置。但是双峰边缘跟踪算法是寻找目标指引线的上下边缘，求临近 3 个像素点的差值以提取特征点。若只有目标指引线一条黑线时，该算法能准确提取出目标指引线。该算法抗环境光强变化干扰的能力较强，同时能削弱或消除垂直交叉黑色指引线的干扰。

因为目标指引线是连续的，所以相邻两列的上边缘点比较接近。双峰边缘跟踪正是利用了这一特性，其主要思路是：当已寻找出某列的上边缘，若在该位置附近寻找下一列的上边缘，则只用较少的步骤就可以找到。另外上下边缘同时做此步骤，提高了算法效率。这种方法的特点就是始终跟踪在每列上边缘的附近，去寻找下一列的上边缘，同时左右一起进行处理，所以就称这种方法为双峰边缘跟踪算法。

12.3.4 路径识别

所谓路径识别，简单的理解就是把图像中反映路径的部分提取出来。这是一个图像分割的过程。图像分割是计算机进行图像处理与分析中的一个重要环节，是一种基本的计算机视觉技术。在图像分割中，把要提取的部分称为“物体”，把其余的部分称为“背景”。分割图像的基本依据和条件有以下 4 个方面。

（1）分割的图像区域应具有同质性，如灰度级别相近、纹理相似等；

（2）区域内部平整，不存在很小的小空洞；

（3）相近区域之间对选定的某种同质判据而言，应存在显著的差异性；

（4）每个分割区域边界应具有齐整性和空间位置的平整性。

现在的大多数图像分割方法只是部分满足上述判据。如果加强分割区域的同性质约束，分割区域很容易产生大量小空洞和不规整边缘；若强调不同区域间性质差异的显著性，则极易造成非同质区域的合并和有意义的边界丢失。不同的图像分割方法总是为了满足某种需要在各种约束条件之间找到适当的平衡点。

图像分割的基本方法可以分为两大类：基于边缘检测的图像分割和基于区域的图像分割。

边缘是指图像局部亮度变化最显著的地方，因此边缘检测的主要依据是图像的一阶导数和二阶导数。但是导数的计算对噪声敏感，所以在进行边缘检测前需要对图像滤波。大多数的滤波算法在滤除噪声的同时，也降低了边缘的强度。此外，几乎所有的滤波算法都避免不了卷积运算，对于智能车系统来说，这种运算的计算量是 S12 单片机系统所无法承受的。

阈值分割法是一种基于区域的分割技术，它对物体与背景有较强对比的景物的分割特别有用。它计算简单，而且总能用封闭且连通的边界定义不交叠的区域。阈值分割法的关键在于阈值的确定。如果阈值是不随时间和空间而变的，称为静态阈值；如果阈值随时间或空间而变化，称为动态阈值。基于静态阈值的分割方法算法简单，计算量小，但是适应性差。基于动态阈值的分割方法其复杂程度取决于动态阈值的计算方法。

目标指引线是有宽度的（25mm），只要能探测的目标指引线，指引线的宽度信息对智能车定位系统并无额外的帮助。为达到寻线目的，实际上只要提取目标指引线的某些特征点，要求这些特征点合在一起能反映出指引线的形状。称这些特征点的矩阵坐标为特征位置，只要知道目标指引线的特征位置，我们就可以进一步推知目标指引线的形状和位置。提取目标指引线的矩阵坐标，就是指取一些能代表它的特征点，然后求取这些特征点的矩阵坐标。

目标指引线有两类比较重要的特征：中间点和边缘点（如二维数组矩阵中颜色信息为黑色的像素点）。我们可以取每列的中间点或边缘点作为该列的特征点（见图 12.8）。二维数组矩阵共 17 列，则共可取出 17 个特征点，每个特征点的横坐标值就是其所在列的列值，而纵坐标值（行值）就是我们将通过算法求出的。若取中间点为特征点，具体做法是，采用二值化的方式逐列检测图像数据，判断出每列中颜色信息为黑色的像素点，取每列中这些像素点纵坐标值大小排于最中间的那点为该列的特征点，记录下该特征点的纵坐标值。若取边缘点为特征点，我们逐列检测图像数据以找出每列的边缘点，记录下该边缘点的纵坐标值。

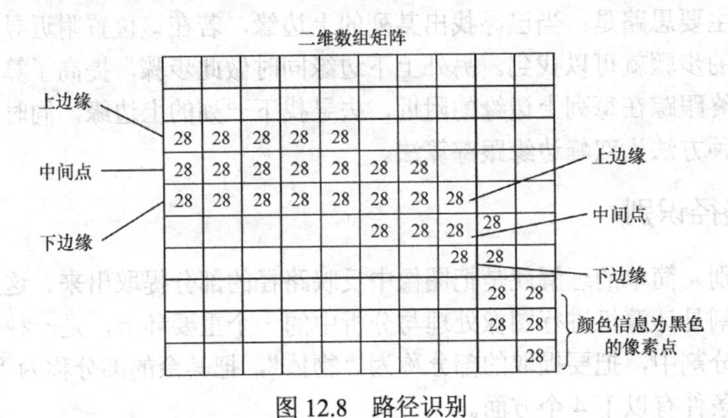

图 12.8　路径识别

12.3.5　控制方法

自主循迹机器人的控制算法主要需解决车辆直线行驶的稳定性问题，车辆转弯控制问题，车辆行驶速度与转向角度大小的相关性问题，行驶轨迹的跟踪及预测问题等。通常采用目前自动控制领域中最常用的 PID 控制算法车辆进行控制。

PID 控制算法包括直接计算法和增量算法，所谓的增量算法就是相对于标准的相邻两次运算之差，得到的结果是增量。也就是说在上一次的控制量的基础上需要增加（负值意味着减少）控制量，例如对于自主循迹机器人控制算法，就是自主循迹机器人相对于上一次转向角度还需要增加或减少的转向角度。在设计中可以采用 PID 直接计算法。

PID 算法中常用概念解释如下。

（1）基本偏差 $e(t)$：表示当前测量值与设定目标间的差，设定目标是被减数，结果可以是正或负，正数表示还没有达到，负数表示已经超过了设定值。这是面向比例项用的变动数据。

（2）累计偏差

$$\sum e(t)=e(t)+e(t-1)+e(t-2)+\cdots+e(1)$$

表示每一次测量到的偏差值的总和，这是代数和，是面向积分项用的一个变动数据。

（3）基本偏差的相对偏差 $e(t)-e(t-1)$：表示用本次的基本偏差减去上一次的基本偏差，用于考查当前控制对象的趋势，作为快速反应的重要依据，这是面向微分项的一个变动数据。

（4）3 个基本参数：K_p，K_i，K_d。这 3 个参数是做好控制器的关键常数，分别称为比例常数、积分常数和微分常数，不同的控制对象需要选择不同的数值，还需要经过现场调试才能获得较好的效果。

（5）标准的直接计算法公式

$$P_{out}(t)=K_p e(t)+K_i\sum e(t)+K_d[e(t)-e(t-1)]$$

其中，3 个基本参数 K_p，K_i，K_d 在实际控制中的作用如下。

①比例调节作用：是按比例反映系统的偏差，系统一旦出现了偏差，比例调节立即产生调节作用用以减少偏差。比例作用大，可以加快调节，减少误差，但是过大的比例，使系统的稳定性下降，甚至造成系统的不稳定。

②积分调节作用：使系统消除稳态误差，提高无差度。因为有误差，积分调节就进行直至无差，积分调节停止，积分调节输出一常值。积分作用的强弱取决于积分时间常数 T_i，T_i 越小，积分作用就越强；反之，T_i 越大则积分作用越弱。加入积分调节可使系统稳定性下降，动态响应变慢。积分作用常与另两种调节规律结合，组成 PI 调节器或 PID 调节器。

③微分调节作用：微分作用反映系统偏差信号的变化率，具有预见性，能预见偏差变化的趋势，因此能产生超前的控制作用，在偏差还没有形成之前，以被微分调节作用消除。因此，微分调节可以改善系统的动态性能。在微分时间选择合适的情况下，可以减少超调，减少调节时间。微分作用对于噪声干扰有放大作用，因此过强的微分调节，对系统抗干扰不利。此外，微分反应的是变化率，而当输入没有变化时，微分作用输出为零。微分作用不能单独使用，需要与另外两种调节规律相结合，组成 PD 或 PID 控制器。

控制方法如下。

（1）舵机控制。其位置控制模块的工作原理如图 12.9 所示。

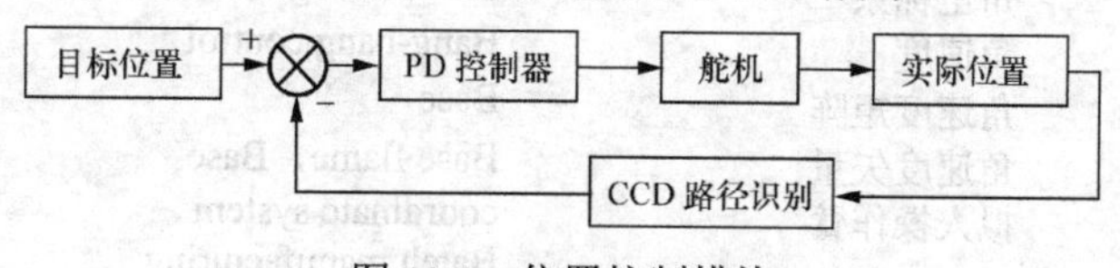

图 12.9 位置控制模块

舵机控制模块中，积分常数 $K_i=0$，PID 控制算法成为 PD 控制算法。K_p,K_d 参数的确定经过实验，舵机可以准确响应为好。

（2）电机控制。其速度控制模块的工作原理如图 12.10 所示。

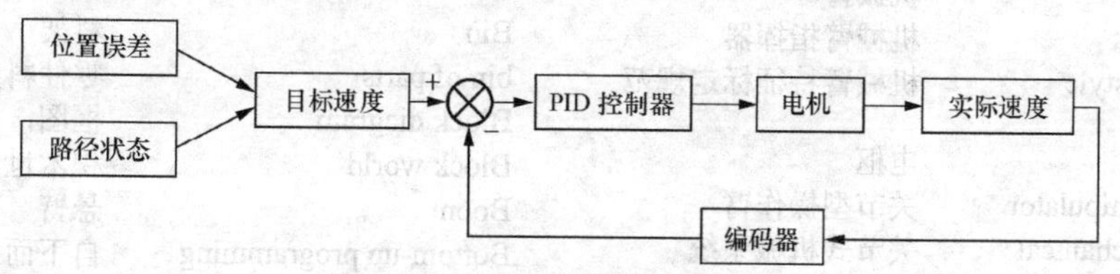

图 12.10 速度控制模块

经过实验可以测定 K_p,K_i,K_d 的参数，使电机获得较快且平稳的速度响应。

附录　有关术语英汉对照

A

Acceleration	加速度
acceleration of a rigid body	刚体的加速度
angular acceleration	角加速度
linear acceleration	线加速度
Accuracy	精度
Acoustic sensor	听觉传感器
Active compliance	主动柔顺
Active impedance control	主动阻抗控制
Actuator	驱动器
Actuator location	驱动器布局
Actuator positions	驱动器位置
Actuator space	驱动器空间
Actuator vectors	驱动器矢量
Adaptability	适应性，自适应性
Adaptive control	自适应控制
Adaptive algorithm	自适应算法
AL language	AL 语言
Algorithms	算法
Alignment pose	调准姿态
Alternating current(AC)motors	交流电机
Analog servo system	模拟伺服系统
Analytical programming	解释编程
Angles	角
Angle sets	角坐标系
Angular velocity	角速度
angular-velocity matrix	角速度矩阵
angular-velocity vector	角速度矢量
Anthropomorphic manipulator	拟人操作臂
Approach vector	接近矢量
Architecture	结构
Arc welding	弧焊
arc welding robot	弧焊机器人
Arm	机械臂
arm commander	机械臂指挥器
Arm signature style calibration	机械臂特征标定规范
Armature	电枢
Articulated manipulator	关节型操作臂
Articulated mechanical system（AMS）	关节式机械系统
Articulated robot	关节型机器人
Articulated variables	关节变量
Artificial constraints	人工约束
Artificial intelligence（AI）	人工智能
Artificial skin	人造皮肤
Asimov's Laws	阿西莫夫（机器人）三守则
Assembly	装配
assembly strategy	装配策略
assembly language	汇编语言
assembly line	装配线
assembly robot	装配机器人
Automation	自动化
Automated guided vehicle（AGV）	自动导引车
Automatic path planning	自动路径规划
Automatic programming	自动程序设计
Automatic collision detection	自动碰撞检测
Autonomous robot	自主机器人
Autonomous system	自治系统
Axis	轴
axis of rotation	转轴
Azimuth	方位角

B

Back emf constant	反电势常数
Backlash	间隙
Ball-bearing screws	滚珠丝杠
Bang-bang control	开关式控制，起停控制
Base	机座，底座
Base flame，Base coordinate system	基坐标系
Batch manufacturing	批量生产
Bearing flexibility	轴承的变形
Belts	皮带
Belt conveyor	传送带
Belt drive	带式传动
BIBO stability	BIBO 稳定性
Bin	料架
bin of parts	零件料架
Block diagram	框图，方块图
Block world	积木世界
Boom	悬臂
Bottom-up programming	自下而上的编程方法
Bounded-input, bounded-output	有界输入，有界输出
Brushless motors	无刷电机

C

Cables	电缆
Calculation	计算
Calibration matrix	标定矩阵
Calibration techniques	标定技术
Cartesian	笛卡儿
Cartesian-based control systems	基于笛卡儿空间的控制系统
Cartesian coordinate	笛卡儿坐标
Cartesian coordinate robot	笛卡儿坐标型机器人
Cartesian coordinate system	笛卡儿坐标系
Cartesian decoupling scheme	笛卡儿解耦方案
Cartesian manipulator	笛卡儿操作臂
Cartesian mass matrix	笛卡儿质量矩阵
Cartesian motion	笛卡儿运动
Cartesian paths	笛卡儿路径
Cartesian space	笛卡儿空间
Cartesian-space paths	笛卡儿空间路径
Cartesian-space schemes	笛卡儿空间规划方法
Cartesian state-space equation	笛卡儿状态空间方程
Cartesian straight-line motion	笛卡儿直线运动
Cartesian trajectory generation	笛卡儿轨迹生成
Cell	单元，电池
Center of gravity	重心
Centrifugal force	离心力
Centralized control	集中控制
Chain drives	链式传动
Characteristic equation	特征方程
Closed-form dynamic equations	封闭形式的动力学方程
Closed-form solutions	封闭形式解
Closed-form-solvable manipulators	封闭解操作臂
Close-loop control	闭环控制
Closed-loop stiffness	闭环刚度
Closed-loop structures	闭环结构
Closed-loop system	闭环系统
Collision-free path planning	无碰撞路径规划
Communication	通信，对话
Compensation	补偿
Compiler	编译程序
Compliance	柔顺性
Components	组成部分，部件
Computer-aided design (CAD)	计算机辅助设计
Computer-aided engineering（CAE）	计算机辅助工程
Computer-aided manufacturing（CAM）	计算机辅助制造
Computer-assisted instruction（CAI）	计算机辅助教学
Computer control	计算机控制
Computer-integrated manufacture（CIM）	计算机集成制造
Computer-integrated manufacturing system（CIMS）	计算机集成制造系统
Computer-integrated process system（CIPS）	计算机集成过程系统
Computer numerical control（CNC）	计算机数字控制
Computer vision	计算机视觉
Computed-torque method	计算力矩法
Complex roots	复根
Configuration	结构
Configuration space	结构空间
Configuration-space equation	结构空间方程
Constraints	约束
Continuity	连续性
Continuous path control	连续路径（轨迹）控制
Continuous path robot	连续轨迹型机器人
Continuous transfer	连续移动
Contouring	仿形
Controller	控制器
Control algorithm	控制算法
Control gains	控制增益
Control hierarchy	控制层级
Control law	控制律
Control system	控制系统
Control theory	控制理论
Control-law partitioning	控制律的分解
Coriolis force	哥氏力
Coulomb friction	库仑摩擦
Coulomb-friction constant	库仑摩擦常数
Coupling inertia	耦合惯量
Critical damping	临界阻尼
Cubic polynomials	三次多项式
Current amplifier	电流放大器
Cybernetics	控制论
Cycle time	循环时间，工作周期
Cylindrical configuration	柱坐标位形
Cylindrical coordinate robot	圆柱坐标型机器人
Cylindrical coordinate system	圆柱坐标系

D

Damping	阻尼
Damping factor	阻尼系数

Damping ratio	阻尼比
Deburring	去毛刺
Database	数据库
Data processing	数据处理
Data structure	数据结构
Debugging	调试
Decode	解码
Degeneracy	退化
Decoupling	解耦
Decoupling control	解耦控制
Degrees of freedom	自由度
Denavit-Hanenberg notation	Denavit-Hartenberg 符号
Denavit-Hartenberg parameters	Denavit-Hartenberg 参数
Descriptions	描述
Dextrous workspace	灵巧工作空间
Diagnostic routine	诊断程序
Differentiation	微分
Differential change graph	微分变化图
Differential coordinate transformation	微分坐标变换
Differential motion	微分运动
Digital control	数字控制
Digital image analysis	数字图像分析
Digital servo system	数字伺服系统
Direct current brush motors	直流有刷电动机
Direct digital control（DDC）	直接数字控制
Direct drive robot	直接驱动型机器人
Direct-drive manipulator	直接驱动操作臂
Discrete-time control	离散时间控制
Directed transformation graph	有向变换图
Direction cosines	方向余弦
Distributed contro1	分布式控制
Disturbance rejection	抗干扰
Domestic robot	家用机器人
Double gripper	双夹手
Drive function	驱动函数
Drive system	驱动系统
Dynamic accuracy	动态精度
Dynamic control	动态控制
Dynamic model	动态模型
Dynamic equations	动力学方程
Dynamic simulation	动力学仿真
Dynamically simple manipulator	动力学上的简单操作臂
Dynamics	动力学
Dynamics of manipulators	操作臂动力学
Dynamics of mechanisms	机构动力学

E

Educational robot	教学机器人
Effective damping	有效阻尼
Effective inertia	有效惯量
Efficiency	效率
Elbow manipulator	肘型操作臂
Elevation	仰角
End-effector	末端执行器
End-of-arm tooling	工具端
Error detection/recovery	误差检测及校正
Error space	误差空间
Euler angles	欧拉角
Euler integration	欧拉积分
Euler parameters	欧拉参数
Euler transformation	欧拉变换
Euler's equation	欧拉方程
Euler's formula	欧拉公式
Event monitors	事件监测
Explicit programming languages	显式编程语言

F

Feedback	反馈
Feedback control	反馈控制
Feedforward	前馈
Feed forward control	前馈控制
Final state	最后状态
First-generation robot	第一代机器人
Fictitious joints	虚拟关节
Finite-element techniques	有限元法
Fixed automation	固定式自动化
Fixed coordinate system	固定坐标系
Fixed sequence robot	固定顺序机器人
Fixture	夹具
Fixed automation	专用的自动化装备
Flexible bands	柔性带
Flexible assembly system	柔性装配系统
Flexible automated factory	柔性自动工厂
Flexible integrated robotic manufacturing system	柔性集成机器人制造系统
F lexible manufacturing system（FMS）	柔性制造系统
Flexible elements in parallel and in series	并联和串联的柔性元件
Flexure	挠曲变形
Flow chart	流程图
Foilgauges	应变计
Force constraints	力约束
Force control	力控制
Force-control law	力控制法则
Force sensors	力觉传感器

Forward kinematics	正向运动学
Frames	坐标系
Frequency response	频率响应
Friction	摩擦

G

Gantry robots	龙门式机器人
Gap	间隙
Gear	齿轮
Gear ratio	齿轮传动比
General purpose robot	通用机器人
General rotation transformation	通用旋转变换
Generalizing kinematics	广义运动学
Geometric solution	几何解
Geometric structure	几何结构
Geometric types	几何类型
Global database	综合数据库
Goal frame	目标坐标系
Goal state	目标状态
Gravity compensation	重力补偿
Grinding	磨削
Gripper	抓手，夹手
Group control system	群控系统

H

Hierarchical control	递阶控制
Higher-order polynomials	高阶多项式
Homogeneous transformation	齐次变换
Hybrid control	混合控制
Hybrid position /force control problem	位/力混合控制问题
Hybrid position /force controller	位/力混合控制器
Hydraulic actuator	液压驱动器
Hydraulic cylinders	液压缸
Hydraulic motor	液压电机
Hydraulic piston	液压活塞
Hydraulic robot	液压机器人

I

Identity transformation	等效变换
Impedance control	阻抗控制
Independent joint control	独立关节控制
Individual-joint PID control	独立关节 PID 控制
Industrial robot	工业机器人
Industrial-robot control schemes	工业机器人控制方法
Industrial-robot control systems	工业机器人控制系统
Industrial-robot controller	工业机器人控制器
Integral control	积分控制
Integrated circuit（IC）	集成电路
Integrated flexible automation	综合柔性自动化
Intelligent control	智能控制
Intelligent robot	智能机器人
Interactive control system	交互式控制系统
Interactive robot	交互式机器人
Inertia	惯量
Inertia coupling	惯量耦合
Inertia ellipsoid	惯性椭球
Internal sensors	内传感器
Interpolation	插值
Interrupt	中断
Initial conditions	初始条件
Interactive languages	交互式语言
Interpretations	解释
Inverse kinematics	逆向运动学
Inverse Jacobian controller	逆雅可比控制器
Iterative Newton-Euler dynamic formulation	牛顿-欧拉迭代动力学公式
Inverse transformation	逆变换

J

Jacobian matrix	雅可比矩阵
Jacobian transpose	雅可比转置
Joint	关节
Joint actuators	关节驱动器
Joint angles	关节角
Joint axes	关节轴
Joint-based control schemes	基于关节空间的控制方法
Joint interpolated motion	关节插补运动
Jointed manipulator	关节型操作臂
Joint offset	关节偏距
Joint space	关节空间
Joint-space paths	关节空间路径
Joint-space schemes	关节空间的规划方法
Joint torques	关节力矩
Joint variable	关节变量
Joint vector	关节矢量

K

Kinematics	运动学
Kinematics simulation	运动学仿真
Kinetically simple manipulator	运动学上的简单操作臂

L

Labeling	标志
Lagrangian	拉格朗日函数

Lagrangian equation 拉格朗日方程
Lagrangian dynamic formulation 拉格朗日动力学公式
Language translation to target system 翻译成目标系统的语言
Laplace transformation 拉普拉斯变换
Limiting load 极限负载
Limit switch 限位开关
Limit stops 限位挡块
Line of action 作用线
Line vectors 线矢量
Linear acceleration 线加速度
Linear control of manipulators 操作臂线性控制
Linear control systems 线性控制系统
Linear function 线性函数
Linear interpolation 线性插补
Linear position control 线性位置控制
Linear velocity 线速度
Linearizing and decoupling control law 线性化解耦控制律
Linearizing control law 线性控制方法
Links 连杆
Link-connection description 连杆连接的描述
Link-frame assignment 连杆坐标系布局
Link length 连杆长度
Link offset 连杆偏距
Link parameters 连杆参数
Link transformation 连杆变换
Link twist 连杆转角
Load capacity 负载能力
Local linearization 局部线性化
Locally degenerate mechanism 机构局部退化
Lower pair 低副
Low-pass filter 低通滤波器
Lumped models 集中质量模型
Lyapunov stability analysis 李雅普诺夫稳定性分析
Lyapunov's method 李雅普诺夫方法
Lyapunov's second 第二类李雅普诺夫

M

Manipulation 操作
Manipulation robot 操作机器人
Manipulator 机械手，操作臂
Manipulator control 操作臂控制
Manipulator kinematics 操作臂运动学
Manipulator subspace 操作臂子空间
Manipulator-mechanism design 操作臂的机械设计
Man-machine communication 人机通信
Manual control 手动控制
Mass production 大量生产
Master-slave manipulator 主从机械手
Mappings 映射
Mass distribution 质量分布
Mass matrix 质量矩阵
Mass moments of inertia 惯量矩
Mass products of inertia 惯量积
Matrix 矩阵
Matrix trans formation 矩阵变换
Maximum speed 最大速度
Maximum torque 最大转矩
Mechanical impedance 机械阻抗
Mechanical interface coordinate system 机械接口坐标系
Mechanical manipulators 机械操作臂
Mechanism 机构
Medical robot 医用机器人
Micromanipulators 微操作臂
Mining robot 矿用机器人
Mobile robot 移动式机器人
Mobility 机动性
Model reference adaptive controller 模型参考自适应控制器
Modern control theory 现代控制理论
Model-based portion 基于模型的控制部分
Moments 转矩，力矩
Moment of inertia 惯量矩
Motion equation 运动方程
Motion specification 运动指令
Motor torque constant 电机转矩常数
Motor-armature inductance 电机电枢感抗
Movable tooling 移动式加工工具
Moving linearization 运动线性化控制系统
Multiprocess simulation 多过程仿真
Multisensor system 多传感器系统

N

Natural constraints 自然约束
Natural frequency 固有频率
Newton's equation 牛顿方程
Noise 噪声
Nonlinear compensation 非线性补偿
Nonlinear control algorithms 非线性控制算法
Nonlinear control of manipulators 操作臂非线性控制
Nonlinear equation 非线性方程
Nonlinear feedback 非线性反馈
Nonlinear planning 非线性规划
Nonlinear position control 非线性位置控制
Nonlinear systems 非线性系统

Normal	法线
Normal vector	法向矢量
Numerical differentiation	数值微分
Numerical solutions	数值解法
Numerical control（NC）	数字控制
NC milling machines	数控磨床

O

Off-line	离线
Off-line control	离线控制
Off-line programming	离线编程
Open-loop control	开环控制
Operational point	操作点
Operational space	操作空间
Operating system	操作系统
Operators	算子
Optical shaft encoders	光轴编码器
Optimal control	最优控制
Overrun	越位
Overshoot	超调
Orthogonal matrix	正交矩阵
Over damped system	过阻尼系统
Overload protection	过载保护

P

Painting	喷漆
Painting robot	喷漆机器人
Parallel axes	平行轴
Parallel-axis theorem	平行移轴定理
Parallel communication	并行通信
Parallel operation	并行操作
Parallel processing	并行处理
Part classification	零件分类
Part feeding	零件进给
Part loading	零件装放
Part grasping	零件抓持
Part pushing	零件上料
Part recognition	零件识别
Part tumbling	零件翻转
Path acceleration	轨迹加速度
Path accuracy	轨迹精度
Path generation at run time	路径的实时生成
Cartesian-space paths	笛卡儿空间路径
Joint-space paths	关节空间路径
Path generator	路径生成器
Path planning	路径规划
Path points	路径点
Path-planning simulation	路径规划仿真
Path velocity	轨迹速度
Pattern recognition	模式识别
Pay load	有效负载
Performance	性能
Peripheral equipment	外围设备
Perspective transformation	投影变换
Photoelectric sensors	光电传感器
Physical modeling and interactive systems	物理建模与交互系统
Pick and place operations	抓持和放置操作
PID control law	PID 控制律
Pitch	俯仰
Pixel	像素
Plane	平面
Planning	规划
Planning process	规划过程
Planning sequence	规划序列
Playback	再现
Playback robot	示教再现型机器人
Pneumatic actuator	气压驱动器
Pneumatic cylinders	气缸
Pneumatic drive	气体传动
Point-to-point control	点位控制
Point-to-point robot	点位式机器人
Polar coordinate robot	极坐标型机器人
Polar coordinate system	极坐标系统
Poles	极点
Polynomials	多项式
Pose	位姿，姿态
Pose accuracy	位姿精度
Pose repeatability	位姿重复精度
Position	位置
Positional accuracy	位置精度
Position constraints	位置约束
Position control	位置控制
Position controller	位置控制器
Position control system	位置控制系统
Position error	位置误差
Positioning time	定位时间
Position measurement	位置测量
Position precision	位置精度
Position sensor	位置传感器
Position vector	位置矢量
Positive definite matrix	正定矩阵
Postmultiply	右乘
Potential energy	位能，势能
Potentiometers	电位计
Precision	精度
Premultiply	左乘
Principal axes	主轴
Principal moments of inertia	主惯量矩
Problem solving	问题求解
Process	过程
Process control	过程控制
Production line	生产线

Programmable assembly system	可编程装配系统
Programmable controller	可编程控制器
Programming environment	编程环境
Programmable manipulator	可编程机械手
Programming language	编程语言
Programming robots	可编程机器人
Proper orthonormal matrices	标准正交矩阵
Proportional control	比例控制
Proportional-integral-derivative（PID）control	比例-积分-微分控制（PID 控制）
Proximity detectors	接近度检测器
Proximity sensors	接近传感器
PUMA（precise universal machine for assembly）	PUMA 机器人（一种精密装配通用机器人）
Push bar	推杆
Pushing of trays	托盘上料

Q

Quality control（QC）	质量控制
Quadratic form	二次型

R

Range sensor	距离传感器
Rated acceleration	额定加速度
Rated load	额定负载
Rated velocity	额定速度
RCC（remote center compliance）	RCC（远距离中心柔顺）
Reachable workspace	可达工作区间
Real time	实时
Real-time control	实时控制
Real-time interrupt	实时中断
Recognition	识别
Rectangular coordinate system	直角坐标系
Redundancy	冗余
Redundant	冗余的
Redundant degree of freedom	冗余自由度
Reference frame	参考坐标系
Reference inputs	参考输入
Relative coordinate system	相对坐标系
Relative transformation	相对变换
Reliability	可靠性
Repeatability	重复性
Repeated roots	重根
Resolution	分辨率
Resonances	共振
Resonant frequency	共振频率
Revolution	转动
Revolute joints	转动关节
Rigid-body dynamics	刚体动力学
Robot	机器人
Robotics	机器人学
Robotization	机器人化
Robot language	机器人语言
Robotic manipulation	机器人操作
Robot programming	机器人编程
Robotic sensors	机器人传感器
Robot vision	机器人视觉
Robustness	鲁棒性
Robust controller	鲁棒控制器
Roll	横滚
Rotary optical encoder	旋转光学编码器
Rotated frames	旋转坐标系
Rotation matrix	旋转矩阵
Rotational operators	旋转算子
Rotation transformation	旋转变换
Rotational velocity	转速
Rotor	转子
Rule-based system	基于规则的系统
Runtime	运行时间

S

Sampling rate	采样速率
Seam tracking	焊缝跟踪
Second-order linear systems	二阶线性系统
Second-generation robot	第二代机器人
Segmentation	分割，分段
Self-correction control	自校正控制
Self detective ability	自诊断能力
Self-tuning adaptive controller	自校正自适应控制器
Sense of contact force	压感
Sensitivity	灵敏度
Semiconductor strain gauges	半导体应变计
Sensors	传感器
Sensor integration	传感器融合
Servo error	伺服误差
Servo mechanism	伺服机构
Set-point	定位点
Shafts	轴
Shaft encoder	轴编码器
Shape analysis and recognition	形状分析与识别
Signal processing	信号处理
Simulation	仿真
Simulator	仿真器
Single joint	单关节
Single-input single-output（SISO）	单输入单输出

Singularities 奇异性
Slid sense 滑觉
Sliding joint 滑动关节
Sliding mode 滑模
Solid body 刚体
Solid-state camera 固态摄像机
Solution 解，解法
Solvability 可解性
Space robot 空间机器人
Spatial constraints 空间约束
Spatial constraints on motion 运动中的空间约束
Spatial descriptions 空间描述
Spatial resolution 空间分辨率
Specification 技术规格，说明书
Specific sensor 专用传感器
Specialized robot 专用机器人
Speed 速度
Speed control 速度控制
Speed-reduction system 减速系统
Spherical coordinate 球面坐标
Spherical coordinate robot 球面坐标型机器人
Spline 样条
Spot welding 点焊
Spray painting 喷漆
Stability 稳定性
Stable system 稳定系统
Standardization 标准化
Standard frames 标准坐标系
State 状态
State models 状态模型
State space 状态空间
State space equation 状态空间方程
Static accuracy 静态精度
Static compliance 静态柔顺
Static deflection 静态偏差
Static forces 静力
Static friction 静态摩擦
Statics 静力学
Station frame 工作台坐标系
Stator 定子
Steady-state analysis 稳态分析
Steady-state error 稳态误差
Stepping motor 步进电机
Stiffness 刚度
Strain gages 应变计
Stress sensor 压力传感器
Structural length index 结构长度指标
Structural resonances 结构共振
Subgoals 子目标
Subproblems 子问题
Subspace 子空间
Supervisory-controlled robot 监督控制型机器人
Swing 摆动
Switch control 开关控制
Synchronization 同步

T

Table 表，工作台
Tachometers 转速计
Tactile sense 触觉
Tactile sensor 触觉传感器
Task 任务
Task decomposition 任务分解
Task description 任务描述
Task space 任务空间
Task-level programming languages 任务级编程语言
Task planning 任务规划
Taught orientations 示教姿态
Taught point 示教点
Teach 教，示教
TCP（Tool Center Point） 工具中心点
Teach and playback manipulators 示教-再现操作臂
Teaching interface 示教界面
Teaching robot 教学机器人
Teach pendant 示教盒
Teleoperation 遥控操作
Teleoperator 遥控操作机
Temperature sensor 温度传感器
Template matching 样板匹配
Third-generation robot 第三代机器人
Three-dimension(3D)modeling 三维建模
Three-dimension(3D)object 三维物体
Three-dimension(3D)vision 三维视觉
Through points 经过点
Time-variable function 时变函数
T-matrix *T*矩阵
Tool 工具
Tool center point 工具中心点
Tool frame 工具坐标系
Tooling 工具装置
Torque 力矩，转矩
Touch sense 触觉
Touch sensor 接触传感器
Tracking 跟踪
Tracking reference inputs 跟踪参考输入
Trajectory 轨迹
Trajectory generation 轨迹生成
Training 训练
Trajectory control 轨迹控制
Trajectory-conversion process 轨迹变换过程
Trajectory-following control 轨迹跟踪控制

Trajectory-following control system	轨迹跟踪控制系统
Trajectory planning	轨迹规划
Transducer	变换器
Transfer line	输送线
Transformation	变换
Transformation arithmetic	变换计算
Transformation equation	变换方程
Transformation operators	变换算子
Transient	过渡过程
Translation transformation	平移变换
Translational mapping	平移映射
Translational operators	平移算子
Transmission system	传动系统
Traveling mechanism	行走机构
Transpose-Jacobian	转置雅可比
Twist	扭转

U

Underdamping	欠阻尼
Underdamping system	欠阻尼系统
Undersea teleoperator	海底遥控操作机
Underwater robot	水下机器人
Universal robot	通用机器人
Universe coordinate system	世界坐标系
Unmodeled flexibility	未建模柔性
Unmodeled resonances	未建模共振
Unstable performance	不稳定性
Up-down turning	俯仰
User interface	用户接口

V

Vacuum gripper	真空型夹手
Vane actuators	气动驱动器
Variable	变量
Vector cross-product	矢量积，矢量叉乘
Vector notation	矢量符号
Vectors	矢量
Vector transformation	矢量变换
Velocity	速度
Velocity accuracy	速度精度
Velocity control	速度控制
Velocity error	速度误差
Velocity repeatability	速度重复精度
Velocity sensors	速度传感器
Velocity transformation	速度变换
Velocity vector	速度矢量
Via points	中间点
Video camera	电视摄像机
Virtual reality（VR）	虚拟现实
Vision	视觉
Vision sensor	视觉传感器
Vision system	视觉系统
VISCOUS friction	黏滞摩擦

W

Welding	焊接
Welded joints	焊接关节
Welding robot	焊接机器人
Work cell	工作单元
Working range	工作范围
Working space	工作空间
Work origin	工作原点
Work place	工作场所
Work station	工作站
World coordinate system	世界坐标系
World model	世界模型
Wrist frame	腕部坐标系
Wrist point	腕关节原点
Wrist sensors	腕力传感器

X

X-Y table	水平工作台
X-Y-Z fixed angles	*X-Y-Z* 固定角坐标系

Y

Yaw	偏转，侧摆
Yaw angles	偏转角

Z

Zero point	零点
Zero position	零位
Z-Y-X Euler angles	*Z-Y-X* 欧拉角
Z-Y-Z Euler angles	*Z-Y-Z* 欧拉角

参考文献

[1] 蔡自兴. 机器人学 [M]. 2 版. 北京：清华大学出版社，2009.
[2] 谭民，等. 先进机器人控制 [M]. 北京：高等教育出版社，2007.
[3] 张毅，等. 移动机器人技术及其应用 [M]. 北京：电子工业出版社，2007.
[4] 王曙光. 移动机器人原理与设计 [M]. 北京：人民邮电出版社，2013.
[5] 王耀南. 机器人智能控制工程 [M]. 北京：科学出版社，2004.
[6] 孙迪生，王炎. 机器人控制技术 [M]. 北京：机械工业出版社，1998.
[7] 朱世强. 机器人技术及其应用 [M]. 杭州：浙江大学出版社，2000.
[8] 郭洪红. 工业机器人技术 [M]. 西安：西安电子科技大学出版社，2006.
[9] 日本机器人学会. 新版机器人技术手册 [M]. 宗光华等，译. 北京：科学出版社，2008.
[10] 傅京逊. 机器人学 [M]. 北京：科学出版社，1989.
[11] 熊有伦. 机器人学 [M]. 武汉：华中理工大学出版社，1996.
[12] [日] 大熊繁. 机器人控制 [M]. 北京：科学出版社，2002.
[13] [日] 白井良明. 机器人工程 [M]. 北京：科学出版社，2001.
[14] 高国富. 机器人传感器及其应用 [M]. 北京：化学工业出版社，2004.
[15] 柳洪义，宋伟刚. 机器人技术基础 [M]. 北京：冶金工业出版社，2002.
[16] [美] Saeed B. Niku. 机器人学导论 [M]. 孙富春，译. 北京：电子工业出版社，2004.
[17] [美] John J. Craig. 机器人学导论 [M]. 北京：机械工业出版社，2005.
[18] Thomas R. Kurfess. Robotics and Automation Handbook. CRC Press，2005.
[19] 马香峰，余达太. 工业机器人的操作机设计 [M]. 北京：冶金工业出版社，1996.
[20] 殷际英. 关节型机器人 [M]. 北京：化学工业出版社，2003.
[21] 蒋新松. 机器人与工业自动化 [M]. 石家庄：河北教育出版社，2003.
[22] 陈哲，吉熙章. 机器人技术基础 [M]. 北京：机械工业出版社，1997.
[23] 吴振彪. 工业机器人 [M]. 武汉：华中理工大学出版社，1997.
[24] 余达太，马香峰. 工业机器人应用工程 [M]. 北京：冶金工业出版社，1999.
[25] 诸静. 机器人与控制技术 [M]. 杭州：浙江大学出版社，1991.
[26] 杨汝清，等. 智能控制工程 [M]. 上海：上海交通大学出版社，2000.
[27] 肖南峰. 工业机器人 [M]. 北京：机械工业出版社，2011.
[28] 陈黄祥. 智能机器人 [M]. 北京：化学工业出版社，2012.
[29] 隋金雪，杨莉，张岩. "飞思卡尔"杯智能汽车设计与实例教程 [M]. 北京电子工业出版社，2013.
[30] 蔡述庭. "飞思卡尔"杯智能汽车竞赛设计与实践——基于 S12XS 和 Kinentis K10 [M]. 北京：北京航空航天大学出版社，2012.
[31] 卓晴，黄开胜，邵贝贝，等. 学做智能车——挑战"飞思卡尔"杯 [M]. 北京：北京航空航天大学出版社，2007.
[32] 孙春艳，曲道奎. 机器人代替人工是产业升级方向 [J]. 中外管理，2014(02)：104.

[33] 徐方，邹凤山，郑春晖. 新松机器人产业发展及应用［J］. 机器人技术及应用，2011(9).
[34] 林仕高. 搬运机器人笛卡儿空间轨迹规划研究［D］. 广州：华南理工大学，2013.
[35] 赵伟. 基于激光跟踪测量的机器人定位精度提高技术研究［D］. 杭州：浙江大学，2013.
[36] Zhang L, Ke W, Ye Q, et al. A novel laser vision sensor for weld line, detection on wall-climbing robot［J］. Optics and Laser Technology, 2014, 60: 69-79.
[37] Luo R C, Lai C C. Multisensor fusion-based concurrent environment Mapping and moving object detection for intelligent service robotics［J］. IEEE Transactions ON Industrial Electronics. 2014, 61(8): 4043-4051.
[38] Blazic S. On periodic control laws for mobile robots［J］. IEEE Transactions on Industrial Electronics, 2014, 61(7): 3660-3670.
[39] Xu J, Guo Z, Lee T H. Design and implementation of integral sliding-mode control on an underactuated two-wheeled mobile robot［J］. IEEE Transactions on Industrial Electronicso, 2014, 61(7): 3671-3681.
[40] Lee J, Chang P H, Jr. Jamisola R S. Relative impedance control for dual-arm robots performing asymmetric bimanual tasks［J］. IEEE Transactions on Industrial Electronics, 2014, 61(7): 3786-3796.
[41] Dinham M, Fang G. Detection of fillet weld joints using an adaptive line growing algorithm for robotic arc welding［J］. Robotics and Computer-Integrated Manufacturing, 2014, 30(3): 229-243.
[42] Asif M, Khan M J, Cai N. Adaptive sliding mode dynamic controller with integrator in the loop for nonholonomic wheeled mobile robot trajectory tracking［J］. International Journal of Control, 2014, 87(5): 964-975.
[43] Mao Y, Zhang H. Exponential stability and robust H-infinity control of a class of discrete-time switched non-linear systems with time-varying delays via T-S fuzzy model［J］. International Journal of Systems Science, 2014, 45(5): 1112-1127.